Wirtschaftlichkeit der Zentralheizung.

Richtige Bemessung, Ausführung und sparsamer Betrieb.

Von

Dipl.-Ing. G. DE GRAHL

Zehlendorf-West bei Berlin

———

Mit 96 in den Text gedruckten Abbildungen

MÜNCHEN und BERLIN

Druck und Verlag von R. Oldenbourg

1911

Meinem Chef

Herrn Franz Marcotty

in dankbarer Ergebenheit gewidmet

G. DE GRAHL.

Vorwort.

Während meiner achtjährigen Tätigkeit als Sachverständiger bei den Berliner Gerichten habe ich häufig die Empfindung gehabt, daß unser Wissen trotz des vorzüglichen Rietschelschen Leitfadens Lücken aufweist, sobald es sich um Beurteilung von Heizungsanlagen bei gerichtlichen Prozessen handelt. Die vor der Ausführung von Anlagen gefertigten Verträge sind L e i s t u n g s verträge, so daß man mit der theoretischen Beweisführung nicht mehr auskommt, sondern zu praktischen Versuchen greifen muß. Der Umstand, daß man nur selten über Außentemperaturen von — 20° C verfügt, zwingt uns, die Heizungsanlagen bei jeder beliebigen Außentemperatur zu untersuchen. Wann liest man die mittlere Tagestemperatur ab, die nicht nur für die Prüfung, sondern auch für die generelle Regelung des Heizeffektes von unbedingter Notwendigkeit ist? Die eine Partei beanstandet die Kesselleistung, die andere den Koksverbrauch. Läßt sich überhaupt der Aufwand an Brennstoff an Hand einfacher praktischer Formeln kontrollieren? Inwieweit verdienen die in den Heizkesselprojekten angegebenen Leistungen Beachtung? Wie groß ist der Wärmeverlust der Rohrleitung, wie groß der Wärmebedarf der Umfassungswände beim Hochheizen nach vorangegangener Betriebsunterbrechung? Wie groß müssen die Kesselheizflächen mit Rücksicht hierauf ausfallen? Ist der unterbrochene Heizbetrieb für den Koksverbrauch günstiger als der Dauerbetrieb? Worin liegt der allgemein beobachtete enorme Koksverbrauch begründet? — Alles Fragen, deren Beantwortung ich mir zur Aufgabe gemacht habe. Daß ein Bedürfnis zur Klärung der Sachlage vorliegt, beweist u. a. ein im vorigen Jahre veröffentlichter Erlaß des preußischen Ministers der öffentlichen Arbeiten, der den staatlichen Behörden zur Erwägung gibt, ob nicht durch bauliche Maßnahmen oder bei Beschaffung der Brennmaterialien, sowie durch den Betrieb eine H e r a b m i n d e - r u n g der Kosten der Zentralheizungen möglich ist.

Daß mit der Überschätzung der Leistungen der Verbrauch an Brennstoff außerordentlich wachsen muß, geht zweifelsohne aus dem Abhängigkeitsverhältnis zwischen Kesselleistung und Nutzeffekt hervor, das ich aus den Versuchsergebnissen habe ableiten können. Ich habe treu zur Sache und Aufgabe mit meinem Urteil nicht zurückgehalten, um nicht nur allen beteiligten Kreisen, sondern auch den einschlägigen technischen Wissenschaften einen Dienst zu leisten. Nach den erzielten Ergebnissen bedürfen in erster Linie die Angaben der Heizkesselprospekte einer gründlichen Korrektur, da die Beanspruchungsgrenzen pro qm Heizfläche und Stunde viel zu hoch angegeben sind.

Um die Verbrennungsverhältnisse genau verfolgen zu können, habe ich das Ergebnis einer Reihe von Vorstudien vorausschicken müssen, deren Kenntnis den Techniker in das schwierige Gebiet der Materie einführen wird. Bei der Wahl der untersuchten Kessel begnügte ich mich mit den hauptsächlichsten Vertretern der einzelnen Kesseltypen, weil die Ergebnisse weitere Forschungen entbehrlich machten.

Dem Studium der Wärmeaufnahme und -abgabe der Umfassungswände endlich habe ich ebenfalls eingehende Betrachtung gewidmet, weil die Lösung dieser Frage geradezu unentbehrlich für die Bestimmung der Kesselheizflächen bei unterbrochenem Heizbetriebe ist.

Zehlendorf-West bei Berlin, März 1911.

Dipl.-Ing. G. de Grahl.

Inhaltsverzeichnis.

I. Einflüsse auf den Koksverbrauch.

Wenn wir uns überlegen, welche Ursachen den Koksverbrauch beeinflussen können, kommen wir zu folgenden Überlegungen:

1. Bei beispielsweise 4,38° C mittlerer Tagestemperatur, d. h. bei einer Temperaturdifferenz von 15,62° C betrug der Koksverbrauch 2024 Ztr.[1]); das macht pro Grad

$$\frac{2024}{15,62} = 130 \text{ Ztr.}$$

aus, d. h. würden statt 20° Innentemperatur 21° C gehalten werden, würde sich der Koksverbrauch schon um 6,4% erhöhen. Solche Fälle sind bei gelinder Witterung sehr leicht möglich. Gleichzeitig erkennt man aber, was gespart werden kann, wenn die Hausbesitzer sich nur zu einer Innentemperatur von 18° C verpflichten würden, aber bestrebt blieben, 20° C zu erzielen. Diese Vorsicht bringt den Vorteil mit sich, Reklamationen über zu geringes Heizen nach Möglichkeit fernzuhalten. Ein solcher Spielraum von 2° wirkt gegenüber den Ungenauigkeiten der Wärmetransmissionsberechnung, den Einflüssen der Witterung und sonstigen, nicht vorauszusehenden Umständen gewissermaßen ausgleichend[2]).

---

[1]) Vgl. S. 114.

[2]) Bei Aufstellung der Wärmetransmission ist man auf Annahmen angewiesen. Diese richtig zu treffen, ist Sache der Erfahrung. Ein Korridor, der nicht beheizt wird und ausserdem an einer unbebauten Giebelwand liegt, kann selbstverständlich nicht als temperiert angenommen werden. Unter »temperiert« wird stillschweigend eine Temperatur von 10 bis 12° C verstanden. Der Korridor zeigt aber statt dessen bei einer Außentemperatur von — 10° C nur 0°! Solche Fälle habe ich häufig angetroffen. Eine Heizungsfirma sollte sich nie darauf einlassen, mit der späteren Bebauung des Giebels zu rechnen. Was macht es denn schließlich aus, wenn tatsächlich ein paar Heizkörper mehr gesetzt werden? Im andern Falle

2. In jedem Mietshause muß mit der Gewohnheit des Lüftens gerechnet werden. Vorsichtige Heizungsfirmen geben ihrer Wärmetransmissionsberechnung einen Zuschlag für Lufterwärmung. So rechnen beispielsweise Janeck & Vetter, Berlin, mit 3 WE pro chm Raumluft. Dieser Betrag an Wärme macht rd. 10% von dem Maximalwärmebedarf aus. Das Lüften verringert nicht nur die Raumlufttemperatur, sondern erhöht auch durch den lebhaften Luftwechsel die Wärmeabgabe der Heizkörper, mit der ein größerer Brennstoffverbrauch verbunden ist.

3. Mit der fehlerhaften Berechnung der Rohrleitung, insbesondere zu kleinen Rohrdurchmessern bei Warmwasserheizungen, wachsen die Widerstände mit dem Quadrat der Geschwindigkeiten, so daß ein Teil der im Heizwasser enthaltenen Wärme durch Arbeit (kinetische Energie) verloren geht. Eine gut berechnete und montierte Rohrleitung braucht aus diesem Grunde weniger Wärmeaufwand als eine solche mit zu kleinen Rohrdurchmessern, Kontregefällen usw. Zu kleine Anschlüsse können deshalb schon durch Rostbildung oder Ansammlung von Abbrand sehr nachteilig auf den Heizeffekt einwirken.

4. Ein besonderes Thema ist der Wärmeverlust der Rohrleitung. Es ist außer Zweifel, daß die Wärmeabgabe der Rohrleitung teilweise dem Hause zugute kommt, ebenso wie die Rohrleitung der Warmwasserbereitung, die Schornsteinrohre und der Heizkeller die Nachbarräume miterwärmen, ein Umstand, dem

---

wird prozessiert und herumgenörgelt und schließlich ein Vergleich erzielt, der Summa Summarum weit mehr kostet, als das ganze Streitobjekt wert ist.

Bei Verteilung der Rohrleitung auf dem Dachboden wird dieser Raum — gute Dachverhältnisse vorausgesetzt — von einzelnen Heizungsfirmen mit 0° oder gar + 5° C in Rechnung gestellt, während ich — 6° C bei — 20° C Außentemperatur festgestellt habe.

Der Einfluß der Witterungsverhältnisse ist außerordentlich groß, insbesondere bei Eckräumen, die dem Windanfall ausgesetzt sind. In einem solchen Falle stellte ich fest, daß trotz (nach der Rechnung) reichlicher Heizfläche nicht mehr als 10° C erzielt werden konnten, während die Nachbarräume gut erwärmt wurden. Die Ursache lag in dem starken Luftwechsel, der durch den Windanfall hervorgerufen wurde. Die Luft wurde auf der Luvseite eingedrückt, auf der Leeseite (der dem Winde abgeneigten Seite) abgesaugt. Der Einfluß wächst mit der Durchlässigkeit der Baumaterialien und variiert natürlich je nach Güte der Maurerarbeit (schlechte Fugen usw.). Bei Wänden aus Lochsteinen fehlen uns z. Zt. überdies noch Anhaltspunkte für die Größe des Transmissionskoeffizienten, ein Umstand, den wir gewöhnlich gar nicht beachten.

nicht immer die genügende Sorgfalt gewidmet wird[1]). Was uns hauptsächlich interessiert, ist der Temperaturabfall, den das Heizwasser
durch die Wärmeabgabe der Rohrleitung erfährt (bei der Dampfheizung ist es der Spannungsabfall). Die Temperatur, die das Heizwasser an der Erzeugungsstelle hat, ist nicht gleich jener an der
Verwendungsstelle. Unsere Rechnung bedarf deshalb der Korrektur;
soll die Temperatur beim Eintritt in den Heizkörper beispielsweise
70° C sein, müssen wir schon ca. 75° C im Heizkessel halten, um den
durch Wärmeabgabe und Arbeitsaufwand hervorgerufenen Wärmeverlust zu decken, sonst kann der Raum nicht genügend erwärmt
werden. Bei fehlerhafter Berechnung der Rohrleitung kommt selbstverständlich ein weit höherer, durch A r b e i t verloren gehender
Temperaturabfall hinzu. Aus diesem Grunde erklärt sich die so vielfach bei mangelhaften Heizungsanlagen gemachte Beobachtung, daß
sie selbst bei gelinder Witterung nur mit ganz hohen Heizwassertemperaturen einigermaßen zu arbeiten vermögen. Hier fehlt natürlich jede Möglichkeit einer generellen Regulierung, so daß solche
Heizung sich in wärmetechnischer Hinsicht nicht mehr von der ge-
bräuchlichen Niederdruckdampfheizung unterscheidet.

5. Bei der Bestimmung der Wärmeabgabe eines Heizkörpers
gehen wir von einer mittleren H e i z w a s s e r t e m p e r a t u r
aus. Was versteht man hierunter? »Die Hälfte der Summe von
der Steige- und Rücklauftemperatur.« Und dabei begnügen wir uns
mit dem Ablesen der sog. Steigetemperatur am Thermometer des
Heizkessels. Und nun frage ich weiter: »Zeigt denn das Thermometer auch tatsächlich die Steigetemperatur an?« Dies muß ich
verneinen. Bei den Versuchen, die ich angestellt habe, bin ich hierüber eines Besseren belehrt worden; Differenzen von 17° C und mehr
konnte ich feststellen. Es ist dies auch bei weiterer Überlegung gar
nicht anders denkbar; das Heizwasser erfährt im Kessel verschiedene
Strömungen, die sich erst im Steigerohr mischen und eine mittlere
Temperatur annehmen. H i e r ist also die Temperatur zu messen;
dasselbe gilt von der Rücklauftemperatur[2]).

---

[1]) Ich habe Fälle behandelt, bei denen durch die Schornsteinrohre die
Zimmer überhitzt wurden, so daß sehr ernste Klagen laut wurden.

[2]) Bei einer Anlage, die ich zu prüfen hatte, zeigte das Kesselthermometer
fast konstant 75° C, während die Heizkörper nur mittelmäßig erwärmt waren.
Ich habe dann die Temperatur im Steigerohr und Rücklauf gemessen und hierfür
55° bzw. 44° C festgestellt. Die Ursache dieser Erscheinung lag in dem Anschluß

6. Einem Hausbesitzer kommt es zunächst nicht darauf an, wieviel Koks v e r b r a u c h t w i r d , s o n d e r n w a s i h m d i e H e i z u n g t a t s ä c h l i c h k o s t e t. Ein Blick in die Geschäftsbücher lehrt, daß ganz wesentliche Unterschiede beim Einkauf des Koks bestehen, zumal wenn Gas- bzw. westfälischer Schmelzkoks in Frage kommt. Tabelle Nr. XXI zeigt uns beispielsweise hierfür U n t e r s c h i e d e v o n M. 1,45 p r o Z t r.! (M. 2,35 für Schmelzkoks gegenüber M. 0,90 für Gaskoks.)

7. Einen großen Einfluß auf den Brennstoffverbrauch üben Beschaffenheit und Heizwert des Koks aus. Gesiebter Koks eignet sich natürlich besser als ungesiebter, weil er weniger schlackt und auch nicht so viel brennbare Koksstückchen durch den Rost fallen läßt. Da Gaskoks vielfach nach Hektolitern, Schmelzkoks nach Gewicht bezahlt wird, liegt hauptsächlich bei letzterem eine Benachteiligung des Empfängers vor, w e n n d e r K o k s b e i R e g e n w e t t e r v e r l a d e n u n d g e w o g e n w i r d . Trockener Koks nimmt bis zu 12% Wasser auf, so daß sein Heizwert ganz bedeutend verringert wird. Hat 1 kg trockener Koks 7070 WE, zeigt 1 kg nasser Koks nur

$$\frac{7070 \cdot (100 - 12)}{100} - 6 \cdot 12 = 6150 \, \text{WE}.$$

Das sind 13% weniger!

Daß beim Anliefern des Koks mitunter ganz wesentliche Unterschiede in den Gewichten trotz der Kontrollmarken vorkommen, muß ich leider der Vollständigkeit wegen mit erwähnen. Häufig wird der Koksverbrauch nur nach den Büchern beurteilt,

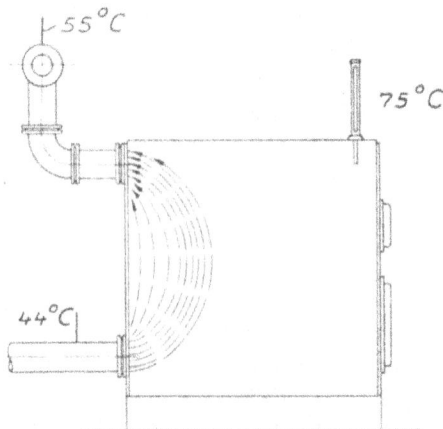

Fig. 1.

des Kessels selbst (vgl. Fig. 1), durch den nur einseitige Zirkulation erreicht wurde: Das abgekühlte Wasser gelangte nicht durch den ganzen Kessel, sondern stieg gleich zum Steigerohr empor. Aus diesem Grunde fand an der Stelle des Kesselthermometers eine Wärmestauung statt. Der Heizer bildete sich ein, genügend hoch zu heizen, und die Mieter klagten über mangelhafte Erwärmung ihrer Räume.

anstatt daß sich der Eigentümer durch Stichproben von der Richtigkeit des Gewichtes persönlich überzeugt.

Die Frage, ob sich Gas- oder Schmelzkoks für eine Anlage besser eignet, ist meines Erachtens streitig. Ich werde hierauf besonders zu sprechen kommen. Die Billigkeit des Gaskoks ist nicht allein der ausschlaggebende Faktor. Er zeigt oft soviel unangenehme Eigenschaften, daß er, alles in allem genommen, viel teurer sein kann als Schmelzkoks. Der Schrecken der Heizer ist ein s c h l a c k e n d e r K o k s. Die Arbeit, die er ihnen verursacht, ist so ermüdend und entmutigend, daß viele ihre Stellung wechseln. Aber auch der Besitzer der Heizanlage hat keine Freude daran. Wie oft leiden nicht gerade die Glieder des Heizkessels durch die Stöße mit der Schürstange, wieviele Defekte sind nicht hierauf zurückzuführen!

In anderer Beziehung kann die S t ü c k g r ö ß e d e s K o k s auf den Nutzeffekt von besonderem Interesse sein. Die nachfolgenden Versuchsergebnisse lehren, daß der Koks im allgemeinen mit viel zu viel Luft verbrannt wird. Die Ursache führe ich auf zu g r o ß e n Schornsteinzug und die großen Zwischenräume zurück, die der Koks durch seine eckige Form bildet. Ich halte deshalb gesiebten Kleinkoks von etwa 3 bis 4 cm Größe für geeigneter als den großen Stückenkoks. Den Koks nachträglich zerschlagen zu lassen, kann ich nicht empfehlen, weil dies doch nicht gemacht wird.

8. Aus den Untersuchungen habe ich die bis jetzt noch nicht erkannte Tatsache festgestellt, daß insbesondere bei jedem gußeisernen Gliederkessel die L e i s t u n g b e i z u n e h m e n d e r F o r c i e r u n g b i s z u e i n e m g e w i s s e n G r a d e s t e i g t, d a n n a b e r f ä l l t. Es gibt demnach eine Maximalleistung, die bei Projektierung der Kesselheizfläche selbst für die Zeit des Anheizens, d. h. bei größter Beanspruchung, nicht überschritten werden darf, wenn die Anlage wirtschaftlich arbeiten soll. In Fig. 67 zeigt die Kurve für die Leistungen ein Maximum für 8100 WE, während zu beiden Seiten die Leistungen abnehmen. W i r k ö n n e n d e m n a c h e i n u n d d i e s e l b e L e i s t u n g b e i g e r i n g e m u n d b e i h o h e m K o k s v e r b r a u c h e r z i e l e n; es hängt nur ganz davon ab, ob wir den Schornsteinschieber und die zu dem Rost führenden Luftklappen teilweise oder ganz aufmachen. Auf S. 137 habe ich in einem speziellen Falle nachgewiesen, daß dieselbe Leistung von 7250 WE erzielt wird, wenn pro Stunde und qm Heizfläche 1,85 oder 1,325 kg Koks verfeuert werden. Da Leistung und Nutzeffekt einander koordiniert sind, erhält man in d e m e i n e n

Falle den üblichen niedrigen Nutzeffekt von
54,5 %, in dem anderen Falle den hohen von **78 %.**
Daß solche Erkenntnis einen großen Einfluß auf den Koksverbrauch
ausüben muß, liegt klar auf der Hand. Die in dem angeführten Beispiel sich ergebenden Ersparnisse belaufen sich auf 23,5 %, das macht
in der Heizungsbranche Millionen Mark aus, die den Behörden und
Privatinteressenten zugute kommen.

Wenn auch zugegeben werden muß, daß bei Behörden die Heizungsanlagen wegen der bei den Projekten vorgeschriebenen Be-
dingungen reichlichere Heizflächen aufweisen und demnach eine größere
Sicherheit bezüglich der Wirkungsweise als bei den Privatanlagen
zu erwarten ist, so kranken sie dennoch alle an dem wesentlichsten
Übelstande, einem zu hohen Brennstoffverbrauche. In dieser Beziehung kann wohl nichts lehrreicher sein als das Ergebnis einer bau-
amtlichen Kontrolle[1]), welche in einer größeren Kommune mit 21
öffentlichen Gebäuden mit n e u e i n g e r i c h t e t e n Z e n t r a l -
h e i z u n g e n ausgeübt wurde. Danach schwankte der Netto-
nutzeffekt bei gleichem Brennstoff zwischen 31 und 55 %, und zwar
bei den einzelnen Gebäuden wie folgt:

I Gemeindeschule		ca. 31 %	XIV Gemeindeschule K	ca.	55 %
II	»	K » 43 »	Mittel-Schule	»	52 »
III	»	M » 36 »	H. Gymnasium . . .	»	42 »
IV	»	K » 55 »	W. S. Gymnasium . .	»	55 »
V	»	M » 47 »	Höhere Mädchenschule	»	38 »
VI	»	K » 40 »	Real-Schule	»	52 »
VII	»	M » 33 »	Rathaus	»	40 »
X	»	K » 43 »	Verwaltungsgebäude .	»	33 »
XI	»	M » 43 »	Feuerwehr	»	33 »
XII	»	K » 52 »	Feuerwache	»	42 »
XIII	»	M » 55 »			

Der betreffende Einsender dieser hochwichtigen Notiz, die sich
ganz mit meinen Erfahrungen deckt, fährt dann wörtlich fort:

»Auf die große wirtschaftliche Bedeutung dieser Tatsachen
kann, bei den ständig teurer werdenden Brennmaterialien und
den sich immer weiter verbreitenden Zentralheizungsanlagen, nicht
dringend genug hingewiesen werden.

Es bedeuten diese Verhältnisse nicht nur eine Verschleude-
rung von vielen Millionen Nationalvermögen, sondern es wird

---

[1]) »Haustechnische Rundschau« 1909, S. 164.

auch durch das nicht ordnungsmäßig verbrannte Material eine
nicht unbedenkliche und durchaus zu vermeidende Luftverschlechte-
rung der Umgebung herbeigeführt, und muß absolut darauf hin-
gewirkt werden, die unzweifelhaft festgestellten Übelstände zu
beseitigen.

Schuld für die mäßigen Ausführungen dürften die Hersteller
und Besteller zu gleichen Teilen tragen, da sehr oft die wirtschaftlichen Verhältnisse ganz außer acht gelassen werden und uns
die Billigkeit der Ausführung die Hauptrolle spielt.«

Mit dieser Schlußfolgerung ist freilich die Ursache des über-
mäßigen Koksverbrauches noch nicht erkannt worden; er ist außer
durch die bereits angeführten Tatsachen noch begründet:

1. durch Überschätzung der Kesselleistungen, für die zu hohe
   Werte bisher allgemein gültig waren;
2. durch Unkenntnis der für das Anwärmen der Umfassungswände nach Betriebsunterbrechung erforderlichen Wärmemenge, die für die Bemessung der Kesselheizfläche von aus-
   schlaggebender Bedeutung ist;
3. durch Bevorzugung des unterbrochenen Betriebes an Stelle
   des Dauerbetriebes.

Auf die Punkte 2. und 3. komme ich später noch ausführ-
lich zu sprechen.

II. Die Berechnung des Koksverbrauchs.

Die vorangegangenen Ausführungen lassen ohne weiteres die
Schwierigkeiten erkennen, den Koksverbrauch durch Formeln a priori
zu bestimmen. Wenn dies möglich wäre, müßten die Formeln die
Gestalt von Gleichungen mit mehreren Unbekannten annehmen,
zu deren Ermittelung von Fall zu Fall erst Versuche eingehender
Art anzustellen wären. Ich bin der Ansicht, daß wir, insbesondere
bei gerichtlichen Prozessen, von einer B e r e c h n u n g des Koks-
verbrauchs unbedingt absehen müssen. Vielmehr haben wir das Recht,
wie bei jedem anderen Garantieversuche, sei es zur Feststellung des
Nutzeffektes eines Dampfkessels, sei es zur Ermittelung des Dampf-
verbrauches einer Dampfmaschine usw., eine praktische Prüfung der
Anlage zu verlangen; das ist gegenüber dem steinigen Gebiet der
Rechnung der einzige betretbare Weg, der zum Ziele führt.

Die Rechnung ist, abgesehen von den vielfachen Unbekannten, schon deshalb unsicher, weil wir mit einer mittleren Außentemperatur für die Heizperiode rechnen. Wieviel Anlagen haben nur e i n e n Heizkessel, der einmal stark forciert, das andere Mal nur schwach betrieben wird; für jede Leistung hat er seinen mehr oder weniger bestimmten Nutzeffekt, und das Mittel aus all diesen Ziffern soll dem für die errechnete mittlere Außentemperatur sich ergebenden Nutzeffekt gleich sein?

Wenn man Formeln anwendet, können sie den Koksverbrauch nur annähernd treffen. Ich habe hin und wieder ganz gute Übereinstimmung beispielsweise mit der Recknagelschen Formel

$$0,4\,W \quad . \quad . \quad . \quad . \quad . \quad . \quad . \quad . \quad . \quad . \quad 1)$$

gefunden, die den Koksverbrauch in Kilogramm angibt. Für die meisten Anlagen, die mit niedrigem Nutzeffekt arbeiten, liefert sie zu geringe Werte. Wir sehen beispielsweise eine gute Übereinstimmung bei der außerordentlich wirtschaftlichen Anlage S. 110, dagegen zeigt sie schon 15% zu niedrige Ziffern bei der Heizungsanlage mit Strebelkesseln (Niederdruck-Warmwasserheizung), die sonst in guten Händen war.

Die Recknagelsche Formel dürfte aus

$$\frac{W \cdot 16 \cdot 200}{2 \cdot 4000} \quad . \quad . \quad . \quad . \quad . \quad . \quad 2)$$

entstanden sein, d. h. ihr liegt die Annahme zugrunde, daß von dem Maximalwärmebedarf W (40° Temperaturdifferenz) im Mittel nur die Hälfte während einer Heizperiode von 200 Tagen in Frage kommt, während die Ausnutzung des Brennstoffes bei 16 stündiger täglicher Heizdauer mit 4000 WE angenommen ist.

Gegen diese Annahme läßt sich mit Rücksicht auf den Annäherungswert der Formel nichts einwenden; sie verliert indes sofort ihren Wert, wenn sie, wie dies in Sachverständigengutachten bereits geschehen ist, auf die tatsächlichen Witterungsverhältnisse frisiert wird, d. h. wenn beispielsweise nicht 0°, sondern 4° C als mittlere Tagestemperatur, statt »16« Stunden eine kürzere Heizdauer usw. eingesetzt werden. Die Übereinstimmung des Formelwertes mit dem tatsächlichen Koksverbrauch der erwähnten Anlage war nur deshalb möglich, weil hier Nutzeffekte von 84 und 88% erreicht wurden (vgl. S. 114), während die in der Formel mit 4000 WE angenommene Ausnutzung nur einen Nutzeffekt von 56,5% aufweist. Mit der Annahme

einer geringeren Ausnutzung des Brennstoffes werden eben empirisch
alle jene Ungenauigkeiten gedeckt, die sich unserer Beurteilung entziehen. Man kann deshalb nicht in der Formel den Nenner ändern
und den Zähler bestehen lassen, sonst wirft man das Brauchbare an
der Rechnungsmethode über den Haufen.

Da Formel (1) aus (2) hervorgegangen ist, kann man natürlich
auch nicht den sich aus (1) ergebenden Wert durch (2) erhärten.

Eine andere Methode, den Koksverbrauch zu bestimmen, stützt
sich auf die Annahme eines 12 stündigen Tagesbetriebes, einer Heiz-
periode von 200 Heiztagen, einer Außentemperatur von 0^0 und einer
Ausnutzung des Brennstoffes mit 4000 WE. Für Nachtheizen und
Anheizen wird ein Zuschlag von 50% gemacht. Danach lautet die
Formel:

$$\frac{1,5 \cdot 12 \cdot W \cdot 200}{2 \cdot 4000} = 0,45 \, W \quad . \quad . \quad . \quad . \quad 3)$$

Sie gibt also etwas größere Werte als die Recknagelsche.

Rietschel[1]) gibt die erforderliche stündliche Menge an Brenn-
material in Kilogramm zu etwa

$$p = \frac{5}{3} \frac{W_2 F}{C} \quad . \quad . \quad . \quad . \quad . \quad 4)$$

an. Hierin bezeichnet:

W_2 die Wärmemenge, die 1 qm Kesselheizfläche bei Abgang der
  Heizgase mit 250^0 C aufnimmt (bei gußeisernen Gliederkesseln
  gibt R. W_2 zu 10 000, bei Cornwallkessel zu 8000 WE an);
F die Kesselheizfläche in qm;
C Heizwert des Koks (= 7070 WE).

Die Formel (4) geht vermutlich von der Voraussetzung aus, daß
der Nutzeffekt 60% im Mittel beträgt. Sollen dann W_2 erzeugt werden,
sind an Brennstoff

$$\frac{W_2 \cdot 100}{60 \cdot C} = \frac{5}{3} \frac{W_2}{C}$$

erforderlich.

Die Unsicherheit der Formel liegt demnach in dem gegebenen
Nutzeffekt und der zu treffenden Wahl von W_2. Die hierfür von
Rietschel angegebenen Ziffern sind zu hoch. Die auf S. 134 wieder-
gegebenen Versuchsergebnisse geben beim Strebelkessel für Nieder-

---

[1]) Leitfaden, 4. Auflage 1909, S. 237.

druck-Warmwasserheizung $W_2 = 8100$, beim Rapidkessel (Niederdruckdampfheizung) noch weniger (vgl. S. 159). Bei dem Flammrohrkessel S. 114 wurde W_2 beispielsweise zu 9450 WE ermittelt. Da auch
die Nutzeffekte ganz andere waren, kann Formel (4) auch keine Übereinstimmung mit den tatsächlich erzielten Ergebnissen zeigen (vgl.
nachfolgende Zusammenstellung):

	p in kg		Differenz
	nach Formel 4)	tatsächlich	
Strebel-Kessel $F = 14$	33	22,6	31,5 %
Rapid-Kessel $F = 75,66$	77,8	49,0	37,2 %
Cornwall-Kessel $F = 25$	47,2	39,5	8,4 %

Eine Übereinstimmung ist demnach nur zu erwarten, wenn,
wie beim Cornwallkessel, Leistung und Nutzeffekt im Verhältnis
$\dfrac{W_2 \cdot 100}{60}$ stehen. Abgesehen von den Unstimmigkeiten kommt Formel (4) für die Berechnung des Koksverbrauches weniger in Betracht,
da die Zahl der Betriebsstunden und der mittlere Wärmebedarf erst
noch ermittelt werden müßten.

Das Thema wird erschöpfend genug behandelt sein, wenn ich
zum Schluß noch eine Rechnungsmethode anführe, die von Boehmer
im »Gesundheits-Ingenieur« 1905 in Nr. 20 brachte. Sie befaßt sich
mit der Aufgabe, den täglichen Wärmeverlust der zu beheizenden
Räume unter Voraussetzung kontinuierlicher Heizung zu bestimmen.
Wird mit A_2 der tägliche Wärmeverlust in WE bei einer Außentemperatur t_3, mit A_1 der Maximalwärmebedarf ($t_a = -20^0$; $t_i = +20^0$)
bezeichnet, so soll

$$A_2 = (24 - n)\, A_1\, \frac{t_3 - t_4}{t_a - t_i} + n\, A_1\, \frac{t_3 - \dfrac{t_4 - t_n}{2}}{t_a + t_i} \qquad 5)$$

sein. Hierin bedeutet:

$t_4 = $ mittlere Innentemperatur am Tage, während die Räume voll
  beheizt werden;

$n = $ Anzahl der Tag- oder Nachtstunden, während welcher der
  Heizbetrieb eingeschränkt wird;

$t_n = $ die tiefste Innentemperatur, bis zu welcher sich die Räume
  während der n-Stunden abkühlen.

Die Formel ist kompliziert und verlangt deshalb schon genauere Feststellungen, wenn man sich nicht der Willkür preisgeben will. Während auf der einen Seite eine größere Genauigkeit Platz gegriffen hat, wird anderseits für die Berechnung des Koksverbrauches der Heizperiode an erwähnter Stelle von der üblichen Annahme von 200 Heiztagen, einer mittleren Außentemperatur von + 0° und einer Ausnutzung von 4500 WE gesprochen.

Wenden wir die Formel auf die Niederdruck-Warmwasserheizungsanlage S. 109 an unter Berücksichtigung genauerer Werte, so erhalten wir für eine mittlere Außentemperatur von 4,38° C (Durchschnitt von 5 Jahren) den täglichen Wärmebedarf zu:

$$A_2 = (24 - 12)\, 253\,440\, \frac{4,38 - 18}{-40^0} + 12 \cdot 253\,440\, \frac{4,38 - \frac{18 + 12}{2}}{-40}$$
$$= 1\,843\,015\ \text{WE}.$$

und unter Zugrundelegung von zunächst 200 Heiztagen und einer Ausnutzung des Brennstoffes von 4500 WE den Koksverbrauch zu

$$\frac{1\,843\,015}{4500} \cdot 200 \sim 82\,000\ \text{kg}$$

oder 1640 Ztr. Bei Berücksichtigung der tatsächlichen Verhältnisse von durchschnittlich 218 Heiztagen und einer Ausnutzung von »5900« (vgl. S. 114 und Tabelle XXII) würde sich der Verbrauch an Koks zu nur 1360 Ztr. ergeben während tatsächlich 2024 Ztr. festgestellt worden sind.

Die zu niedrigen Werte der Berechnungsmethode (5) sind in der Nichtberücksichtigung der Anheizperiode begründet. Ich habe auf S. 116 gezeigt, daß während des zweistündigen Anheizens ohne Rücksicht auf den Wärmebedarf der Umfassungswände schon 746 380 WE erzeugt werden mußten, um nach dem eingeschränkten Heizbetriebe die Anlage in den Anfangszustand des Tagesbetriebes zu bringen. Die während dieser Zeit erzeugte Wärmemenge beträgt fast das Neunfache der bei Dauerheizung stündlich erforderlichen Wärmemenge (= 86 045). Würde der sich hieraus ergebende Überschuß an Wärme zu A_2 addiert werden, hätten wir

$$218 \cdot \frac{1\,843\,015 + 746\,380 - 2 \cdot 86\,045}{5900} = 90\,000\ \text{kg}$$

oder 1800 Ztr. in guter Übereinstimmung mit Tabelle XXII. Aber alle noch so genauen theoretischen Berechnungen versagen, wenn man nicht noch einen Prozentsatz für den Rohrleitungsverlust und die Wärmevergeudung durch Lüften der Räume einschließlich eines sonstigen Sicherheitskoeffizienten bei Aufstellung der Wärmemenge A, berücksichtigt; ich schlage vor, hierfür 15% zugrunde zu legen, d. h. mit 1,15 A_1 zu rechnen, vorausgesetzt, daß es sich um Dauerheizung — indes mit Einschränkung des Nachtbetriebes — handelt. Danach würde Formel (3) die beste Übereinstimmung geben.

Selbstverständlich kann es sich nur um praktische Annäherungswerte handeln; will man ein sicheres Urteil fällen, müßte man bei der ortsüblichen mittleren Außentemperatur der Heizperiode schon einen 24 stündigen Heizversuch ohne Einwirkung auf den Heizer durchführen, um alle Einflüsse des Gütegrades der Anlage (Mängel in der Rohrleitung, deren Montage, der Bedienung selbst, des Lüftens der Räume, des Anheizens usw.) kennen zu lernen.

Da bei den Versuchen im Betriebe die Bestimmung der durch das Heizwasser oder den Dampf aufgenommenen Wärmemenge auf Schwierigkeiten stößt[1]), bleibt nichts anderes übrig, als den Brennstoffverbrauch zu messen und die Wärmeverluste zu bestimmen, wie ich dies bei den Versuchen zur Durchführung gebracht habe. Man ist dann auch in der Lage, Vorschläge zur Verbesserung des Nutzeffektes zu machen, zumal diese nur durch Verringerung der Wärmeverluste möglich ist.

Bei der Berechnung des Koksverbrauches für interessierende Außentemperaturen muß natürlich d i e   g a n z e   T a g e s z e i t v o n   2 4   S t u n d e n zugrunde gelegt werden. Handelt es sich bei einem solchen Tagesbetrieb um die Deckung von W-Wärmeeinheiten, so kann natürlich diese Wärmemenge auch in einer Betriebszeit von 12 Stunden erzeugt werden. Der Kessel muß also in dieser Zeit das D o p p e l t e leisten, was dasselbe ist, als wenn man in 24 Stunden nur W erzeugen würde. Der einzige Unterschied liegt nur in dem Nutzeffekt, der bei doppelter Leistung stets kleiner ausfallen muß als bei einfacher. Aus diesem Grunde verstehe ich nicht die fast allgemein

---

[1]) Bei Niederdruckdampfheizung läßt sich das Niederschlagwasser, wie ich dies in einem Falle getan habe, auffangen und durch Gewicht bestimmen, aber es ist eine Korrektur für die Abkühlung und eventuell mitgerissenes Wasser vorzunehmen; bei Warmwasserheizung empfehle ich, die Ausdehnung des Wassers, gemessen am Expansionsgefäß mit Hilfe eines Schwimmers mit Zeigerapparat, vorzunehmen, um aus dem erhaltenen Diagramm auf die aufgenommene Wärmemenge schließen zu können.

vertretene Ansicht über die bei ununterbrochenem Betriebe geweissagten Ersparnisse, wie sie z. B. Krell sen. im »Gesundheits-Ingenieur« 1907, S. 11, herausrechnet.

III. Mittlere Tagestemperatur und Anzahl der Heiztage.

Der Betrieb einer Heizungsanlage muß sich den Witterungsverhältnissen anpassen, wenn es darauf ankommt, den Koksverbrauch auf ein Minimum herabzudrücken. Der Heizer muß also einen Anhaltspunkt haben, damit er sich mit der Beschickung der Heizkessel entsprechend einrichten, den Schornsteinschieber und die Luftklappen einstellen und bei Warmwasserheizungen die erforderliche Heizwassertemperatur wählen kann. Tut er das nicht, so verschwendet er Koks. Hierbei ist es gleichgültig, ob er zu wenig oder zu viel heizt; beides ist nachteilig. Wie später nachgewiesen wird, übt zwar die Wärmeabgabe der Umfassungswände bei zurückgehenden Heizwassertemperaturen einen wohltuenden Ausgleich aus, aber zwischen ihr und der Wärmeaufnahme seitens der Raumluft herrscht ein ähnliches Verhältnis wie zwischen Gläubiger und Schuldner, d. h. der letztere empfängt etwas mit der Verpflichtung, es wieder zurückzugeben. Einem zu schwachen Heizbetriebe muß deshalb stets ein erneutes Hochheizen folgen, damit der Beharrungszustand in der Erwärmung der Räume und das damit verbundene Wohlbefinden keine Störung erleiden[1]). Der Heizer muß also bei vorgekommenen Nachlässigkeiten

---

[1]) Was das Hochheizen für Wärme kostet, habe ich recht deutlich in Fabrikgebäuden wahrnehmen müssen, welche durch den Abdampf der Maschine beheizt wurden. Die Kalamität war regelmäßig am Montag fühlbar, weil die Räume Sonntags über zu sehr abkühlten und beim Beginn der Arbeitszeit zum Hochheizen selbst unter dauernder Zuhilfenahme von Frischdampf nicht genügend Wärme in der zur Verfügung stehenden Zeit nutzbar gemacht werden konnte. (Die Wärmeabgabe der Heizkörper hat eine Grenze!) In Tischlereibetrieben gestaltete sich die Sachlage insofern noch schlimmer, als eine Wärmeaufnahme der Umfassungswände während der Betriebszeit der Maschine wegen der starken Ventilation (infolge der die Frais- und Hobelspäne absaugenden Exhaustoren) gar nicht eintreten kann. Man darf sich deshalb nicht wundern, wenn in solchen Fällen die Tischler, die bekanntlich angeben, in Räumen mit weniger als 15° C Lufttemperatur nicht arbeiten zu können, die Arbeit niederlegen und dadurch dem Hausbesitzer viel Kosten verursachen.

den Kessel stundenlang stark forcieren, insbesondere wenn die Kesselheizflächen nicht sehr reichliche sind, und braucht infolge des dabei
eintretenden niedrigen Nutzeffektes sehr viel mehr Koks, als wenn
er von vornherein den Betrieb den Witterungsverhältnissen entsprechend einrichtet.   Heizt er dagegen zu viel, so werden die
Fenster geöffnet und damit ebenfalls ein Mehrverbrauch an Koks
veranlaßt.

Daß eine generelle Regelung des Heizbetriebes nach den Witterungsverhältnissen möglich ist, vermag keine Theorie umzustoßen. Hierfür sprechen praktische Beweise, die als maßgebend betrachtet werden müssen. Was machen Windanfall, starke Besetzung der Räume
auf einer Seite usw. aus gegenüber dem Riesenwärmeakkumulator
der Umfassungsmauern? Wenn tatsächlich vereinzelte Räume in
der Erwärmung zurückbleiben sollten, so stellen diese Unregelmäßig-
keiten doch nur einen ganz geringen Bruchteil gegenüber den Räumen
des gesamten Hauses dar, oder die Heizungsanlage ist überhaupt
minderwertig. Geringe Schwankungen in den Raumlufttemperaturen
dürfen natürlich nicht in Betracht gezogen werden; dem kann jeder
Hauswirt dadurch begegnen, daß er sich, wie ich bereits auf S. 1
erwähnte, nur zu 18° Innentemperatur verpflichtet, aber sich bemüht,
dennoch 20° C im Durchschnitt zu halten.

Da nun einmal die Möglichkeit der generellen Regelung der
Raumtemperaturen wenigstens für Warmwasserheizungen vom Heizkessel aus vorhanden ist, müssen wir zusehen, ob wir nicht die m i t t -
l e r e Tagestemperatur zu einer bestimmten Zeit ablesen können;
sonst verliert die ganze generelle Regelung ihren Wert.

Das Preußische Meteorologische Institut in Berlin veröffent-
licht in seinen Jahrbüchern neben anderen wichtigen Witterungsverhältnissen auch die Lufttemperaturen verschiedener Stationen.
Die Beobachtungen finden dreimal am Tage statt (für Berlin Teltower-
straße 8), und zwar morgens 7 Uhr ($= 7^a$), mittags 2 Uhr ($= 2^p$) und
abends 9 Uhr ($= 9^p$). Das Tagesmittel wird nach der einfachen
Formel

$$t = \frac{\dfrac{7^a + 2^p}{2} + 9^p}{2} \quad \ldots \ldots \ldots \quad 6)$$

berechnet. In Tabelle I habe ich den für Berlin geltenden Ablesungen
vom September und Oktober 1901 die Tagesmittel in Spalte 7 beigefügt, um zu zeigen, daß beispielsweise die Beobachtung der Luft-

Tabelle I.

Datum	Oktober 1901 Lufttemperatur C°						Datum	November 1901 Lufttemperatur C°					
1	7ᵃ	2ᵖ	9ᵖ	Max.	Min.	Tages-Mittel	1	7ᵃ	2ᵖ	9ᵖ	Max.	Min.	Tages-Mittel
1	13,5	21,8	17,1	22,0	12,6	17,37	1	2,0	7,7	5,6	7,8	1,5	5,22
2	13,6	21,9	18,1	**22,3**	13,2	17,92	2	2,5	7,1	5,6	7,7	1,5	5,2
3	15,0	21,7	17,6	**22,3**	14,6	17,97	3	5,2	6,9	3,9	7,2	3,9	4,97
4	14,3	19,5	16,8	20,0	13,1	16,85	4	0,8	0,8	2,4	3,9	1,0	1,6
5	12,1	13,1	13,2	16,8	11,8	12,9	5	2,8	3,2	1,0	3,3	1,0	2,0
6	11,2	9,8	8,2	13,3	8,2	9,35	6	0,3	7,0	6,2	7,1	0,3	4,92
7	7,4	9,9	7,0	11,0	4,8	7,82	7	7,3	9,2	6,6	9,9	4,9	7,42
8	7,8	10,8	6,5	11,8	4,9	7,9	8	7,4	9,5	8,5	9,5	5,6	8,47
9	7,7	13,4	10,0	13,5	5,2	10,27	9	5,3	6,3	3,2	8,9	3,2	4,5
10	7,7	12,5	8,8	12,5	7,0	9,45	10	—1,5	3,7	5,4	5,4	2,5	3,25
11	6,2	12,7	9,6	12,7	4,8	9,52	11	7,4	8,7	8,0	8,8	4,5	8,02
12	6,1	12,8	10,0	12,9	5,3	9,72	12	7,6	8,0	6,6	8,7	6,6	7,2
13	9,0	11,3	10,6	11,4	8,4	10,37	13	5,8	6,8	7,6	7,6	3,9	6,95
14	10,1	12,2	10,6	12,4	7,7	10,87	14	9,0	9,5	7,4	**10,3**	7,2	8,32
15	9,6	14,2	10,4	14,5	6,7	11,15	15	2,1	4,2	3,3	7,4	1,6	3,22
16	9,9	14,6	11,2	14,9	7,9	11,72	16	0,4	1,5	0,6	3,3	—0,6	0,77
17	8,9	14,4	13,6	14,5	7,8	12,62	17	—1,0	5,1	4,0	5,1	—1,5	3,02
18	9,8	16,3	13,5	16,5	9,3	13,27	18	2,6	4,4	5,4	5,4	1,3	4,45
19	11,2	16,1	14,2	16,9	10,8	13,92	19	4,2	5,9	9,5	9,5	3,6	7,27
20	13,1	17,6	15,2	17,6	12,2	15,27	20	8,2	6,2	6,0	9,5	3,3	6,6
21	13,4	18,3	14,0	18,7	12,7	14,92	21	4,1	9,3	9,5	9,5	3,5	7,55
22	13,1	16,3	13,6	16,8	12,2	14,15	22	5,1	5,3	1,7	8,4	1,7	3,45
23	12,5	14,7	11,6	15,3	11,6	12,6	23	—1,2	2,7	—0,1	2,7	—2,1	0,32
24	8,2	13,2	9,4	13,5	7,7	10,05	24	—1,4	1,1	0,8	1,2	**—2,9**	0,32
25	5,6	13,1	10,4	13,4	5,0	9,87	25	—0,8	—0,1	—0,3	0,9	—1,4	0,37
26	7,4	12,0	9,0	12,1	7,1	9,35	26	2,1	4,6	2,8	4,8	—1,1	3,07
27	6,0	10,7	7,2	11,0	5,0	7,77	27	3,2	3,7	0,2	3,9	0,2	1,82
28	7,0	11,7	6,0	11,7	6,0	7,67	28	2,9	4,3	1,2	4,5	—0,6	2,4
29	3,9	11,8	10,5	12,5	**2,3**	8,95	29	—1,3	0,7	0,4	1,2	—1,7	0,05
30	8,2	10,7	5,4	10,7	5,4	7,42	30	5,3	7,7	7,4	—7,7	0,5	6,95
31	3,9	8,9	5,5	9,3	2,9	5,95							
Mittel	9,4	14,1	**11,1**	14,7	8,2	**11,4**	Mittel	3,2	5,4	**4,3**	6,4	1,4	**4,29**

temperatur morgens oder mittags ganz falsche Schlüsse bezüglich der mittleren Tagestemperatur ergeben. Der Heizer hat also hieran

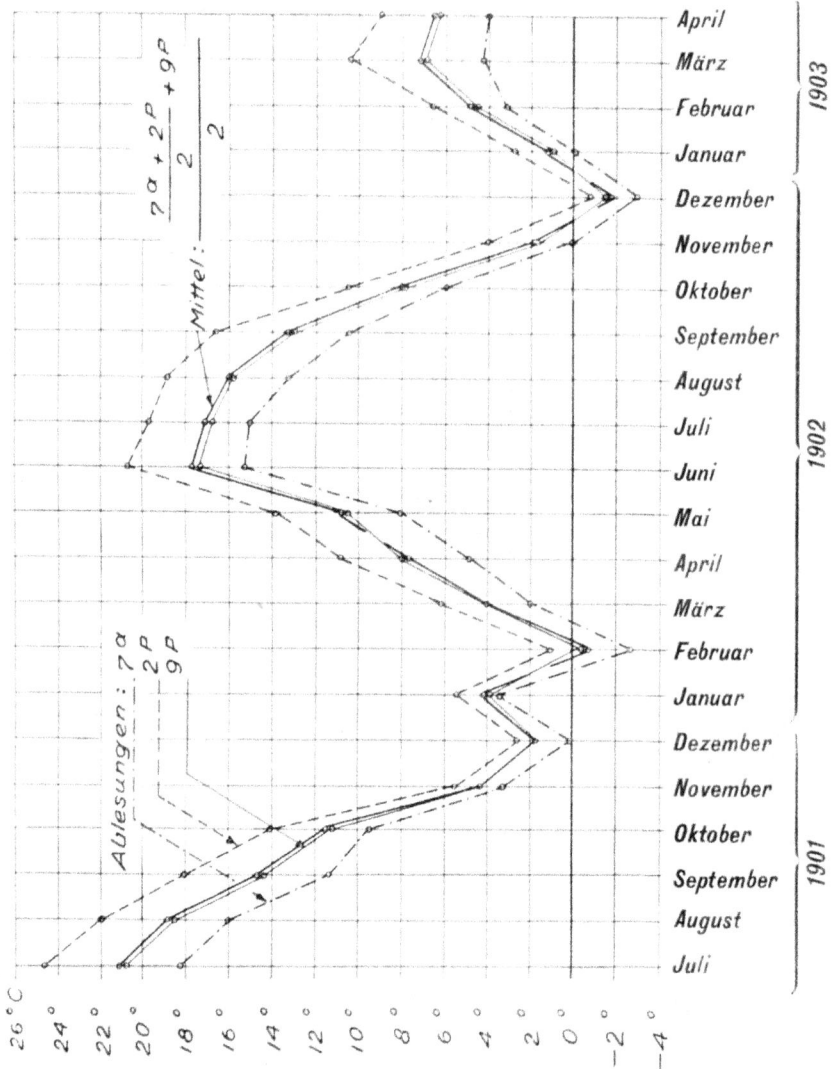

gar keinen Anhaltspunkt, dagegen findet er diesen in der Ablesung der Temperatur abends 9 Uhr[1]).

---

[1]) Ich machte hierauf zuerst gelegentlich des Referats über das Grambergsche Lehrbuch (Dinglers Polytechnisches Journal 1909, S. 400) aufmerksam.

In der Tabelle ist weiter das Mittel für jede Ablesung für den ganzen Monat angegeben; es beträgt z. B. für den Oktober für

$$7^a = 9,4^0, \quad 2^p = 14,1^0, \quad 9^p = 11,1^0.$$

Nimmt man von diesen Temperaturgraden wiederum das Tagesmittel, so erhalten wir

$$\frac{\dfrac{9,4 + 14,1}{2} + 11,1}{2} = 11,4^0 \text{ gegenüber } 11,1 \text{ für } 9^p,$$

d. h. wir können das Tagesmittel abends 9 Uhr ohne weiteres ablesen; freilich kommen dabei Abweichungen bis zu $0,3^0$ C vor, die natürlich belanglos sind.

Um die Übereinstimmung klar vor Augen zu führen, habe ich in Fig. 2 sowohl die Einzelablesungen als auch die Tagesmittel für zwei Jahre (1901 bis 1903) graphisch aufgetragen. Man sieht hieraus, daß die Kurve für das berechnete Tagesmittel fast genau mit jener für die Ablesungen 9^p zusammenfällt. Der Heizer hat also nur nötig, abends 9 Uhr das Außenthermometer abzulesen und hiernach am nächstfolgenden Tage seinen Heizbetrieb einzurichten; der Ausgleich bei etwaiger Abweichung von der nächstfolgenden Tagestemperatur findet in hinreichendem Maße durch die Umfassungswände statt.

Fig. 3 bis 8 zeigen den Verlauf der mittleren Tagestemperaturen für die Winterperioden 1900 bis 1901, 1901 bis 1902 usw. bis 1906. Es sind diese Kurven nicht allein interessant wegen des sprungweisen Verlaufs der Temperaturen, sie lassen vor allen Dingen die Möglichkeit zu, die Anzahl der Heiztage mit ziemlicher Sicherheit zu bestimmen. Indes müssen wir erst die Frage beantworten: Wann müssen wir heizen?

Die fortwährenden Klagen über mangelhafte Raumtemperaturen haben die Gerichte bereits außerordentlich beschäftigt und heute mangelt es in großen Städten bereits an Sachverständigen, um die sich anhäufende Arbeit zu bewältigen. Der Koksverbrauch ist eben zu enorm, so daß ein Verdienst für den Hausbesitzer nicht mehr herausschaut, wenn er allen Wünschen bezüglich Heizung gerecht werden will[1]); er spart an Koks, wie er nur kann, und provoziert dadurch

---

[1]) Die von der Steuerbehörde für Zentralheizungen gewährte Vergütung von 8 % reicht bei bürgerlichen Wohnhäusern bei weitem nicht aus; ich habe vielfach als Kosten der Zentralheizungen bis zu 18 % von den erzielten Mietspreisen und noch mehr festgestellt, weil die Nutzeffekte der Heizkessel infolge zu kleiner Heizflächen sehr gering ausfielen.

Fig. 3.

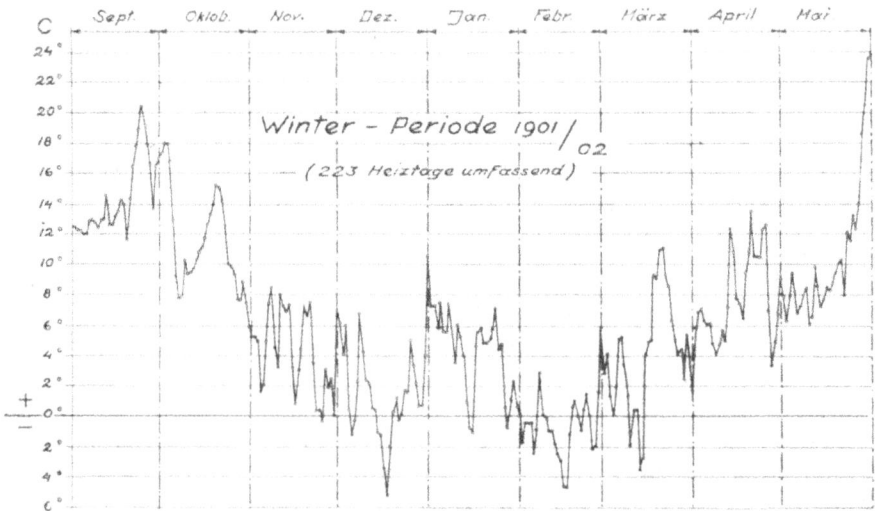

Fig. 4.

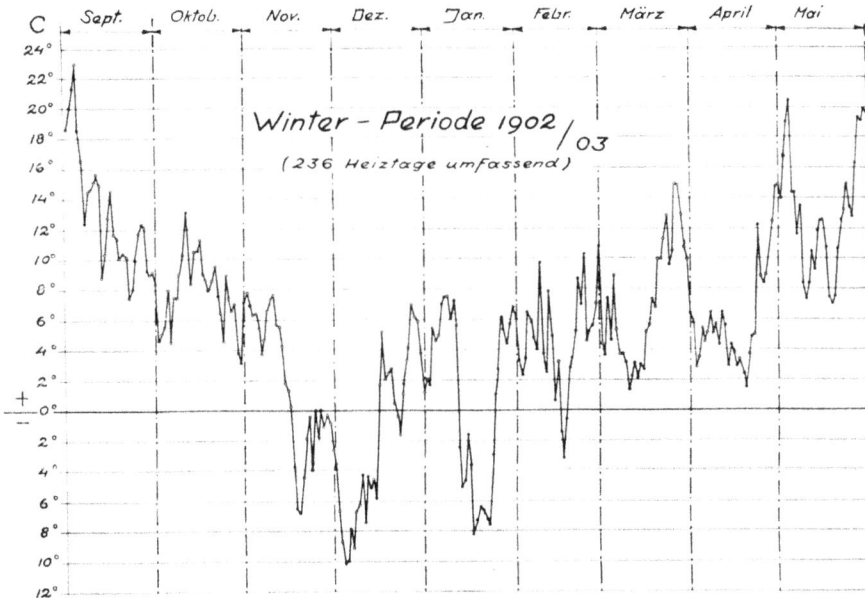

Fig. 5.

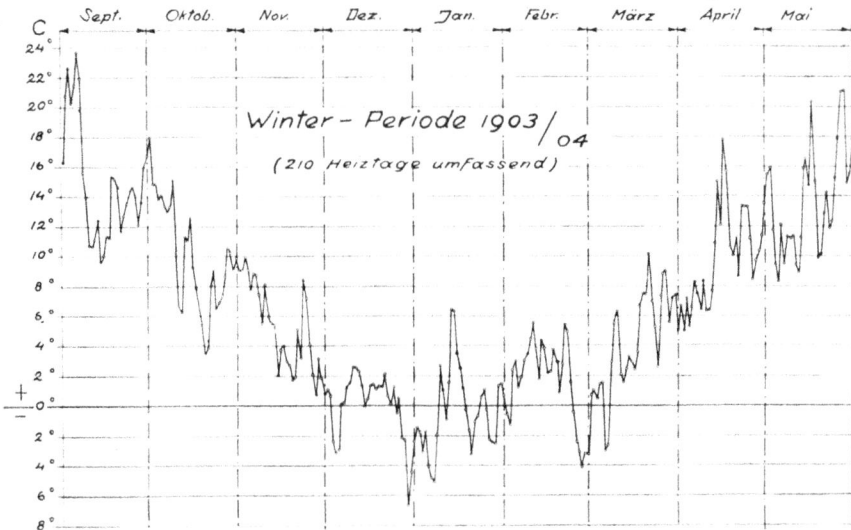

Fig. 6.

2*

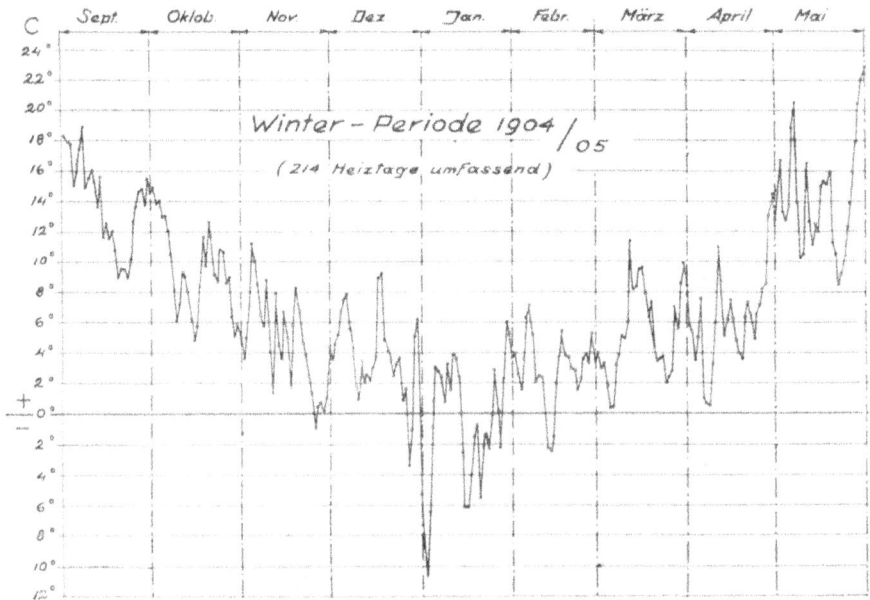

Fig. 7.

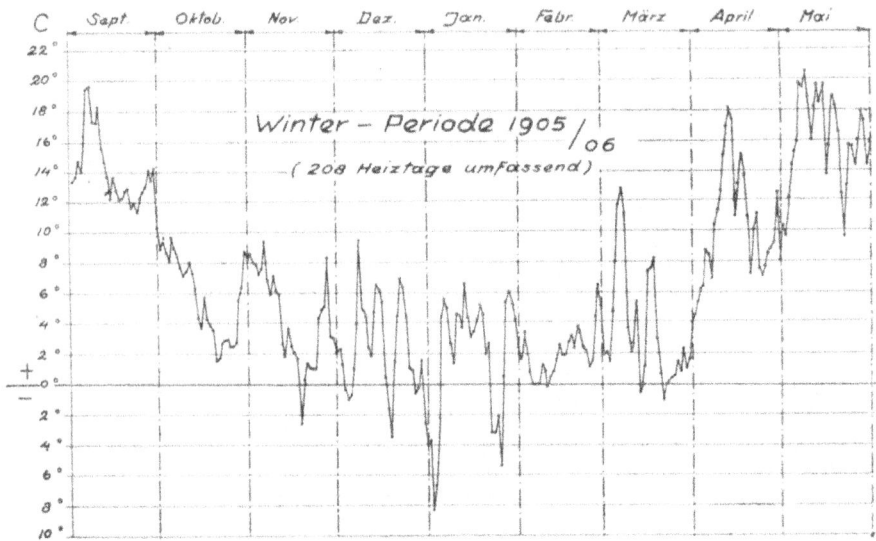

Fig. 8.

langatmige Prozesse. Ich kenne einen Fall, wo der Hauswirt bei Androhung einer Konventionalstrafe von M 500 für jeden Übertretungsfall verurteilt wurde, bei 12° Außentemperatur zu heizen. Das Gericht schwieg sich darüber aus, wann diese 12° C abgelesen werden sollten.

Man kann zweifelhaft sein, ob 11° oder schon 12° Außentemperatur das Heizen bedingen; ich habe bei meinen Untersuchungen beides gefunden und aus den Fig. 3 bis 8 die Anzahl der Heiztage dadurch bestimmt, daß ich eher einen kälteren Tag im September als im April und Mai außer acht ließ. Das Ergebnis ist folgendes:

Tabelle II.

Heizperiode	Anzahl der Heiztage	Mittlere Tagestemperatur in °C
1900/01	210	+ 3,44
1901/02	223	+ 4,47
1902/03	236	+ 4,40
1903/04	210	+ 4,00
1904/05	214	+ 5,21
1905/06	208	+ 3,77

Für die folgenden Berechnungen habe ich diese Ergebnisse zur Kontrolle des Koksverbrauches zugrunde gelegt.

IV. Wärmeverlust der Rohrleitung bei Warmwasserheizungen.

Die Kontrolle des Koksbedarfes mit Hilfe der Rechnung ergibt ohne Berücksichtigung eines Zuschlages einen geringeren Verbrauch an Brennstoff, als tatsächlich festgestellt wird. Obgleich ich statt 10% Verlust für die Rohrleitung schon das Doppelte zugrunde legte, fehlten immer noch bis zu 15%, die ich schließlich auf den Einfluß des Lüftens der Räume zurückführte. Dies Ergebnis hat mich um so mehr frappiert, als wir doch der Wärmetransmissionsberechnung eine Reihe von Zuschlägen geben, die nicht immer zuständig sind. Der Zuschlag für Windanfall kommt der Anlage bei windstillem Wetter ebenso wie die Sonnenwärme im allgemeinen zugute, desgleichen müssen die Zuschläge für Betriebsunterbrechung den Koksverbrauch bei Dauerheizung günstig beeinflussen, da der geringere Wärmebedarf auch eine geringere Anstrengung der

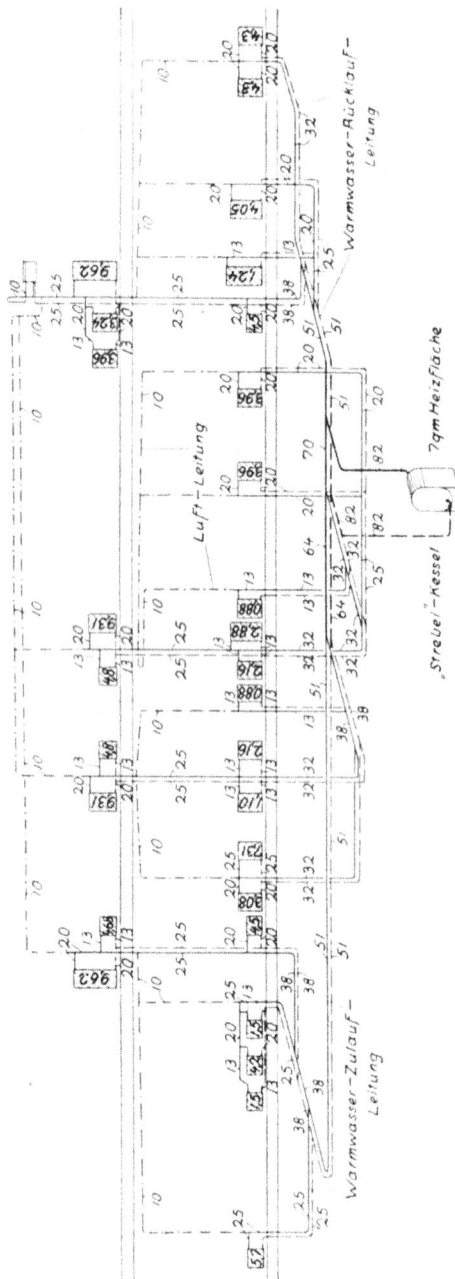

Fig 9.

Heizkessel mit sich bringt. Wenn man ferner bedenkt, daß die Rietschelschen Koeffizienten im allgemeinen n a c h o b e n abgerundet sind, also höher als in Wirklichkeit in Rechnung gestellt werden, so kommt man schließlich zu der Annahme, daß die Wärmeverluste der gesamten Rohrleitung mit 10% bei weitem zu niedrig veranschlagt sein müssen. Eine oberflächliche rechnerische Kontrolle der Wärmeabgabe der Rohrleitung in den Schlitzen, ihres isolierten Teils und der Heizkörperanschlüsse ergeben bereits 25% und mehr vom Maximalwärmebedarf. Ich habe für eine kleine Niederdruck - Dampfheizungs - Anlage experimentell mit Hilfe eines großen Bunsenbrenners (vgl. stehenden Heizröhrenkessel) den Wärmebedarf der Rohrleitung festgestellt und für mittlere Außentemperaturen schon über 20% Rohrleitungsverlust bestätigt gefunden. Bei Warmwasserheizungen hat man außerdem noch mit dem Wärmebedarf für den Umlauf zu rechnen, der ebenso Geld kostet, als wenn man das Wasser mit Hilfe einer Pumpe durch das Rohrnetz treibt. Durch den Umlauf bei einer Warmwasserheizung wird Arbeit geleistet. Sie ist bei schlechten Anlagen mit engen Rohren größer als bei gut berechnetem Rohrsystem. Den Vorgang kann man

vielleicht mit der Leerlaufsarbeit einer Dampfmaschine vergleichen;
je besser sie konstruiert ist, desto geringer ist ihr Leerlaufswiderstand
im Verhältnis zur Nutzarbeit, desto höher also ihr Wirkungsgrad.
Die Leistung einer Maschine wird beispielsweise durch die Füllungs-
verhältnisse bei möglichst gleichbleibender Tourenzahl variiert, bei
der Heizungsanlage d u r c h d i e T e m p e r a t u r d i f f e r e n z
im Steige- und Rücklaufrohr, wobei die Geschwindigkeit des Heizwassers nur geringe Änderung erfährt.

Tabelle III.

Zeit	t_e	t_a	$\dfrac{t_e + t_a}{2} = t_m$	Abgegebene Wärmemenge W in WE	$F \cdot K \cdot (t_m - t_z)$ $= W_r$ in WE	$\dfrac{W}{W_r} \cdot 100$ in %
11^{15}	52^0	$44,9^0$	$48,5^5$			
11^{30}	$49,6^0$	$43,3^0$	$46,45^0$			
11^{45}	$47,2^0$	$41,8^0$	$44,5^0$	5600	15560	36
12^{00}	45^0	$40,2^0$	$42,6^0$	5370	14400	37,3
12^{15}	$42,8^0$	$38,7^0$	$40,75^0$	5000	13300	37,6
12^{30}	41^0	$37,3^0$	$39,15^0$	4700	12220	38,6
12^{45}	$39,2^0$	$35,9^0$	$37,55^0$	4400	11270	39
1^{00}	$37,6^0$	$34,7^0$	$36,15^0$	4100	10340	39,9
1^{15}	$36,2^0$	$33,6^0$	$34,9^0$	3780	9580	39,5
1^{30}	35^0	$32,6^0$	$33,8^0$	3520	8820	40
1^{45}	$33,8$	$31,8^0$	$32,8^0$	3220	8200	39,3
2^{00}	$32,9^0$	31^0	$31,95^0$	2930	7600	38,6
2^{15}	32^0	$30,2^0$	$31,1^0$	2620	7120	36,9
2^{30}	$31,3^0$	$29,6^0$	$30,45^0$	2320	6700	34,7
2^{45}	$30,5^0$	29^0	$29,75^0$	1959	6260	31,3

Von dieser Anschauung ausgehend, habe ich an meiner eigenen
von Janeck & Vetter sehr gut installierten Heizungsanlage, die in
Fig. 9 nur schematisch wiedergegeben ist, genaue Versuche ausgeführt. Ich ließ die Anlage hochheizen, die Heizkörper abstellen und
dann schnell das Feuer herausreißen, um bei geschlossenem Heizkessel und Schornsteinschieber die Abkühlung zu beobachten (vgl.
Tabelle III). Der Versuch wurde mehrmals wiederholt und lieferte
ganz gleiche Ergebnisse, die in den folgenden Figuren veranschaulicht sind. Auf diese Weise erhielt ich eine Reihe neuer wichtiger
Erkenntnisse, welche die Vorgänge in einer Warmwasserheizungsanlage klarer als je beleuchten.

Fig. 10 zeigt, daß die Abkühlung am Anfang sehr groß ist und
dann asymptotisch verläuft. t_e, die Temperatur im Steigrohr, steht

in einem bestimmten Verhältnis zu t_a, der Temperatur im Rücklauf. In Tabelle IV habe ich die Werte $\frac{t_a}{t_e}$ eingetragen, in Fig. 11 graphisch aufgezeichnet. $\frac{t_a}{t_e}$ ist e i n e   g e r a d e   L i n i e ! Hat man t_e, ergibt sich t_a als Funktion von t_e, nämlich

$$t_a = a \cdot t_e -- b \cdot t_e^2 \quad \ldots \ldots \ldots \ldots \quad 7)$$

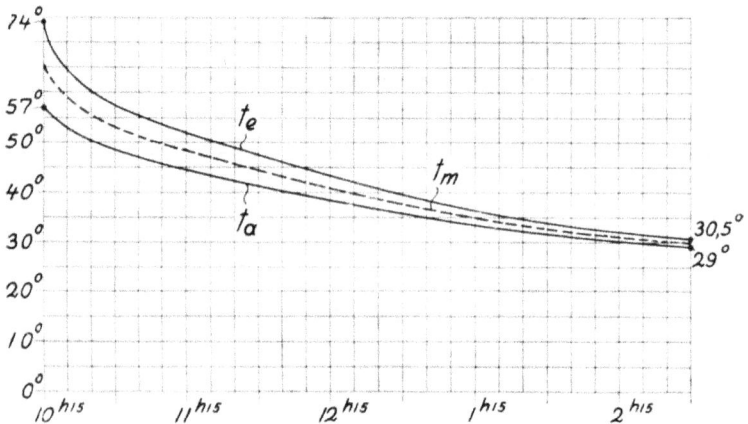

Fig. 10.

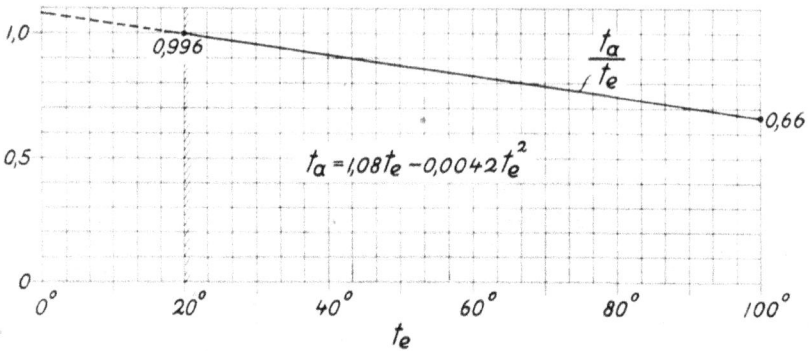

Fig. 11.

Für die Versuchsanlage ergibt sich aus der graphischen Darstellung $a = 1{,}08$; $b = 0{,}0042$, Werte, die wohl auch überall bei guten Anlagen benutzt werden können.

Durch Weiterziehen der Linie $\frac{t_a}{t_e}$ erhält man die noch fehlenden Werte bis $t_e = 100^0$ ($t_a = 66^0$).

Trotzdem die Anlage bei abgesperrten Heizkörpern keine Nutzarbeit zu verrichten hatte, verlangte die Leerlaufsarbeit doch eine
bestimmte Geschwindigkeit des Heizwassers und ein bestimmtes
Verhältnis $\frac{t_a}{t_e}$.

Tabelle IV.

t_e	t_a	$\frac{t_a}{t_e}$	$t_e - t_a$	$\frac{t_e + t_a}{2} = t_m$
100^0	66^0	0,660	34^0	83^0
95^0	$64,7^0$	0,681	$30,3^0$	$79,85^0$
90^0	$63,2^0$	0,702	$26,8^0$	$76,6^0$
85^0	$61,5^0$	0,723	$23,5^0$	$73,25^0$
80^0	$59,5^0$	0,744	$20,5^0$	$69,75^0$
75^0	$57,4^0$	0,765	$17,6^0$	$66,20^0$
70^0	55^0	0,786	15^0	$62,5^0$
65^0	$52,5^0$	0,807	$12,5^0$	$58,75^0$
60^0	$49,7^0$	0,828	$10,3^0$	$54,85^0$
55^0	$46,7^0$	0,849	$8,3^0$	$50,85^0$
50^0	$43,5^0$	0,870	$6,5^0$	$48,35^0$
45^0	$40,1^0$	0,891	$4,9^0$	$42,55^0$
40^0	$36,5^0$	0,912	$3,5^0$	$38,25^0$
35^0	$32,7^0$	0,933	$2,3^0$	$33,85^0$
30^0	$28,6^0$	0,954	$1,4^0$	$29,30^0$
25^0	$24,4^0$	0,975	$0,6^0$	$24,70^0$
20^0	$19,9^0$	0,996	$0,1^0$	$19,95^0$

Die Leerlaufsarbeit ist gleich dem Verlust an Wärme, den das
Wasser aufweist. Durch Entleeren der Heizungsanlage stellte ich den
Wasserinhalt zu 1451,5 kg fest, eine Zahl, die mit dem Temperatur-
gefälle der Kurve t_m für bestimmte Zeitabschnitte zu multiplizieren
war, um den Wärmeverlust W (vgl. Tabelle III) zu finden. Durch
Interpolation der einzelnen Punkte ergibt sich die Kurve W in Fig. 12.

Die Wärmeabgabe W_r der Heizkörper (115 qm Radiatoren) ist
eine Funktion von k, t_m und t_z (Raumluft = 20° C). Da t_m aus der
Darstellung entnommen werden kann, k nach Rietschel bekannt ist,
erhält man punktweise für die einzelnen Werte von t_m die Kurve W_r.
Aus W und W_r ergibt sich $\left(1 - \frac{W}{W_r} \cdot 100\right)$ der Wirkungsgrad der Anlage; $\frac{W}{W_r} \cdot 100$ habe ich in Fig. 13 ebenfalls graphisch veranschaulicht. Die Kurve beginnt für $t_z = 20^0$ auf der Abszisse, s t e i g t
s e h r r a s c h h o c h, z e i g t f ü r $t_e = 35^0$ C e i n M a x i m u m

(40 %) und fällt dann regelmäßig mit steigendem t_e. Wir
erkennen hieraus, daß das Heizen mit niedrigen
Wassertemperaturen teuer ist; der Betrieb wird billiger

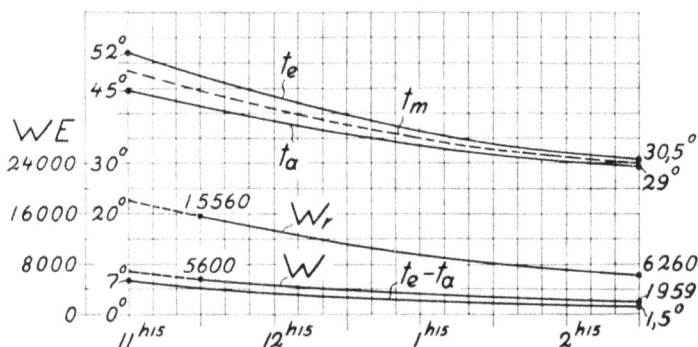

Fig. 12.

mit steigendem t_e (für 80⁰ wird W rd. 25 %, der Wirkungsgrad demnach
75 %). Diese Ergebnisse bestätigen also vollends meine Ansicht, daß
der Rohrleitungsverlust mit 10 % bei weitem zu niedrig bemessen
ist, selbst wenn angenommen wird, daß ein Teil der Wärme den Um-

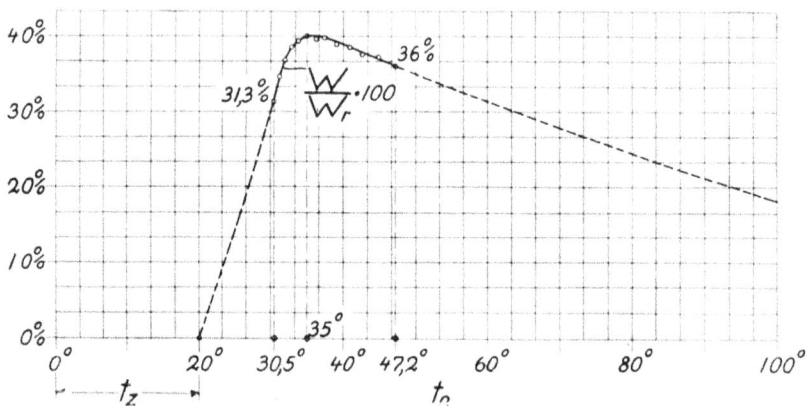

Fig. 13.

fassungswänden gutgebracht wird. Wir erkennen aber weiter, daß
mit der Zunahme der Ausdehnung einer Heizungsanlage (Fernheizung)
das Verhältnis $\dfrac{W}{W_r} \cdot 100$ immer ungünstiger ausfallen muß. Deshalb Gruppenheizung wirtschaftlicher.

Eine Niederdruck-Dampfheizungsanlage müßte lediglich von diesem Standpunkte aus betrachtet infolge der hohen Temperatur t_e billiger arbeiten als eine Warmwasserheizungsanlage und nicht teurer, wenn sonst gleiche Verhältnisse herrschen. Alle anderen Gründe (niedrigere Innentemperatur im Kessel, größere Wärmeübertragung, niedrigere Abgangstemperaturen) zugunsten der Wasserheizung sind nicht ausschlaggebend; für diese spricht in erster Linie die Möglichkeit der generellen Regelung.

Fig 13 zeigt weiter, daß $\dfrac{W}{W_r} \cdot 100$ genau denselben Verlauf hat wie die Kurve für k_2 bei der Bestimmung der Wärmeleitung und Strahlung (S. 76), ein Beweis dafür, daß diese Untersuchungen ebenfalls auf richtiger wissenschaftlicher Basis aufgebaut sind.

Die Geschwindigkeit v des Wassers ist

$$v = \frac{W + W_r}{\gamma \cdot (t_e - t_a)},$$

so daß

$$v \cdot \gamma \cdot (t_e - t_a) = W + W_r \quad \ldots \ldots \ldots 8)$$

wird.

Mit γ bezeichne ich den Wert, der von $(t_e - t_a)$ und der Ausführung der Anlage beeinflußt wird.

Ein Blick auf Fig. 12 zeigt den Verlauf von $t_e - t_a$, der dem von W und W_r ähnelt. Daraus folgt, daß v nur innerhalb gegebener Grenzen schwanken kann. Gleichzeitig lehrt aber diese Erkenntnis, daß alle Durchflußversuche zur Ermittelung der Heizkesselleistungen falsch sein müssen, sobald zur Erzielung von Maximalleistungen die Geschwindigkeit des Wassers willkürlich gesteigert wird. Nichts ist lehrreicher als die Kontrolle der Ergebnisse durch die graphische Darstellung. Die badische Gesellschaft zur Überwachung von Dampfkesseln hat beispielsweise mit einem Strebelkessel drei Versuche ausgeführt, deren Ergebnisse folgende waren:

	I.	II	III
Koksverbrauch pro qm Heizfläche und Stunde	0,666	1,244	2,118 kg
$(t_e - t_a)$	35,10	52,26	52,49 º
v (nachgerechnet)	0,0461	0,0553	0,0896 m
Spez. Leistung	4050	7236	11 756 WE
Nutzeffekt	84,5	80,83	77,14 %

In Fig. 14 ist als Abszisse $(t_e - t_a)$ gewählt; als Ordinaten sind
die Geschwindigkeiten und ermittelten Leistungen für Versuch I
und II aufgetragen. Da Versuch III ungefähr das gleiche $(t_e - t_a)$
wie II hat, nimmt die Kurve für v plötzlich eine scharfe Wendung
nach oben; dasselbe gilt von der Kurve für die spezifischen Leistungen.
Daß dieser Verlauf der Kurven unmöglich ist, bedarf nicht erst der
Begründung. Das Ergebnis III wäre höchstens denkbar, wenn mit
der Steigerung von $(t_e - t_a)$ auf 75,7° gleichzeitig eine Geschwindigkeit von 0,062 erzielt worden wäre. Aber auch dieses Ergebnis
wäre nur Täuschung. Ich nehme an, daß dieses $(t_e - t_a)$ möglich

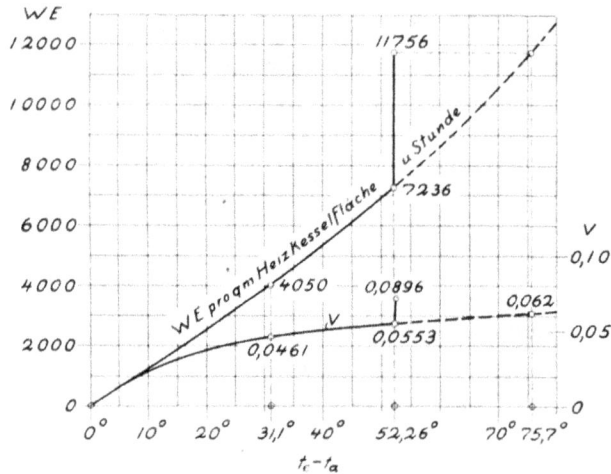

Fig. 14.

wäre; z. B. $t_e = 100$, $t_a = 24,3°$.) Dann hätte man t_m doch nur ca.
62°, mit denen ein Heizkörper nicht mehr Wärme erhält, als wenn
$(t_e - t_a)$ nur 15° betrüge (z. B. $t_c = 70°$, $t_a = 55°$). Die scheinbar
vermehrte Kesselleistung liegt in diesem Falle in dem Anwärmen
des Heizwassers von $t_a = 24,3°$ auf $t_e = 100°$ begründet. Nun ist
aber anderseits solche Wärmestufe bei unsern Heizungsanlagen gar
nicht möglich, es sei denn, daß man ein Freilegen des Rücklaufs von
der Isolierung oder gar dessen Kühlung vornähme. Solche Maß-
nahme würde aber nur künstlich der Anlage Wärme entziehen und
den Betrieb verteuern. Versuche I und II sind richtig; sie ergeben
für den pro qm Heizfläche und Stunde verfeuerten Koks eine gute
Übereinstimmung mit meinen Versuchsergebnissen (vgl. Fig. 67).
Versuch III fällt dagegen aus; man kann ihn sich nur so vorstellen,

daß der natürliche Auftrieb des Wassers infolge der Verschieden-
artigkeit im spezifischen Gewicht plötzlich durch maschinelle Kraft
(Pumpenheizung) oder höheren Druck in der Wasserleitung, gesteigert
worden ist; er gehört demnach einer anderen Versuchsreihe an, die
mit einem anderen Maßstabe hätte gemessen werden müssen.

Trägt man die Nutzeffekte als Funktion des pro qm Heizfläche
und Stunde verfeuerten Brennstoffs auf, würde Versuch III nach
Fig. 67 nur einen Nutzeffekt von ca. 20% ergeben.

Dr. Marx bemerkt in der »Haustechnischen Rundschau« 1908,
S. 255:

»Der Verfasser (Dr. Marx) hatte z. B. den Nutzeffekt eines
der bekannten Kesseltypen bei einem sorgfältig durchgeführten
Versuche zu 74% festgestellt und außerdem im letzten Winter
Gelegenheit, diesen Kesseltypus die ganze Heizperiode hindurch
bei drei Anlagen von je etwa 400 000 WE zu beobachten. Als
Nutzeffekt im Mittel aus allen drei Anlagen über die ganze Heizperiode gemessen, ergab sich 36%, also gerade die Hälfte des bei
dem Paradeversuch festgestellten, wobei noch zu beachten ist,
daß alle drei Anlagen eigens angestellte Heizer besaßen.«

Nach der von mir gegebenen Begründung braucht man sich
über dieses Ergebnis nicht zu wundern.

V. Zur Regelung der Wärmeabgabe bei Warmwasser-
heizungen.

Im »Gesundheits-Ingenieur« 1906, Nr. 20, habe ich zum ersten
Male dieses Thema behandelt. Vier Jahre verflossen, bis H. Recknagel diese interessierende Frage von neuem aufrollte[1]). Da ich 1906
über das Verhältnis der Ein- und Austrittstemperatur noch nicht
näher unterrichtet war und Komplikationen zunächst vermeiden
wollte, habe ich mit Rücksicht auf die gewöhnlich gehaltenen höheren
Temperaturen im Kessel $(t_e - t_a)$ konstant angenommen, aber die durch

$$W = k \left(\frac{t_e + t_a}{2} - t_z \right)$$

gegebene Wärmeabgabe eines Heizkörpers für $\frac{t_e + t_a}{2} = t_z \ (= 20^\circ)$

---

[1]) »Gesundheits-Ingenieur« 1910, Nr. 20.

Null gesetzt[1]). Der Fehler wurde dadurch nur gering, wie aus dem Vergleich der gewonnenen Ergebnisse in Tabelle V ohne weiteres hervorgeht.

Tabelle V.

Außentemperatur	-20°	-15°	-10°	-5°	$\pm 0^{\circ}$	$+5^{\circ}$	$+10^{\circ}$
t_e nach de Grahl (1906) . .	89,25	83,5	77,5	71,25	64,0	56,25	47,0
„ „ „ „ (1910) . .	90,00	82,3	74,7	66,2	57,7	48,7	39,4
t_e nach Recknagel (1910) .	90	83,7	76,9	69,6	62,0	53,8	44,3

Um genauere Werte zu erhalten muß man die Abhängigkeit der Rücklauftemperatur $t_{\imath}$ von t_e, die Wärmeabgabe der Heizkörper als Funktion von t_e und endlich den Rohrleitungsverlust für die jeweiligen Heizkörperleistungen kennen. Nach den vorausgegangenen Betrachtungen über den Rohrleitungsverlust macht diese Bestimmung keine Schwierigkeit mehr.

In Fig. 15 ist die Wärmeabgabe eines Quadratmeters Radiatorenheizfläche in Abhängigkeit von t_e unter Benutzung der Rietschelschen Koeffizienten k aufgetragen. Da letztere für die Praxis abgerundet sind, können sie auch nicht in eine Kurve fallen, die zwischen den erhaltenen Werten (volle Kreise) gezogen ist. Ich habe absichtlich auf den geringen Unterschied verzichtet, der sich in der Wärmeabgabe des Heizkörpers bei einer geringeren oder größeren Anzahl von Gliedern ergibt, da dieser weniger ausmacht als die Abrundung der Koeffizienten. Will man eine Gesetzmäßigkeit im Verlauf von Kurven konstatieren, müssen nebensächliche Annahmen möglichst gänzlich vermieden werden. Die Gleichung jür die Wärmeabgabe des Radiators ergibt sich aus der Kurve zu

$$W_r = -70 + 3\,t_e + 0{,}023\,t_e{}^2, \quad . \quad . \quad . \quad . \quad 9)$$

wobei $t_{\imath} = 20^{\circ}$ gesetzt ist.

Einzelne Werte zum Vergleich:

t_e	W_r	t_e	W_r
90	386,3	50	137,5
80	317	40	86,8
70	252,7	30	40,7
60	192,8	20	0

---

[1]) Der von Recknagel angeführte Fall, wonach für $t_e = 40^{\circ}$ der Wert von $t_a = 15^{\circ}$ werden könnte, ist demnach nicht möglich.

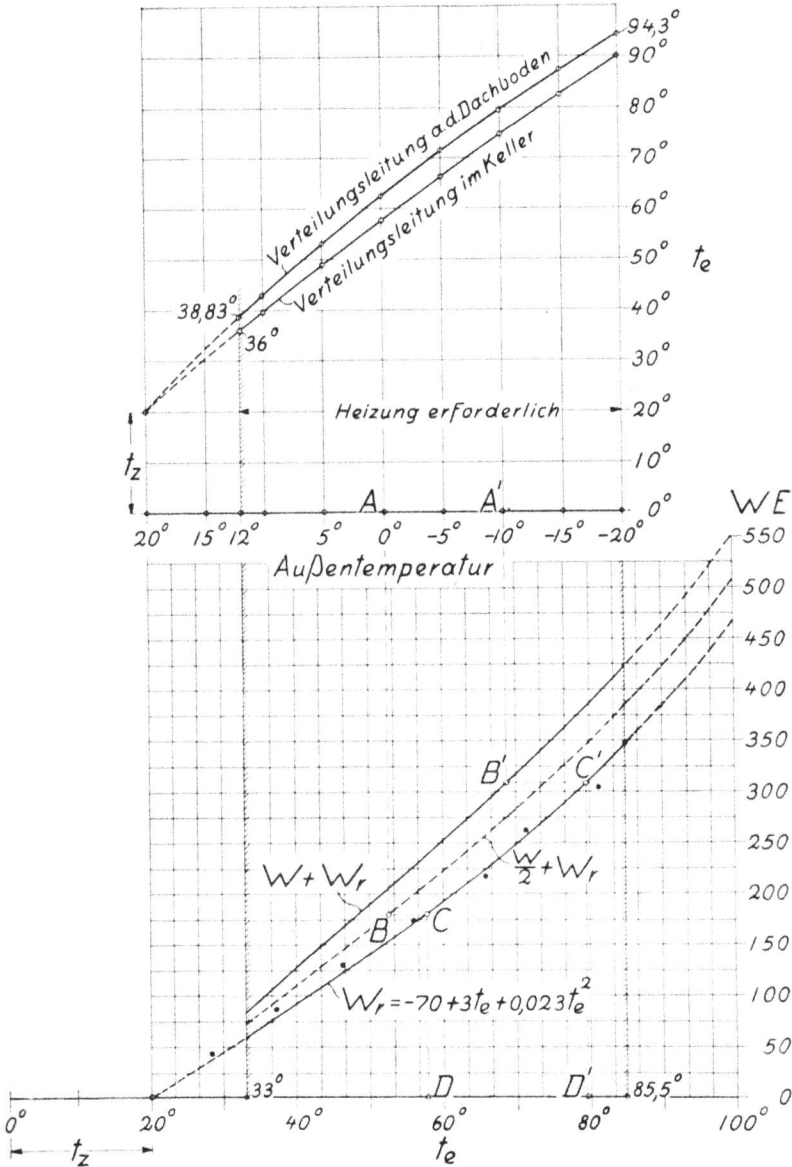

Fig. 15.

Der Rohrleitungsverlust ist in Prozent nach Tabelle III gegeben; man kann nun annehmen, daß die Hälfte dem Hause zugute kommt (Verteilung im Keller), daß dagegen der ganze Wärmeverlust bei einer Verteilung auf dem Dachboden in die Erscheinung treten wird.

Je nach der Wahl dieser beiden Möglichkeiten erhalten wir zwei Kurven: $\left(W_r + \dfrac{W}{2}\right)$ und $(W_r + W)$, zu denen zugehörige Eintrittstemperaturen t_e gehören (verfolge den Linienzug: $A\,B\,C\,D$ bzw. $A^1\,B^1\,C^1\,D^1$) [1]).

Eine Anlage, die für 85° C Maximaltemperatur berechnet ist, muß nach den erhaltenen Ergebnissen je nach Wahl des Verteilungsnetzes entweder schon mit 90° bzw. 94,3° Heizwassertemperatur betrieben werden, um den Rohrleitungsverlust bei der größten Anstrengung zu decken. Es ist also ein großer Fehler, bei Projektierung einer Anlage von $t_e = 100°$ auszugehen, da man dann im äußersten Falle (— 20° Außentemperatur) mit einer Niederdruck-Warmwasseranlage nicht mehr auskommen kann.

Tabelle VI orientiert über die einzelnen Werte.

Tabelle VI.

Außentemperatur . . .	+ 12°	+ 10°	+ 5°	± 0°	— 5°	— 10°	— 15°	— 20°
Wärmeabgabe der Radiatoren $W_r =$ . . .	54,8	68,9	109,85	153,45	199,4	248,15	296,5	349,3
Wärmeabgabe der Rohre $W =$	26	30	41,5	52,5	60	68,5	72,4	74
$\dfrac{W}{2} + W_r =$	67,8	83,9	130,6	179,7	229,4	282,4	332,7	386,3
$t_e =$	36°	39,4°	48,7°	57,7°	66,2°	74,7°	82,3°	90°
$W + W_r =$	80,8	98,9	151,35	205,95	259,4	316,65	368,9	423,3
$t_e^1 =$	38,83°	42,67°	53°	62,5°	71,3°	79,5°	87,3°	94,3°

Bei meiner Anlage habe ich die Ergebnisse 1906 als zu hoch befunden, dagegen stimmen die neuen Werte von t_e für $\left(W_r + \dfrac{W}{2}\right)$ gut überein. Es wird d a u e r n d bei möglichst geschlossenem Schieber (Strebelkessel) geheizt und die Eintrittstemperatur nach dem Temperaturstande am Abend vorher (9 Uhr)[2]) eingestellt. Die Innentemperatur beträgt 18 bis 20° C, der gesamte Nutzeffekt der Anlage über 70 %.

---

[1]) In Tabelle V auf S. 30 ist das Ergebnis für $\left(W + \dfrac{W}{2}\right)$ eingetragen; ein Vergleich lehrt, daß meine früheren Werte (und auch jene von Recknagel) bei wärmerer Witterung zu hoch waren.

[2]) Vgl. III »Mittlere Tagestemperaturen und Anzahl der Heiztage«.

VI. Gaskoks oder Schmelzkoks?

Der Koks für die Heizungsanlagen wird entweder von den Gasanstalten (Gaskoks) oder den Kokereien (Hütten-, Zechen- oder Schmelzkoks) geliefert. Die Eigenschaften der beiden Kokssorten gehen am besten aus einer Gegenüberstellung der Herstellungsweise hervor, die nicht jedem Interessenten ganz klar ist[1]). Ich kann deshalb diese Auseinandersetzung nicht übergehen, um später nicht mißverstanden zu werden.

	Leuchtgasbereitung	Kokerei
Hauptzweck:	Gewinnung möglichst großer Mengen von Leuchtgas.	Gewinnung des Hüttenkoks.
Nebenprodukte:	Teer, Ammoniak, Koks.	Koksofengas, Benzol.
Rohstoff:	Gas- und Flammkohle (meist stückenarme Förderkohle).	Fettkohle (gewaschene Nußkohle).
Vergasung des Rohstoffes:	In Retorten durch trockene Destillation.	In Koksöfen.
Konstruktion der Öfen:	In der Regel ovale Röhren aus Schamotte; Retorten sind horizontal, schräg oder vertikal angeordnet. Neuerdings auch Kammeröfen.	Gemauerte Kammern, deren Wandungen von Heizkanälen durchzogen sind.
Beschickung der Retorten:	Meist mechanisch; Kohle wird dabei locker in die Retorten eingebracht.	Kohle wird in die Kammern fest eingefüllt, wodurch das Gefüge des Koks dichter und fester wird.
Beheizung der Retorten:	Durch Generatorgas, das durch Generatoröfen erzeugt wird. Ein Teil des Rohstoffes muß demnach für die Generatoröfen verwandt werden.	Durch wasserstoffreichere Gase, die gegen Ende der Verkokung erzeugt werden, wogegen die Koksofengase der ersten Periode aufgefangen werden, um beispielsweise für den Betrieb von Gasmaschinen Verwendung zu finden.
Destillationsprozeß:	4 bis 6 Stunden.	30 Stunden.
Koksausbeute:	Bis zu 60 %.	Bis zu 80 %.

[1]) Wer sich eingehender unterrichten will, empfehle ich die sehr lesenswerte Abhandlung von Karl Flemming, Hannover, »Gewinnung, Beschaffenheit und Verwendung des Koks«.

Dem dichteren Gefüge von Hüttenkoks (Schmelzkoks) werden
in der technischen Literatur Eigenschaften nachgesagt, die ihn weit
über den Gaskoks stellen, und was der eine behauptet, findet sich
in Vorträgen, Artikeln und Berichten anderer von neuem wiedergegeben. So wird der größeren Porosität des Gaskoks, die in dem Entweichen reichlicher Gasmengen ihre Ursache hat, eine leichtere Reduktion der Kohlensäure zu CO nachgesagt, ohne daß hierfür Beweise
erbracht worden sind. Jedenfalls widerspricht diese Behauptung
meinen Versuchsergebnissen; denn ich habe bei gleicher Schichthöhe
und Breite des Füllschachtes (vgl. Strebelkessel für Niederdruckdampf-
und Warmwasserheizung) sowohl Hütten- als auch Gaskoks verfeuern
lassen und in beiden Fällen CO ohne wesentlichen Unterschied nachgewiesen. Beim Lollarkessel, der mit Schmelzkoks gefeuert wurde,
traten neben CO auch H_2 und CH_4 auf, so daß der Struktur selbst
wenigstens in dieser Beziehung zugunsten des Schmelzkoks keine
Bedeutung beigelegt werden kann. Die Versuchsergebnisse lassen
deutlich erkennen, daß CO nicht nur nach dem Aufwerfen bei verhältnismäßig niedrigem Prozentsatz von CO_2, sondern auch dann
entsteht, wenn der Schornsteinzug plötzlich eingeschränkt wird,
die Abgangstemperaturen also plötzlich fallen. Im ersteren Falle
kann man die CO-Bildung jedenfalls nicht auf Mangel an Luft, im
zweiten Falle nicht auf mangelhafte Verbrennungstemperatur zurückführen, denn die Entstehung von CO trat selbst bei voller Glut der
Brennschicht in die Erscheinung[1]. Ich fand auch keinen Unterschied, ob das Feuer durch den Füllschacht brennt oder nicht, denn
die CO-Bildung wurde beispielsweise auch beim Rapidkessel nachgewiesen. Die Beobachtung, daß die Verluste an unverbrannten
Gasen bei den gußeisernen Gliederkesseln mit abnehmender Breite
des Füllschachtes wachsen, mit zunehmender Breite also abnehmen
(vgl. Strebel von 600 mm Breite[2]) (Warmwasserbereitung) und die
Ergebnisse mit Strebelkessel mit 900 mm Breite), läßt mich darauf
schließen, daß die Entstehung des CO in erster Linie der Abkühlung
durch die »Kontakt«-Heizfläche zuzuschreiben ist. Diese Abkühlung
muß natürlich bei schmalen Füllschächten bedeutend wirksamer sein.
Bei eingemauerten, schmiedeeisernen Kesseln mit Schüttrichter fehlt
diese Abkühlung, da das glühende Mauerwerk Wärme aufspeichert

---

[1] Hier handelt es sich um die Reduktion der CO_2 durch glühenden
Kohlenstoff.

[2] Hier betrugen die Verluste an CO und H_2 18,59%, während für den
Kaminverlust nur 5,46% vom Heizwert des Koks nachgewiesen werden konnten!

und den Verbrennungsvorgang ruhiger gestaltet. (Man beachte nur
den gleichmäßigen Verlauf des Kaminverlustes beim stehenden Heizkessel gegenüber den gußeisernen Gliederkesseln.) Infolgedessen
konnte ich CO bei den eingemauerten Kesseln überhaupt nicht, H_2
nur beim »Reservefeuer« nachweisen, bei dem die Temperatur im Verbrennungsraum sehr herabgedrückt wird. Daß die Vorvergasung
des Brennstoffes im Schüttrichter an diesem Ergebnis regen Anteil
hat, gebe ich ohne weiteres zu.

Im Abschnitt »Stehender Heizröhrenkessel« habe ich den Verlauf der Gasbildung im Schüttrichter vor Augen geführt. Darnach zeigt
sich CH_4 bei Gaskoks nur während der Beschickung, beim Schmelzkoks dagegen fast während der ganzen Entgasungsperiode. Ich
folgere daraus, daß infolge der Porosität beim Gaskoks die Hitze
im Schüttrichter dazu beiträgt, CH_4 nach

$$CH_4 = C + 2 H_2$$

zu zersetzen, während dies beim Schmelzkoks nicht zutrifft. Diese
Tatsache spricht also für den Gaskoks. Die Gasbildung beim Beschicken
des Rostes mit Gaskoks kann ich durch geringes Nässen des Brennstoffes leicht vermeiden.

Da Schmelzkoks wegen seiner größeren Dichtigkeit ein höheres
spezifisches Gewicht besitzt, so müßte auch in einem bestimmten
Raummaß, wie es beispielsweise der Füllschacht darstellt, ein größerer
Wärmeakkumulator geschaffen werden als bei Gaskoks. Es ist aber
dabei zu bedenken, daß die größere Härte des Schmelzkokes die
Schichthöhe l o c k e r e r gestaltet, als dies bei seinem Konkur-
renten der Fall ist; dieser zerbröckelt leichter, fällt infolgedessen dichter
aufeinander und gewährt der Luft keineswegs mehr Angriffspunkte
als der Schmelzkoks. Wäre es anders, könnte der Abbrand des Koks
in beiden Fällen nicht derselbe sein; denn bei gleichen Schornstein-
zugverhältnissen schneiden sich die Gaskurven genau nach Verlauf
derselben Zeit in e i n e m Punkte, der die theoretische Luftmenge
(ca. 21 Vol.-% CO_2) darstellt. Die Behauptung, daß Hüttenkoks
länger vorhält als Gaskoks, kann deshalb nicht zutreffend sein, vielmehr neige ich der Ansicht zu, daß der Betrieb mit Hüttenkoks bei
gleicher Heizkraft und größerem Bezugspreise teurer werden muß,
selbstverständlich vorausgesetzt, daß Gaskoks nicht durch seine
Schlackenbildung einen Strich durch die Rechnung macht.

Die geringere Härte des Gaskoks gegenüber jener des Schmelzkokses ist entschieden nachteilig beim Transport und Lagern; Gas-

koks zerbröckelt leicht, bildet Staub und Grus, die beim Feuern verloren gehen, die Herdrückstände vermehren und die Schlackenbildung befördern. Aus diesem Grunde habe ich den Interessenten
stets gesiebten Gaskoks empfohlen, die hiermit einen bedeutend billigeren Betrieb als mit Schmelzkoks hatten.

Der Heizwert des Schmelzkokses wird in der Regel überschätzt,
jener des Gaskokses zu niedrig angegeben. Dr. Marx führt den Heizwert beim Schmelzkoks zu etwa 7800 WE[1]) an, Flemming jenen
von Gaskoks zu 6500 bis 7000 WE. Die Elementaranalysen, die ich
vom Kgl. Materialprüfungsamt in Gr. Lichterfelde ausführen ließ,
ergeben für G a s - u n d S c h m e l z k o k s f a s t d e n s e l b e n
H e i z w e r t! Ja, letzterer war bei dem von den bedeutendsten
Kohlenfirmen Berlins bezogenen Schmelzkoks eher noch etwas niedriger als beim Gaskoks. Was Schmelzkoks an Kohlenstoff mehr hat,
ersetzt der Gaskoks an Wasserstoff. Wie soll auch ein Heizwert von
7800 WE für den durchschnittlichen Hüttenkoks herauskommen?
Ich empfinde die Pflicht, auf dieses Thema näher einzugehen, weil
durch solche Behauptungen der Tatbestand geradezu auf den Kopf
gestellt wird.

Simmersbach[2]) behauptet bei der Gegenüberstellung von Kohle
und Koks u. a. zunächst, daß die Reinheit des Koks bezüglich des
Aschengehaltes gestiegen sei. Dies trifft nicht zu; der Aschengehalt
des Koks ist s t e t s h ö h e r ($1/_5$ bis $1/_4$) als jener der ursprünglichen
Kohle. Die fernere Behauptung, daß der Kohlenstoffgehalt im Koks
erhöht sei, ist ohne weiteres richtig; aber es darf nicht vergessen werden, daß einer Steigerung von 10 bis 12% Kohlenstoff eine Verminderung von 3 bis 4% Wasserstoff entspricht. Die Verbrennungswärme
des Kohlenstoffs zu 8000 WE und jene des Wasserstoffs zu 32 000 WE
angenommen, ergeben daher eher einen Verlust als eine Zunahme
des Heizwertes des Koks gegenüber Kohle. Ähnlich verhält es sich
beim Vergleich zwischen Gas- und Schmelzkoks; da letzterer einen
viel längeren Destillationsprozeß durchmacht, so enthält er auch nur
wenig Wasserstoff.

Rechnen wir also mit der Tatsache, daß der Heizwert des meist
zur Verwendung gelangenden Schmelzkoks nicht höher als Gaskoks
ist, kann auch, wie so häufig behauptet wird, die Verbrennungs-

---

[1]) »Haustechnische Rundschau« 1908, Heft 22, S. 254, Vortrag, gehalten
in der Freien Vereinigung Berl. Heizungsingenieure.

[2]) Glasers Annalen für Gewerbe und Bauwesen 1896, S. 10.

temperatur beim Schmelzkoks nicht höher sein als bei Gaskoks. Diese ist eine Funktion vom Heizwert und Luftüberschuß, während letzterer von der Schichthöhe und den Schornsteinverhältnissen abhängig ist. Messungen die ich mit dem Le Chatelierschen und dem Wannerschen Pyrometer ausgeführt habe, ergaben gleiche Verbrennungstemperaturen. Da der Schmelzkoks mit kürzerer Flammenbildung brennt als der Gaskoks, folgert man ferner zu Unrecht, daß der Nutzeffekt wegen der niedrigeren Abgangstemperaturen beim Schmelzkoks höher sei als beim Gaskoks. Abgesehen davon, daß es nicht allein auf den Nutzeffekt, sondern gleichzeitig auf die Leistung ankommt, habe ich durch die folgenden Versuche festgestellt, daß bei Gliederkesseln einem geringen Kaminverlust stets ein größerer Verlust an unverbrannten Gasen zur Seite steht. Der Kaminverlust wird nicht durch die Temperatur der Abgase allein bedingt, sondern durch die M e n g e der pro kg Koks entweichenden Verbrennungsgase, die in erster Linie aus dem CO_2-Gehalt bestimmt wird. Es genügt deshalb nicht, zu verlangen, daß bei einer guten Anlage die Abgase nicht mehr als 100° C über Dampf- bzw. Heizwassertemperatur betragen dürfen. Ich kann beispielsweise durch Lufteinlaß in die Feuerzüge die Abgangstemperatur auf ein Minimum herabdrücken[1]), demnach über die tatsächlichen Verhältnisse hinwegtäuschen. Auch fehlt die Angabe der Leistung, von der die Temperatur bedingt ist; je mehr der Kessel angestrengt wird, desto mehr muß der Schieber zum Schornstein geöffnet und das Feuer angefacht werden. Ich habe noch keinen Gliederkessel angetroffen, der bei größerer Anstrengung i m B e - t r i e b e 200° C. Abgangstemperaturen aufwies; meistens sind 300 bis 400° C zu verzeichnen!

Der langflammige Gaskoks eignet sich vorzüglich für Röhrenheizfläche, die bei Schmelzkoks weniger zur Geltung kommt. Wenn Dr. Marx daher in dem erwähnten Vortrag bemerkt, daß man bei kleinen Heizflächen Schmelzkoks zur Verbesserung der Heizwirkung verwenden müßte, so ist dies ein Trugschluß; denn ich habe bei dem beschriebenen stehenden Heizröhrenkessel gerade das Gegenteil festgestellt. Dasselbe gilt natürlich auch vom Sattel- und Flammrohrkessel mit Heizröhren. Solche Behauptungen verwirren leicht die Frage nach der Wirtschaftlichkeit des Heizbetriebes.

Der Gaskoks hat demnach bisher die Prüfung gegenüber dem Schmelzkoks bestanden; aber damit ist noch nicht gesagt, daß er

---

[1]) Vgl. S. 123.

dem Schmelzkoks überlegen ist. Es gibt beim Gaskoks unter Umständen eine sehr unangenehme Eigenschaft, die des Schlackens. Beim
Einkauf ist deshalb besonders hierauf zu achten. Ein Koks ist un-
brauchbar, wenn er stark schlackt, denn er zerstört Kessel und Mauerwerk. Ersteres mittelbar, weil die Heizer beim Versuch, die Schlacke
zu lösen, infolge der harten Stöße mit dem Schüreisen (Haken usw.)
die gußeisernen Gliederkessel defekt machen. Hierzu tragen Mißmut
und Unlust zur Arbeit nicht unwesentlich bei. Aber ein verschlackter
Rost hemmt auch die Luftzufuhr und bewirkt unvollkommene Verbrennung, Mehrverbrauch an Brennstoff und mangelhafte Heizwirkung.
Durch das Unbehagen in den Wohnräumen werden Klagen laut;
es wechseln die Portiers und schließlich kommen endlose Prozesse.
Die Forderung nach härterem Gaskoks tritt meines Erachtens ganz
zurück gegenüber dem Bedürfnis nach möglichst wenig schlackendem
Koks. Ist solcher nicht erhältlich, ist es schon besser, den teuren Hüttenkoks zu nehmen. Daß dieser im allgemeinen weniger schlackt, liegt
in der Auswahl des Rohstoffes begründet (gewaschene Nußkohle).
Grusförmige Förderkohle, die trotz des löblichen Vorsatzes des Vereins von Gas- und Wasserfachmännern[1]) immer noch bei den Gasanstalten Verwendung findet, enthält mehr Asche, gibt also auch mehr
Herdrückstände. Nach der erwähnten Quellenangabe scheint Koks
von englischer Kohle am wenigsten zu schlacken, dann dürften der
Reihe nach Ruhr- und schlesische Kohle, Saarkohle und endlich
böhmische und sächsische Kohle zu nennen sein. Koks aus sächsischer
Kohle wird seines starken Schlackens wegen vielfach mit guter böh-
mischer Braunkohle (Briketts) gemischt. Dasselbe wäre bei schlackendem Koks anderen Ursprungs zu versuchen.

Wenn nach dem Vorausgegangenen der Gaskoks für unsere
Zentralheizungsanlagen wegen seiner geringeren Anschaffungskosten
und des damit verbundenen billigeren Betriebes geeigneter als Schmelzkoks erscheint, so hoffe ich zuversichtlich, daß mit dieser Erkenntnis
keiner Preistreiberei Vorschub geleistet wird. Sollte diese dennoch
eintreten, so möge die Tatsache als Warnung dienen, daß es keine
Schwierigkeiten macht, durch Einführung von Halbgasfeuerungen
sich des Kokses als Brennstoff gänzlich zu entledigen.

---

[1]) Vgl. Dr. E. Schilling, »Verwendung von Gaskoks für Zentralheizungen«,
Verlag von R. Oldenbourg, München 1909.

VII. Bisherige Versuche zur Ermittelung der Kesselleistungen.

So sehr ich die Bestrebungen einiger führender Heizungsfirmen anerkenne, ihre Kesseltypen auf ihre Wirtschaftlichkeit prüfen zu lassen, so sehr muß ich davor warnen, die bisher gewonnenen Versuchsergebnisse auf die Praxis zu übertragen, weil sie zu Trugschlüssen und anormalem Koksverbrauch führen.

Eine fast allgemein zur Anwendung gekommene Methode, die Kesselleistung zu ermitteln, besteht in dem Durchfluß von Wasser, wobei dessen Erwärmung über Eintrittstemperatur festgestellt wird. Diese Bestimmung gibt falsche Werte aus folgenden Gründen:

1. Bei solchem Durchfluß ist die Zirkulation zwangläufig und regelmäßig, was bei einem in die Heizungsanlage eingeschalteten Heizkessel nicht der Fall ist.

2. Die Wärmeaufnahme des Wassers hängt nicht nur von seiner Geschwindigkeit ab, die gegenüber den tatsächlichen Verhältnissen im Betriebe bei den Versuchen viel zu hoch gewählt wird, sondern wird auch von der Eintrittstemperatur des Wassers bedingt, die bei den Versuchen meist zu niedrig ist.

Wenn man sich einen gußeisernen Gliederkessel ansieht, wird man zugeben müssen, daß die Zirkulation des Wassers in seinem Innern keineswegs eine ideale ist; bevor das in den seitlichen Schenkeln hochsteigende heiße Wasser zum Steigrohr gelangt, muß es fortwährend Richtungsänderungen und Stauungen erfahren, so daß die Reibungswiderstände ganz bedeutend ausfallen. Bei Kesseln, die nur mit einseitigem Steige- und Rücklaufrohr arbeiten (vgl. Fig. 1 auf S. 4) kann es bei Warmwasserheizungsanlagen sogar zur Dampfbildung und Zerstörung des Kessels führen, Fälle, die ich schon mehrfach festgestellt habe. Die Widerstände wachsen mit der Länge der Heizkessel, der Verringerung der inneren Querschnitte und der Forcierung der Anlage. Warmwasserheizungen, die rückwärts gehen, sollten auch auf diese Ursache hin untersucht werden. Bei Niederdruckdampfkesseln äußern sich die Widerstände in dem starken Mitreißen von Wasser.

Die Zirkulation in Dampfkesseln ist an Hand von Glasmodellen von W. H. Watkinson, M. Bellens, Solignac und Chasseloup-Loubat[1])

---

[1]) Mitteilungen aus der Praxis des Dampfkessel- und Dampfmaschinenbetriebes 1897, S. 477, 499, 547.

eingehend studiert worden, so daß irgendwelche Zweifel über die interessierenden Vorgänge nicht existieren. Die Übelstände, welche man in der Dampfkesselpraxis noch vor Jahrzehnten in den Kauf nehmen mußte, sind heutzutage, dank den gesammelten Erfahrungen und den vielen Forschungsarbeiten, vollends überwunden; es scheint mir deshalb nützlich, auf diese Versuche besonders zu verweisen, damit die gewonnenen Erfahrungen auch der Heizungsindustrie zugute kommen.

Bei Versuchen mit durchfließendem Wasser treten die beschriebenen Vorgänge wie Stauungen, Dampfbildung, Umkehr der Zirkulation, nicht in die Erscheinung, weshalb solche Versuche nur zu Vergleichen, nicht aber zur Beurteilung der tatsächlichen Leistungen maßgebend sein können. Mit zunehmender Geschwindigkeit des durchfließenden Wassers und entsprechender Wahl der Eintrittstemperatur kann man bei gleichbleibendem Koksverbrauch unter Umständen verschiedene Leistungen erhalten oder mit gleichzeitiger Steigerung des Koksverbrauches die Leistungen nach Belieben erhöhen. Kein Wunder, wenn nach den Versuchsergebnissen des Schweizerischen Vereins von Dampfkesselbesitzern die Kesselleistung überhaupt keine Grenze zu haben scheint[1]. Das deckt sich aber nicht mit den Verhältnissen in der Praxis. Hier hängt die Geschwindigkeit v des Wassers von dem Quadrat des Durchmessers d der Rohrleitung und der Temperaturdifferenz $(t_e - t_a)$ ab, wenn es sich um die Erzielung einer bestimmten Wärmemenge W handelt. Die Rücklauftemperatur t_a des Heizwassers beträgt dabei selbst bei geringerem Wärmebedarf ca. 40 bis 50° und nicht 10° C. Die Steigetemperatur t_e ist bis zu 30° C von t_a verschieden, nicht aber um 60 bis 70°[2], wie so häufig bei den Paradeversuchen. Während sich also im Heizbetriebe v als Funktion von $d^2 (t_e - t_a)$ ergibt, ist es bei den Durchflußversuchen willkürlich gegeben. Eins ist also nicht gleich dem andern!

Genauere Aufschlüsse über solche Versuche an einem Strebelkessel gibt beispielsweise ein Bericht der Badischen Gesellschaft zur Überwachung von Dampfkesseln (Mannheim, 18. Juni 1907). Wir finden hier drei Versuche an dem Heizkessel »Krabbenfang« mit 10 qm Heizfläche, und zwar für Beanspruchungen von

---

[1] Vgl. Hottinger, Festnummer des »Gesundheits-Ingenieur« zur VI. Versammlung der Heizungs- und Lüftungsfachmänner 1907.

[2] Bei den Versuchen des Schweizerischen Vereins sogar 78,6°.

$$0,66 \qquad 1,244 \qquad 2,118 \text{ kg}$$

Koks pro qm Heizfläche und Stunde. Der Kessel war an die Wasserleitung angeschlossen; die Temperatur des durchfließenden Wassers zeigte

beim Austritt aus dem Kessel .	46,30	63,24	63,25° C
beim Eintritt	11,20	10,98	10,76° C
Differenz	35,10	52,26	52,49° C
Die Wassermenge pro qm und Stunde betrug	115,4	138,5	224 kg
Die spezifische Leistung des Kessels	4050	7236	11 756 WE

Wir sehen also schon hier eine große Abweichung von den Betriebsverhältnissen einer Heizungsanlage: kalte Eintrittstemperatur, daher große Differenz $(t_e - t_a)$, wie sie in Wirklichkeit gar nicht existiert, und endlich Steigerung der Leistung bei gleichbleibendem $(t_e - t_a) = $ ca. 52^0 von 7236 auf 11 756 WE durch Erhöhung der Geschwindigkeit um 44%! Hier stecken also die Fehler, die bei »Schwerkraft«-Warmwasserheizungsanlagen zu Trugschlüssen führen; bei Pumpenheizungen mögen diese Voraussetzungen eher zutreffen, obgleich auch hier der Größe von v aus praktischen Gründen eine Grenze gesetzt ist.

Da bei den Versuchen die Verluste an unverbrannten Gasen scheinbar ungenügend festgestellt wurden — der Stickstoffgehalt durfte deshalb nicht als Restbetrag angegeben werden! — ergibt sich der hohe Restbetrag für Strahlung, Leitung usw. zu 12,21, 12,98 und 11,82%, von denen nach meiner Schätzung ca. 4 bis 5% auf das Konto besagten Verlustes zu buchen sind. Der Verlust an Strahlung und Leitung ist bei der guten Isolierung der Kessel sehr gering. Aus Versuchen von Bunte ergab sich für den Kesseltyp »Kaliber« mit 6 qm Heizfläche der Verlust zu 1,67%, was mit meinen Versuchen an anderen Kesseln ungefähr übereinstimmt.

A n d e r e Versuche kranken an dem Mangel einer ungenügenden Beobachtungszeit. Versuche, die die Prüfungsanstalt für Heiz- und Lüftungseinrichtungen der Kgl. Technischen Hochschule zu Berlin an Strebel- und Reformkesseln im Herbst 1908 ausgeführt hat, ist nach den mir vorliegenden Unterlagen über die Zeitdauer nur gesagt worden, daß hierfür der Abbrand einer bestimmten Schichthöhe als Maßstab diente (von 5 cm oberhalb Fülltürunterkante bis 20 cm oberhalb des Rostes). Das ist für die Praxis nicht ausreichend, denn die Abkühlungen des Kessels beim Aufwerfen frischen Kokses, das

Schlacken des Rostes, das Anheizen selbst, sind nicht berücksichtigt, obgleich doch während dieser Zeit die Leistung nur gering oder gar Null ist. Auch geht nicht hervor, wie groß die Durchflußgeschwindigkeit war, so daß es sich meines Erachtens nur um relative Maximal- und nicht um Durchschnittsleistungen handeln kann; 12 000 WE habe ich beim besten Willen im Heizbetriebe nicht feststellen können. Legen wir aber bei Projektierung von Heizungsanlagen solche Werte zugrunde, so versagen nicht nur die Heizungen bei größeren Kältegraden, sondern es wächst auch der Koksverbrauch in erschreckender Weise (vgl. S. 135).

Noch krasser kommen Trugschlüsse aus ähnlichen Versuchen zum Vorschein, bei denen zur Feststellung der Kesselleistung erst abgewartet wird, bis sich sämtlicher aufgeworfener Koks in vollem Brand befindet. Auf diese Weise wurde meines Erachtens ein Prozeß zu Unrecht des Beklagten entschieden, der über die geringe Leistung eines Heizkessels Klage führte. Der betreffende Sachverständige fand bei dem praktischen, nur auf ganz kurze Zeit ausgedehnten Versuche eine Leistung von ca. 20 000 WE pro qm Heizfläche und Stunde und ging hiervon auch nicht ab, obgleich der benachteiligte Beklagte durchaus zutreffende Einwendungen machte. Die Temperatur des eintretenden Wassers war wiederum 10°, jene des austretenden 87°, so daß eine Temperaturdifferenz von 77° herrschte! Nach der Wärmeaufnahme des durchgeflossenen Wassers hätte der Kessel rd. 74 450 WE leisten müssen, während das Wärmeerfordernis nur 37 500 WE betrug. Die Fuchstemperatur schwankte dabei zwischen 300 und 500° C.

Eine andere Methode, die seltener zur Anwendung gelangt, besteht in der Ermittelung der Verdampfungsziffer. Da diese bei den Heizkesseln wegen des mitgerissenen Wassers zu ungenau festgestellt wird, so kann auch diese Methode nicht zur Bestimmung der Leistungsfähigkeit eines Heizkessels herangezogen werden, wenn nicht besondere Vorsichtsmaßregeln Platz greifen. Für gewöhnlich werden die Verdampfungsziffern und damit die Leistung zu hoch festgestellt.

Um genauere, brauchbare Ergebnisse zu erhalten, ist es unerläßlich, bei dem Verdampfungsversuche folgende Größen zu bestimmen:

    1. Dampfdruck,
    2. Temperatur des Speisewassers,
    3. Messung der Kühlwassermengen und deren Temperatur,
    4. Messung des Niederschlagwassers,
    5. Messung des Koksverbrauches.

Ergebnis 4. und 5. ergibt die Bruttoverdampfung, die besagt, daß mit 1 kg Koks im Mittel a kg mit Wasser geschwängerter Dampf erzeugt worden sind.

Diese Verdampfungsziffer a setzt sich also aus

$$a = b + c \quad . . . . \text{10)}$$

zusammen, worin b die Dampfmenge, c die Menge des mitgerissenen Wassers in kg bezeichnet.

Die Erzeugungswärme für b ergibt sich aus der Temperatur t des Dampfes zu

$$\lambda = 606{,}5 + 0{,}305 \, t \quad . . . . \text{11)}$$

Bei Verdampfungsversuchen mit atmosphärischem Druck ($t = 100^0$ C) ist $\lambda = 637$ WE. Dies gilt für eine Speisewassertemperatur von 0^0; beträgt sie dagegen $t_w{}^0$, so muß diese von λ in Abzug gebracht werden. Für b kg Dampf haben wir demnach eine Wärmemenge

$$W_1 = b \, (\lambda - t_w) \quad . . . . \text{12)}$$

während sich die in dem mitgerissenen Wasser enthaltene Wärmemenge aus der einfachen Beziehung

$$W_2 = c \cdot t \quad . . . . \text{13)}$$

ergibt (Dampftemperatur = Flüssigkeitstemperatur gesetzt).

Da Dampf und mitgerissenes Wasser in eine Kühlschlange geleitet werden und hier kondensieren, muß die abgegebene Wärmemenge W in das Kühlwasser übergehen, dessen Temperatur und Gewicht bestimmt werden. Es muß deshalb sein

$$W = W_1 + W_2 = b \, (\lambda - t_w) + c \cdot t \quad . . . . . \text{14)}$$

Da hier als Unbekannte nur b und c fungieren, sind diese aus Gleichung (10) und (14) zu ermitteln. Man kann demnach die für die Leistung des Heizkessels in Frage kommende Größe W_1 zu

$$W_1 = W - W_2 \quad . . . . \text{15)}$$

bestimmen.

Bei den Verdampfungsversuchen ist darauf zu achten, daß der für den Betrieb von Heizungsanlagen erforderliche Dampfdruck von beispielsweise 0,1 Atm. innegehalten wird. Es kann vorkommen, daß es bei solchen Versuchen infolge der kurz angeschlossenen Kühlschlange zu einem Dampfüberdruck überhaupt nicht kommt. Wäre dies der Fall, würden die Ergebnisse nur dann einen praktischen Wert haben, wenn entsprechend dem vorhanden gewesenen Vakuum ein anderes »λ« als in (11) angegeben eingeführt wird.

Versuchsergebnisse, die der Dampfkessel-Überwachungsverein zu Hannover an einem Hainholzer Gegenstrom-Gliederkessel erhalten hat, stützen sich auf ein Programm, wie ich es entworfen habe, denn es heißt, daß der entwickelte Dampf in einem Oberflächenkondensator niedergeschlagen und Gewicht und Temperatur des Kondensats festgestellt worden seien. Leider fehlt unter den Versuchsergebnissen die Angabe der Kühlwassermengen, worauf es in erster Linie ankommt, um die Versuchsergebnisse auf ihre Richtigkeit prüfen zu können. Jedenfalls muß ich die erhaltene spezifische Leistung des Kessels mit rd. 13 000 WE für zu hoch halten; auch dürfte der Prozentsatz des mitgerissenen Wassers mit 4,24 zu niedrig angegeben sein[1]).

Durch die Einschaltung e i n e s großen Dampfsammlers für mehrere Kessel, wie es beispielsweise die Firma Jeglinsky & Tichelmann, Dresden, eingeführt hat, ist dem großen Übelstande des Mitreißens von Wasser und dem ungleichen Wasserstande in einfacher und bester Weise Rechnung getragen worden. Diese Ausführung ermöglicht die Anbringung nur e i n e s Manometers und Wasserstandes. Zur Feststellung der Leistungsfähigkeit einer solchen Kesselbatterie genügt neben den Feststellungen (10), (11) und (14) die Ge-

---

[1]) Daß das Mitreißen von Wasser im Heizbetriebe tatsächlich sehr bedeutend sein und unangenehme Nebenerscheinungen verursachen kann, ist den Fachleuten bekannt. Ich erinnere nur an die vor einem Jahrzehnt in größerer Anzahl zur Einführung gelangten Richmondkessel, die allgemein zur Verschlechterung der Niederduck-Dampfheizungsanlagen beitrugen. Ich selbst habe zur Entfernung dieser Kessel mein möglichstes getan, weil die Defekte bei diesen und ähnlichen Kesseln gar kein Ende zu nehmen schienen und die Anlagen trotz Einschaltens von Wasserabscheidern und Dampfsammlern nicht funktionieren wollten. Das Schlimmste war, daß der Kessel einer Batterie, der beispielsweise nach dem Schlacken des Rostes keinen oder nur wenig Dampf machte, das ganze Niederschlagwasser erhielt, während der Wasserstand der andern Kessel weit unter das zulässige Maß sank. Auf diese Weise wurde unter Umständen ein Erglühen der Kesselwandung mit nachfolgendem Defekt (nicht selten aller Heizkessel) eingeleitet. In solchen Fällen war die Stellung als Sachverständiger keine beneidenswerte; in der Regel hatte man mit minderwertigen, jetzt kaum noch existierenden Heizungsfirmen zu kämpfen, die das Mitreissen von Wasser einfach in Abrede stellten und mit ihren kümmerlichen physikalischen Kenntnissen, wie z. B. mit der Anführung des Gesetzes der kommunizierenden Röhren die Tatsache des ungleichen Wasserstandes bestritten und den Sachverständigen mangelnder Erfahrungen bezichtigten.

wichtsbestimmung des Speisewassers, um aus dem Produkt der Verdampfungsziffer und der Erzeugungswärme die spezifische Kesselleistung (pro qm Heizfläche und Stunde) ermitteln zu können. Freilich ist dabei zu berücksichtigen, daß bei den Kesseln kein Sodazusatz oder ähnliche Reinigungsmittel angewandt werden dürfen, weil hierdurch ein Aufschäumen des Wassers und dadurch bedingtes stärkeres Mitreißen in den Dampfsammler hervorgerufen werden; auch empfehle ich aus diesem Grunde, den Wasserstand so niedrig wie möglich zu halten[1]).

VIII. Die Bestimmung des Nutzeffektes.

Die in dem Brennstoff enthaltene Wärmemenge kann nur zum Teil nutzbar gemacht werden, da bei jeder Feuerung mit unvermeidlichen Wärmeverlusten gerechnet werden muß. Zerlegt man sich die einzelnen Kontos bei der Wärmebilanz, so können folgende Posten aufgestellt werden:

a) Nutzbar gemachte Wärme;

b) Wärmeverlust durch unverbrannte Gase;

c) Wärmeverlust durch die in den Kamin abziehenden Verbrennungsgase (Kaminverlust);

d) Wärmeverlust durch endothermische Reaktionen (Umwandlung eines Teils der im Brennstoff steckenden Wärme in chemische Energie);

e) Verlust durch Ruß (unverbrannten Kohlenstoff);

f) Verlust durch Brennbares in den Herdrückständen;

g) Verlust durch Wärmeleitung und Strahlung.

Bei Dampfkesseln bestimmt man aus dem Verhältnis der Speisewassermenge und dem Brennstoffverbrauch die Verdampfungsziffer und hieraus die nutzbar gemachte Wärmemenge a). Sie ist bei dieser

---

[1]) Welchen Einfluß diese beiden Fälle haben können, dürfte am besten an einem Beispiel aus der Praxis gezeigt werden. Zu den vielen Kesseln, die ich im Auftrage der Kommission zur Prüfung und Untersuchung von Rauchverbrennungs-Vorrichtungen im Jahre 1894 zu untersuchen hatte, gehörte auch ein Heinekessel mit 6 Atm Überdruck, bei dem ich trotz Wiederholung der Versuche und schärfster Kontrolle immer eine unmögliche Verdampfungsziffer infolge Mitreißens von Wasser (ca. 11,6!) erhielt; sie wurde erst geringer (6,685 und 7,187), als ich das alte Wasser aus dem Kessel abließ, durch neues ersetzte und mit einem kaum zulässigen niedrigen Wasserstande arbeitete.

Art von Versuchen die einzigste Feststellung, die mit der bestmöglichsten Genauigkeit erfolgen kann, vorausgesetzt, daß der anfängliche Zustand der Brennschicht auf dem Rost annähernd genau jenem am Ende des Versuches entspricht und ein Mitreißen von Wasser in die Dampfleitung nicht stattfindet. Um Fehlerquellen bezüglich Abwägung des auf dem Rost befindlichen Brennstoffes möglichst gering zu halten, wird der Versuch auf mehrere Stunden (7 bis 8) ausgedehnt und das Schlacken des Feuers vor Beginn des Versuches in gleichem Zeitabstand vorgenommen wie vor dessen Schluß.

Bei Heizkesseln ist ein Verdampfungsversuch im Betriebe mit großen Störungen verknüpft: ich habe ihn zwar zur Ermittelung fehlender Feststellungen in einem Falle (stehender Heizröhrenkessel) durchgeführt, muß aber von der allgemeineren Durchführung dieser Methode abraten, da es bei der Beurteilung des Güteverhältnisses immer auf die g a n z e A n l a g e (also Zugverhältnisse, bestimmte Leistungen, Dampfspannung usw.) ankommt. Dasselbe gilt erst recht von den Wasserdurchflußversuchen, die zum mindesten dem Heizbetriebe angepaßt werden müßten (vgl. Abschnitt VII), damit sowohl die Geschwindigkeit des durchfließenden Wassers als auch dessen Temperaturerhöhung den tatsächlichen Verhältnissen entsprechen und sich nicht, wie ich nachgewiesen habe, um ein Vielfaches davon unterscheiden.

Während man sich bei den Dampfkesseluntersuchungen für gewöhnlich damit begnügt, die Verluste b) und e) mit dem Verlust g), dem »Mädchen für alles« als Restglied zusammen zu fassen, habe ich es bei den Heizkesselversuchen zum ersten Male versucht, neben genauer Bestimmung der Verluste b) und c) den Verlust durch Wärmeleitung und Strahlung ziffernmäßig festzustellen, um a) als Restglied zu erhalten; die Summe sämtlicher Kontos mußte gleich dem Heizwert des Koks sein.

Mit Rücksicht auf den zur Verwendung gelangten Brennstoff (Koks) darf man füglich den Verlust e) (Ruß) mit Recht vernachlässigen; desgleichen habe ich den Verlust f) in den Herdrückständen ganz außer acht gelassen, weil er von der Gewissenhaftigkeit des Heizers beeinflußt wird. Es macht gar keine Schwierigkeiten, die von dem Rost gelöste Schlacke nach vorn zu schieben und einen Tag länger im Feuer liegen zu lassen, um alles Brennbare nutzbar zu machen. Würde ich beispielsweise die bei einem minderwertigen Heizer in den Herdrückständen gefundenen größeren Verluste auf das Konto des Nutzeffektes buchen, würde ich dadurch die Güte des Heizkessels

benachteiligen und einen Vergleich zwischen den untersuchten Kesseltypen erschweren. Dagegen habe ich Verluste, die beispielsweise,
wie beim Rapidkessel, durch Hinüberwerfen von Koks in die Feuerzüge entstehen, besonders berücksichtigt, da diese ebenso wie jene an
Wärmeleitung und Strahlung v o n d e r E i g e n a r t d e s K e s s e l -
s y s t e m s b e d i n g t sind und deshalb näherer Beachtung bedürfen.

Es läßt sich die Behauptung Grambergs[1]), daß der Verlust g)
dem Gebäude zugute kommt, nicht ganz von der Hand weisen. In
meinem Referat über dieses Werk[2]) habe ich diese Behauptung zwar
in Frage gestellt, weil ein Teil der
Wärme sicherlich durch Lüften
des Kellers verloren geht, der
andere Teil aber nur den darüber
befindlichen Wohnräumen, n i c h t
der Gesamtanlage dienlich ist. Mit
gleichem Recht könnte man behaupten, daß der Kamin wegen
seiner Wärmeaufspeicherung im
Mauerwerk dem Hause Dienste
leistet, aber ich bin dafür, daß
wir bei Beurteilung der Wirtschaftlichkeit insbesondere von
Heizkesseln alle diese mittelbaren
Nebenwirkungen ausschließen, um
den Nutzeffekt nicht künstlich
höher zu schrauben als er tatsäch-

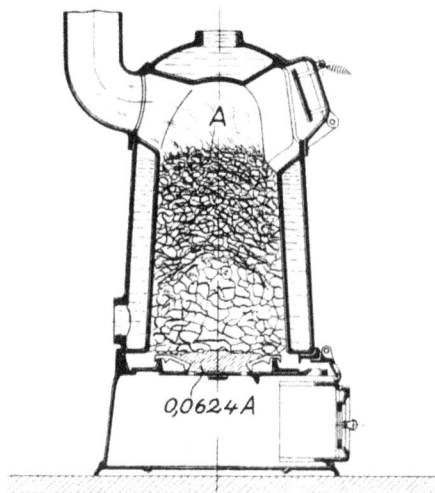

Fig. 16.

lich ist. Wo bleibt unsere technische Wissenschaft, wenn wir behaupten,
der Koksverbrauch nach der Rechnung ist so und so groß und die
Praxis ergibt womöglich 50% mehr?

Eine bestimmte Zeit vor Beginn des Versuches wurden die Heizkessel ausgeschlackt und allmählich bis zu einem Merkmal voll beschickt. Der Zustand mußte am Ende des Versuches derselbe sein,
weshalb mit frisch beschicktem Feuer nach dessen Entschlackung
aufgehört wurde. Bei schmalen und weniger tiefen Füllschächten
hielt ich eine Korrektur der aufgeworfenen Koksmenge (insbesondere
bei schlackendem Koks), sowie eine Beachtung des Verlustes d) für
erforderlich:

---

[1]) Heizung und Lüftung von Gebäuden.
[2]) Dinglers Polytechn. Journal 1909, Heft 25.

Nach Reinigung des Rostes gehen A kg Koks in den Füllschacht (Fig. 16) hinein, die indes nicht gewogen wurden. Der Koks brennt ab, so daß nach gewisser Zeit beispielsweise 20 kg (gewogen) nachgeschüttet werden. Von A soll alles bis auf die Schlacke heruntergebrannt sein. Letztere beträgt nach der Elementaranalyse 9,5 %, Gewicht der Schlacke demnach

$$A \cdot \frac{9,5}{100} \text{ kg.}$$

1 hl Schlacke (aus dem Betriebe) wog . . . . . 73,2 kg
1 hl Koks . . . . 48,0 »

Daher 1 kg Schlacke $= \dfrac{1}{73,2}$ hl

und 1 „ Koks $\quad = \dfrac{1}{48}$ „

Demnach für die Schlacke ein Verhältnis im Raummaß

$$\frac{48}{73,2} = 0,657.$$

Werden $\dfrac{A}{48}$ hl Koks verbrannt, bleiben als Rest

$$A \cdot \frac{9,5}{100} \cdot 0,657 = 0,0624\,A$$

auf dem Rost zurück, auf die 20 kg frischer Koks aufgeworfen werden. Danach ergibt sich aus

$$20 = A\,(1 - 0,0624)$$
$$A \text{ zu } 21,3 \text{ kg.}$$

Bezüglich des Verlustes d) ist folgendes zu sagen:

Durch die Gasanalyse wurde ich darauf aufmerksam gemacht, daß der in den Verbrennungsgasen enthaltene Wasserstoffgehalt nach der Elementaranalyse des Koks gar nicht möglich war, selbst wenn die Annahme zuträfe, daß der gesamte im Brennstoff enthaltene Wasserstoff nicht zur Verbrennung gelangt wäre. Die Ursache konnte ich deshalb nur in der Vergasung des festen Kohlenstoffs d u r c h Z u f ü h r u n g g e b u n d e n e n S a u e r s t o f f s, d. h. also u n t e r W ä r m e b i n d u n g finden. Die in Frage kommenden Reaktionen sind folgende:

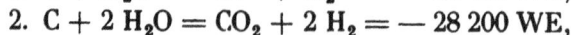

$$1.\ \text{C} + \text{H}_2\text{O} \ = \text{CO} \ + \text{H}_2 \ = -28\,600 \text{ WE,}$$
$$2.\ \text{C} + 2\,\text{H}_2\text{O} = \text{CO}_2 + 2\,\text{H}_2 = -28\,200 \text{ WE,}$$

wenn nach Fischer mit Wasserdampf von ca. 20° gerechnet wird.

Zu diesem frei werdenden Wasserstoff gesellt sich der aus dem Brennstoff durch Verflüchtigung entstehende Wasserstoff

3. H_2,

der kurz nach dem Aufwerfen infolge mangelhafter Entzündungstemperatur verloren geht, während der Rest

4. $H_2 + O = H_2O$

bildet.

Nach dem Durchbruch der Flamme und Hinzutreten von Sauerstoff wird aus 1. und 2. unter Umständen

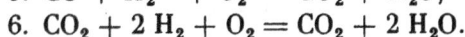

5. $CO + H_2 + O_2 = CO_2 + H_2O$,
6. $CO_2 + 2 H_2 + O_2 = CO_2 + 2 H_2O$.

In den Verbrennungsgasen sind alle diese Endprodukte miteinander gemischt, so daß man außerstande ist, die einzelnen Kontos auseinander zu halten. Man wird deshalb erkennen, wie schwer der quantitative Nachweis solcher Reaktionen zu erbringen ist, insbesondere, wenn es sich um die Ermittelung des Saldos zugunsten der Wärmebindung bei Aufstellung der Bilanz handelt. Jedenfalls hielt ich es für angebracht, bei Heizkesseln, deren Gasanalyse zu obiger Überlegung Anlaß gab, 1% für den Verlust d) in Abzug zu bringen, um das Ergebnis möglichst den tatsächlichen Verhältnissen anzupassen.

Bei der Bestimmung der Wärmeleitung und Strahlung verfolgte ich verschiedene Methoden, die ich in einem besonderen Abschnitt zusammengestellt habe.

IX. Die Analyse der Verbrennungsgase.

Die technische Gasanalyse stößt heute nicht mehr auf Schwierigkeiten. Wir wissen auf Grund der Erfahrungen von Bunte, Fischer, Hempel usw., daß gewisse Vorsichtsmaßregeln bei der Entnahme von Gasen zu berücksichtigen sind, um die Fehlerquellen einzuschränken. Wir vermeiden längere Gummischläuche wegen ihrer unangenehmen Eigenschaft, die Gase zu absorbieren, und schalten unter Umständen aus diesem Grunde auch den Aufsammelapparat v o r der Gummipumpe ein; wir entnehmen die Gase an jener Stelle, wo wir sicher sind, daß sie nicht entweder durch angesaugte Luft verdünnt oder gar noch nicht ausgebrannt sind, d. h. also an einer Stelle im Feuerzuge, wo die sichtbare Flamme zu Ende ist, um den Verbrennungsvorgang verfolgen zu können; wir vermeiden die Verwendung von Eisenrohren, weil wir wissen, daß sie aus sauerstoffhaltigen Gasen diesen schon bei niederen Temperaturen teilweise aufnehmen, an reduzierte Gase wieder abgeben usw. Ich habe es schon seit Jahren aufgegeben, die Analyse am Kessel auszuführen, weil das Ergebnis nie korrekt ausfallen kann. Erhöhte Temperatur der Sperrflüssigkeit, schlechte Beleuchtung, viel Leute um sich u. a. m. sind Umstände, die die Genauigkeit der Analysen beeinflussen müssen. Man bedenke, daß eine Temperaturerhöhung von nur 1^0 auf das Gesamtvolumen von 100 ccm schon einen Fehler von 0,3 % veranlaßt! Die Bestimmung der unverbrannten Gase nimmt überdies an Ort und Stelle zuviel Zeit in Anspruch, so daß die Anzahl der Analysen und der Einblick in den Gang der Verbrennung beschränkt werden. Ebenso halte ich nichts von den Sammelanalysen, weil das Wasser CO_2 absorbiert. Constam und Schläpfer[1]) halfen sich hierüber hinweg, indem sie künstlich Rauchgase von entsprechend gleichem CO_2-Gehalt erzeugten, die Absorption von Zeit zu Zeit bestimmten und hiernach ihre Ergebnisse korrigierten oder die Verbrennungsgase über Wasser mit 50 % Glyzerin abfingen. Andere suchen die Absorption durch Anwendung von gesättigter Salzlösung als Sperrflüssigkeit zu verhüten, womit ich aber auch keinen Erfolg gehabt habe; überdies geben Constam und Schläpfer zu, daß das Arbeiten mit rauchgesättigter Sperrgasflüssigkeit keinen Anspruch auf Genauigkeit machen kann. Da ferner die Bestimmung des CO durch Absorption zu ungenau ist, die angewandte Kupferchlorürchloridlösung sich erschöpft und zu Gasbildung neigt, müssen wir schon zur Verbrennung dieses Bestandteiles der Gase schreiten und damit Rechnungen in den Kauf nehmen, für welche im Kesselhaus keine Zeit und Ruhe vorhanden sind. Dasselbe gilt bei der Bestimmung des H und CH_4. Bei dem sehr zweckmäßigen, nach Dr. Hahn verbesserten Orsat[2]) kann man auch so verfahren, daß ein Teil des CO durch Absorption, der andere durch Verbrennung festgestellt wird. Das Lob, das Constam und Schläpfer der gravimetrischen Methode spenden, kann ich nicht teilen, weil sie auf die Feststellung von CH_1 verzichtet und dieses als CO und H in Rechnung setzt.

Im Anschluß hieran möchte ich auf eine Gepflogenheit aufmerksam machen, die die SO_2 (bzw. SO_3) betrifft. Man ist meistens der

---

[1]) Zeitschrift des Vereins deutscher Ingenieure 1909, S. 1842 usw.
[2]) Zeitschrift des Vereins deutscher Ingenieure 1906, S. 213.

Ansicht, daß die aus dem Schwefelgehalt des Brennstoffes herrührende SO_2 mit der CO_2 zusammen bestimmt wird. Dies ist nur teilweise der Fall, denn es läßt sich beispielsweise der Schwefel als Bestandteil der Asche und Schlacke (schwefelsaurer Kalk usw.).[1] nachweisen. Bei der Bestimmung der entstandenen Gasmengen kann unter Umständen eine Richtigstellung der tatsächlich vorhanden gewesenen CO_2 der Genauigkeit wegen von Wert sein.

Das Absaugen der Gase in Glasballons mit beiderseitigen Glashähnen, das ich bei meinen umfangreichen Versuchen fast durchweg zur Anwendung brachte, ist meines Erachtens das einzig sichere Mittel, um technisch genaue Ergebnisse zu erhalten. Ich benutze hierbei zwar eine kleine Vorsichtsmaßregel: ich schließe erst den Hahn nach der Ausströmung und dann den zwischen Ballon und Aspirator liegenden, um durch einen geringen Überdruck die Entstehung eines Vakuums in dem Ballon bei Abkühlung zu vermeiden. Die Ballons können dann getrost mehrere Tage, ja Wochen liegen, ohne daß eine Veränderung in dem abgesaugten Gasquantum zu befürchten ist oder Luft von außen angesaugt wird. Der geringe Überdruck verhindert auch den Eintritt von Luft beim Anschluß der Gasballons an den Orsat.

Um die Genauigkeit der Ablesungen zu vergrößern, habe ich der Bürette eine andere Form gegeben (vgl. Fig. 17 und 18). Es ist ja nicht nötig, ihren Durchmesser bis zu 50% Ablesung gleich groß zu wählen. Ich ließ von einem Glasbläser eine Bürette anfertigen, die oben und unten einen dünnen Durchmesser aufweist, in der Mitte aber, die für die Ablesung gar nicht in Frage kommt, eine große Erweiterung zeigt, um den Fassungsraum auf 100 ccm zu bringen. Die untere Reduktion im Durchmesser reicht bis 21, die obere von 1 bis 30 ccm. Die bei letzterer vorgenommene umgekehrte Numerierung (nicht von 100 bis 70) entspricht dem praktischen Bedürfnis, beim Ansaugen von Verbrennungsluft für CO usw. direkte Ablesungen zu erhalten, ohne abziehen zu müssen. Die Genauigkeit der Ablesungen ist durch diese Änderung auf das D r e i f a c h e gestiegen.

---

[1] Der Schwefelgehalt der Kohle ist durch Fe S gebunden. Bei hoher Erwärmung wird S frei, und zwar

$$Fe\,S_2 = Fe\,S + S$$

Fe S bleibt in den Schlacken; wirft man diese in glühendem Zustande ins Wasser, wird SO_2 frei, und zwar nach

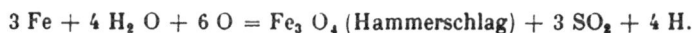

$$3\,Fe + 4\,H_2\,O + 6\,O = Fe_3\,O_4\ (\text{Hammerschlag}) + 3\,SO_2 + 4\,H.$$

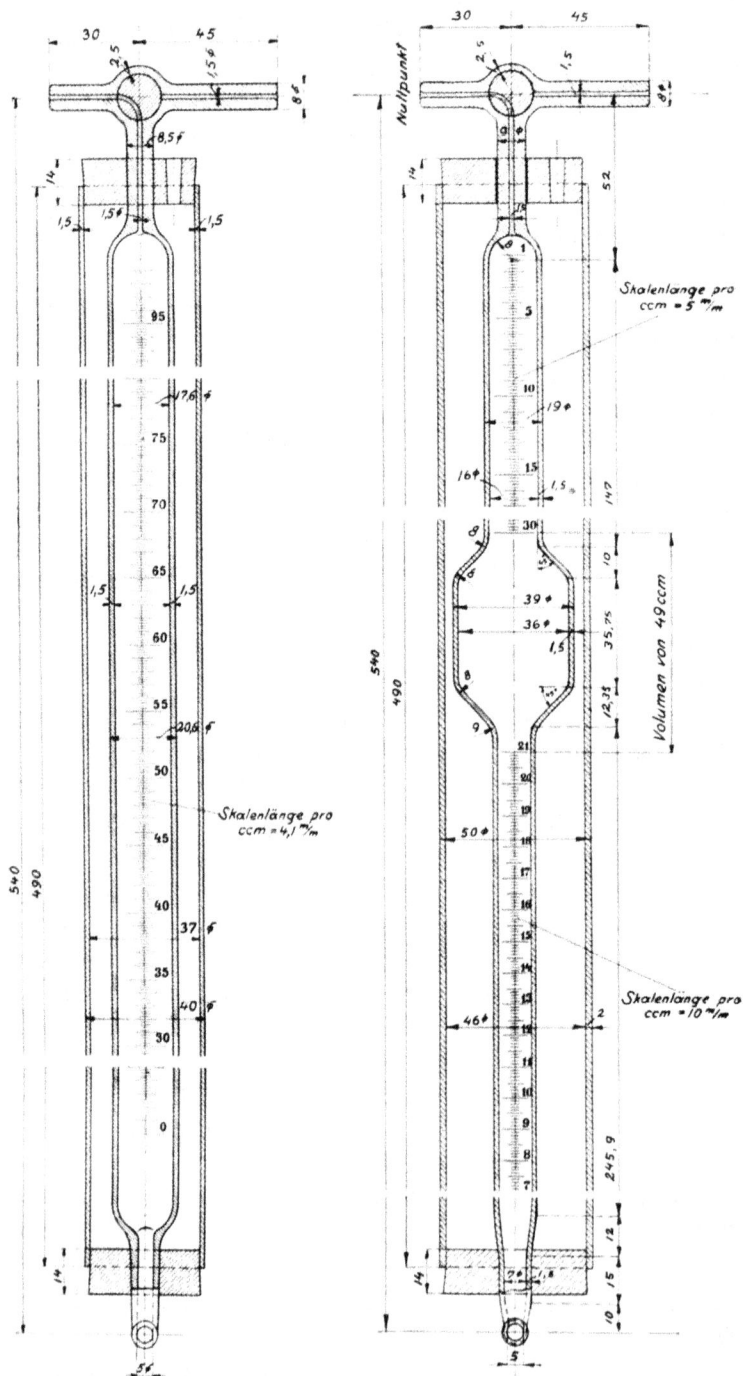

Fig. 17 und 18.

Von jeder Gasanalyse wurde ein Kontrollzettel ausgefüllt, der von dem betreffenden Ingenieur unterschrieben wurde. Die Zettel wurden zusammengeheftet und dem Protokoll über die Versuchsergebnisse beigefügt, so daß Verwechslungen gänzlich ausgeschlossen waren. Da sich die Kontrollzettel bei den Hunderten von Analysen gut bewährt haben, gebe ich deren Schema hier wieder. Die Analysen ließ ich nur von e i n e m Ingenieur, und zwar von Herrn Heentschel ausführen, damit Fehlerquellen durch Eigenart des Ablesens usw. vermieden werden. Herrn Heentschel verdanke ich die Anregung, das nicht absorbierte in der Platinkapillare mit verbrannte CO ziffernmäßig zu bestimmen (vgl. 3. Verbrennung des Kohlenoxyds). Zu solchen Analysen gehört eine große Gewandtheit, die nur durch dauernde Beschäftigung erlangt werden kann. Zur Kontrolle habe ich die Gasanalysen doppelt, und zwar unter Zuhilfenahme eines anderen Weges bei der Reihenfolge der Absorptionen ausführen lassen und dabei stets vorzügliche Übereinstimmung festgestellt. Wegen der Bezeichnungen auf dem Kontrollzettel verweise ich auf die folgenden Abschnitte.

Analyse Nr. 24.

Rapidkessel.   10 Uhr rechter Kessel.

Absorption: Verbrennung:

CO_2: $k = 8,9$ Angewandte Gasmenge: $b = 30$

SKW: $p = -$ Zugeführte Luft: 70

O_2: $o = 7,9$ Verbrennung von H_2 und CO: $c = 0,75$

CO: $d_1 = 5,2$

Sa. 22,0 CO_2-Absorption: $k_1 = 0,22$

Gasrest $a = 78,0$ CH_4-Verbrennung: $c_2 = \ldots$ CH_4-Verbrennung: 0,52

                      CO_2-Abstopferei: $\ldots$ CO_2-Absorption: 0,26

Gas-
Zusammensetzung: $d = \ldots$ $d = 0,78$

CO_2:   8,90$^0/_0$ $h = \dfrac{a}{b}\left(\dfrac{2\,c-d}{3}+{}^1/_2\,c_2\right) = \ldots^0/_0$ $h = \dfrac{2\,a}{3\,b}\left(c-\dfrac{k_1}{2}\right) = 1,11^0/_0$

SKW: —

O_2:   7,90

CO: 5,77 $d_2 = \dfrac{a}{b}\,(d - {}^3/_2\,c_2) = \ldots^0/_0$ $d_2 = \dfrac{a}{b}\cdot k_1 = 0,57$

H_2:   1,11

CH_4:   0,68 $m = \dfrac{a}{2\,b}\cdot c_2 = \ldots^0/_0$ $m = \dfrac{d\cdot a}{3\,b} = 0,68$

N_2:   75,64   Schöneberg, 12. XII. 1908.

Sa. 100,00$^0/_0$ gez. H e e n t s c h e l.

1. Wasserstoffverbrennung mit der Platinkapillare.

Ist b das angewandte Gasvolumen nach der Absorption von CO_2, SKW, O_2 und CO, so ist nur noch eine gewisse Stickstoffmenge N, desgl. Methan M und Wasserstoff H vorhanden. Es muß daher sein

$$b = H + M + N \ldots \ldots \ldots \ldots \ldots 16)$$

Durch Luftzuführung kommt hinzu:

eine Sauerstoffmenge O,

eine Stickstoffmenge $\frac{79}{21} \cdot O$,

so daß aus 16)

$$O + \frac{79}{21} O + b \quad \dots \dots \dots \dots \text{17)}$$

wird.

Bei der Verbrennung des Wasserstoffs zu Wasser wird von dem Sauerstoff $\frac{H}{2}$ verbraucht, denn 1 cbm O ergibt 2 cbm Wasserdampf. Es muß demnach nach der Verbrennung entstehen:

$$O - \frac{H}{2} + N + \frac{79}{21} O + M \quad \dots \dots \dots \text{18)}$$

Das verschwundene Gasvolumen c (die Kontraktion) berechnet sich aus der Differenz von 17) und 18) zu

$$c = b + \frac{H}{2} - N - M \quad \dots \dots \dots \text{19)}$$

und, wenn b nach 16) eingesetzt wird, zu

$$c = \frac{3}{2} H; \quad H = \frac{2}{3} c.$$

Da sich der Wasserstoffgehalt der angewandten Gasmenge b zu dem interessierenden Prozentgehalt des ganzen Gasrestes a (nach der Absorption von CO) wie diese Gasmengen selbst verhalten muß, ergibt sich in Übereinstimmung mit Dr. Hahn

$$\frac{H}{h} = \frac{b}{a}$$

und hieraus

$$h = \frac{H \cdot a}{b} = \frac{2 c \cdot a}{3 \cdot b} \quad \dots \dots \dots \dots \text{20)}$$

2. Methanverbrennung durch elektrisch in Rotglut gebrachte Platinspirale.

Die Verbrennung des CH_4 erfolgt nach

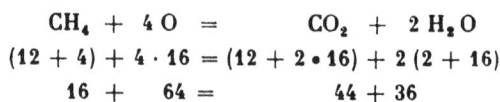

$$CH_4 + 4 O = CO_2 + 2 H_2 O$$
$$(12 + 4) + 4 \cdot 16 = (12 + 2 \cdot 16) + 2 (2 + 16)$$
$$16 + 64 = 44 + 36$$

Um also 16 kg oder $\frac{16}{0,71549}$ cbm Methan zu verbrennen, sind 64 kg oder $\frac{64}{1,43003}$ cbm Sauerstoff erforderlich, d. h. für 1 cbm Methan demnach

$$\frac{64 \cdot 0,71503}{16 \cdot 1,43003} = 2 \text{ cbm Sauerstoff.}$$

1 Vol. Methan erfordert also 2 Vol. Sauerstoff, und zwar je 1 Vol. zur Bildung von CO_2 und H_2O.

Nach der Wasserstoffverbrennung betrug das Volumen der angewandten Gasmenge

$$b + O + \frac{79}{21} O - c \quad \ldots \ldots \ldots \quad 21)$$

das an der glühenden Platinspirale vorbeigeführt wird. Durch Verbrennung des Methans und durch die sich anschließende CO_2-Absorption ergibt sich eine Kontraktion d. Aus dem Sauerstoffvolumen $\left(O - \frac{H}{2}\right)$ wird $\left(O - \frac{H}{2} - 2M\right)$. Zur Bildung der Kohlensäure wird die Hälfte des verbrauchten Sauerstoffs erforderlich, also $\frac{2M}{2} = M$; es bilden sich M Volumina CO_2, während der Rest des Sauerstoffes zur Bildung des Wassers ($2 H_2O$) Verwendung findet. Das vorhandene trockene Gasvolumen nach der Verbrennung des Methans ist also:

$$\underbrace{\left(O - \frac{H}{2} - 2M\right)}_{\text{Sauerstoff}} + \underbrace{\left(N + \frac{79}{21} O\right)}_{\text{Stickstoff}} + \underbrace{M}_{\text{Kohlensäure}}$$

Die Kohlensäure M wird im Kaligefäß absorbiert, wodurch sich als schließliches Gasvolumen ergibt:

$$O - \frac{H}{2} - 2M + N + \frac{79}{21} O \quad \ldots \ldots \ldots \quad 22)$$

Zieht man dieses von dem ursprünglichen Volumen 21) ab, ergibt sich als verschwundenes Gasvolumen (Kontraktion)

$$d = b - c \frac{H}{2} + 2M - N \quad \ldots \ldots \ldots \quad 23)$$

oder, wenn c nach 19) eingesetzt wird,

$$d = 3M; \quad M = \frac{1}{3} d.$$

Aus der Proportion

$$\frac{M}{m} = \frac{\frac{d}{3}}{m} = \frac{b}{a}$$

erhält man den gesuchten Prozentgehalt an Methan zu

$$m = \frac{d \cdot a}{3 \cdot b} \quad \ldots \ldots \ldots \quad 24)$$

3. Verbrennung des Kohlenoxyds.

Sollte die Kupferchlorürlösung nicht alles Kohlenoxyd absorbiert haben, wird der fehlende Prozentgehalt d_2 in der Platinkapillare mit zu CO_2 verbrannt und wie folgt nach der Verbrennung des Wasserstoffs und Methans bestimmt:

Wegen des Vorhandenseins des CO-Gehaltes K sind vor der Wasserstoffverbrennung statt 16) vorhanden

$$b = H + M + N + K \quad \ldots \ldots \ldots \quad 25)$$

K verbrennt gemäß der Formel

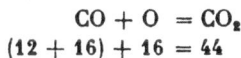

$$CO + O = CO_2$$
$$(12 + 16) + 16 = 44$$

Es verbinden sich demnach 28 Gewichtsteile (kg) oder $\dfrac{28}{1{,}25\,133}$ cbm CO mit

16 kg oder $\dfrac{16}{1{,}43\,003}$ cbm O zu 44 kg oder $\dfrac{44}{1{,}96\,633}$ cbm CO_2;

also

$$1 \text{ cbm CO} + \frac{1}{2} \text{ cbm O} = 1 \text{ cbm } CO_2.$$

Zur Verbrennung von K Volumina CO werden demnach $\dfrac{K}{2}$ Volumina O verbraucht, woraus sich K Volumina CO_2 ergeben. Das Sauerstoffvolumen vermindert sich also nach der gemeinschaftlichen Wasserstoff- und Kohlenoxydgasverbrennung auf $\left(O - \dfrac{H}{2} - \dfrac{K}{2}\right)$, während das Gasvolumen sich zusammensetzt aus:

$$\underbrace{\left(O - \frac{H}{2} - \frac{K}{2}\right)}_{\text{Sauerstoff}} + \underbrace{\left(N + \frac{79}{21} O\right)}_{\text{Stickstoff}} + \underbrace{M}_{\text{Methan}} + \underbrace{K}_{\text{Kohlensäure}}$$

Das verschwundene Gasvolumen c wird jetzt (vgl. 19)

$$c = b + \frac{H}{2} - \frac{K}{2} - N - M \ \ldots \ldots \ . \ . \quad 26)$$

oder, wenn b nach 25) eingesetzt wird,

$$c = \frac{3}{2} H + \frac{K}{2} \ \ldots \ . \ . \ . \ . \ . \ . \quad 27)$$

Vor der Methanverbrennung war das Gasvolumen = 21), nach dessen Verbrennung

$$\underbrace{\left(O - \frac{H}{2} - \frac{K}{2} - 2M\right)}_{\text{Sauerstoff}} + \underbrace{\left(N + \frac{79}{21} O\right)}_{\text{Stickstoff}} + \underbrace{(M + K)}_{\text{Kohlensäure}}$$

Hieraus ergibt sich als verschwundenes Gasvolumen

$$c_2 = b - c + \frac{H}{2} - \frac{K}{2} + M - N \ \ldots \ . \ . \ . \quad 28)$$

oder nach Einsetzen der Werte von 25) und 27)

$$c_2 = 2 M \text{ und } M = \frac{c_2}{2}.$$

Wird jetzt noch die vorhandene Kohlensäure $(M + K)$ absorbiert, wird die Gesamtkontraktion nach der Methanverbrennung u n d der Kohlensäureabsorption

$$d = c_2 + (M + K)$$
$$= 2 M + (M + K) = 3 M + K. \ \ldots \ . \ . \ . \ . \ . \quad 29)$$
$$= \frac{3}{2} c_2 + K$$

Aus den gefundenen Beziehungen 27) und 29) ergibt sich

$$\begin{aligned}
2c &= 3H + K \\
d &= 3M + K \\
\hline
2c - d &= 3H - 3M = 3H - \frac{3}{2} c_2
\end{aligned}$$

und weiter:

$$1)\ H = \frac{2c-d}{3} + \frac{c_2}{2} \qquad \qquad h = \frac{a}{b}\left(\frac{2c-d}{3} + \frac{c_2}{2}\right) \quad . \quad 30)$$

entsprechend dem prozentualen Gehalt

$$2)\ K = d - \frac{3}{2}\,c_2 \qquad \qquad d_2 = \frac{a}{b}\left(d - \frac{3}{2}\,c_2\right) \quad . \ . \ . \ 31)$$

$$3)\ M = \frac{c_2}{2} \qquad \qquad m = \frac{a}{b}\cdot\frac{c_2}{2} \quad . \ . \ . \ . \ . \ 32)$$

Absorbiert man die bei der gemeinsamen Wasserstoff- und Kohlenoxyd-verbrennung gebildete Kohlensäure K sofort, d. h. v o r der Methanverbrennung, so entsteht eine Kontraktion $c + K$, so daß das Gasvolumen vor Beginn der Methan-verbrennung

$$b + O + \frac{79}{21}\,O - (c + K) \quad . \ . \ . \ . \ . \ . \ . \ 33)$$

nach ihr

$$\left(O - \frac{H}{2} - \frac{K}{2} - 2M\right) + \left(N + \frac{79}{21}\,O\right) \ + \ M$$

$$\underbrace{\qquad\qquad\qquad\qquad}_{\text{Sauerstoff}} \qquad \underbrace{\qquad\qquad}_{\text{Stickstoff}} \quad \text{Kohlensäure}$$

Das verschwundene Gasvolumen ergibt sich demnach zu

$$c_2 = b - c + \frac{H}{2} - \frac{K}{2} + M - N \ . \ . \ . \ . \ . \ 34)$$

Es ist nach 25) und 27)

$$b - c = H + N + M + K - \frac{3}{2}\,H - \frac{K}{2} = M + N + \frac{K}{2} - \frac{H}{2}$$

und

$$c_2 = 2\,M$$

Wird jetzt noch die bei der Methanverbrennung gebildete Kohlensäure M absorbiert, entsteht eine Kontraktion

$$d = c_2 + M = 3\,M; \quad M = \frac{d}{3}.$$

Aus 27) erhält man

$$2\,c = 3\,H + K$$

und

$$H = \frac{2}{3}\left(c - \frac{K}{2}\right).$$

K wird durch den Versuch bestimmt; die prozentualen Werte sind daher

$$1)\ h = \frac{2}{3}\cdot\frac{a}{b}\left(c - \frac{k_1}{2}\right) \ . \ . \ . \ . \ . \ . \ . \ 35)$$

$$2)\ d_2 = \frac{a}{b}\cdot k_1 \ . \ . \ . \ . \ . \ . \ . \ . \ . \ 36)$$

$$3)\ m = \frac{d}{3}\cdot\frac{a}{b} \ . \ . \ . \ . \ . \ . \ . \ . \ . \ 37)$$

X. Bestimmung des Wärmeverlustes durch unverbrannte Gase.

1. Verlust durch CO:

Da 1 kg Kohlenstoff bei der Verbrennung zu CO_2 nach Berthelot 8137 WE, bei der Verbrennung zu CO aber nur 2440 WE entwickelt, beläuft sich der Verlust durch unvollkommene Verbrennung zu

$$8137 - 2440 = 5697 \text{ WE.}$$

Der in CO enthaltene Kohlenstoff $(= C_d)$ entführt also pro kg 5697 WE. Da bei der Verbrennung von C_d zu CO

$$\frac{12 + 16}{12} = \frac{7}{3} C_d \text{ Kohlenoxyd}$$

gebildet werden, ist

$$C_d = \frac{3}{7} D_g$$

und demnach der Wärmeverlust in WE

$$V'_d = \frac{3}{7} \cdot 5697 = 2440 D_g$$

bzw.

$$2440 \cdot 1{,}25133 D_v = 3053 D_r \quad \ldots \ldots \ldots \text{38)}$$

2. Verlust durch CH_4:

1 kg Methan hat einen Brennwert von 11 994 WE[1]). Es verbinden sich C_m kg Kohlenstoff zu

$$\frac{12 + 4}{12} = \frac{4}{3} C_m \text{ mit } \frac{4}{12} \left(= \frac{1}{3} \right) C_m \text{ kg Wasserstoff.}$$

Man erhält:

$$V'_m = 11\,994\,M_g = 11\,994 \cdot 0{,}71\,503\,M_v = 8575\,M_v \quad . \; . \; \text{39)}$$

---

[1]) Nach Fischer, Technologie der Brennstoffe, S. 411 ist die Verbrennungswärme mit 213 500 WE angegeben. Gemäß der Formel

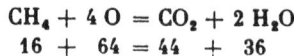

$$CH_4 + 4 O = CO_2 + 2 H_2O$$
$$16 + 64 = 44 + 36$$

hätten sich also aus 1 kg Methan $\frac{36}{16} = \frac{9}{4}$ kg Wasser gebildet, das mit den Verbrennungsgasen in Form von Wasserdampf entweicht. Wir müssen daher pro kg 600 WE in Abzug bringen, d. h. erhalten

$$\frac{213\,500}{16} - \frac{9}{4} \cdot 600 = 11\,994 \text{ WE}$$

(man findet gewöhnlich 11 900 WE angegeben).

3. Verluste durch SKW:

Bei der Verbrennung von Koks kommen schwere Kohlenwasserstoffe nicht vor; wenigstens habe ich solche nicht feststellen können. Da aber bei Heizkesseln hin und wieder Kohle oder Briketts Verwendung finden, möchte ich den Verlust an SKW nicht außer acht lassen. Wir können uns auf die Verbindung C_2H_4 (Äthylen) beschränken, für welche ein Brennwert 34 120 WE in Frage kommt. Es gilt:

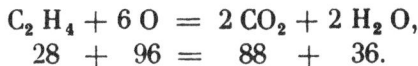

$$C_2H_4 + 6\,O = 2\,CO_2 + 2\,H_2O,$$
$$28 + 96 = 88 + 36.$$

Es bilden sich also pro kg Äthylen $\dfrac{36}{28} = \dfrac{9}{7}$ kg Wasser, dessen Verbrennungswärme in Abzug zu bringen ist. Daher

$$V'_p = 11\,400\,P_q = 11\,400 \cdot 1{,}25178\,P_v = 14\,270\,P_v \ldots 40)$$

4. Verluste durch H_2:

Nach Fischer ist der wahrscheinliche Wert für die Verbrennungswärme des Wasserstoffes zu flüssigem Wasser 34 220 WE. Nach der Formel

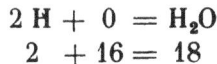

$$2\,H + O = H_2O$$
$$2 + 16 = 18$$

bilden sich aus 1 kg Wasserstoff 9 kg Wasser. Es sind deshalb zu rechnen:

$$34\,220 - 9 \cdot 600 = 28\,820\ \text{WE},$$

so daß

$$V_h' = 28\,820\,H_g = 28\,820 \cdot 0{,}089582\,H_v = 2580\,H_v \,.\ 41)$$

wird.

Unter der Voraussetzung, daß die Verbrennungsgase alle vier Bestandteile aufweisen, würde sich der Gesamtverlust ergeben zu

$$v' = \frac{R_v}{100}\,(3053\,d + 8575\,m + 14\,270\,p + 2580\,h)\ \ .\ \ 42)$$

wenn nach früherem R_v die Volumina der t r o c k e n e n Verbrennungsgase in cbm, d, m, p und h die Vol.-Prozentgehalte für CO, CH_4, C_2H_4 und H_2 bedeuten.

Kommt von den Kohlenstoffverbindungen nur CO in der Gasanalyse vor, so wird

$$R_v = \frac{C}{0{,}5363\,(k+d)},$$

so daß Formel (42) den Wert annimmt:

$$V' = \frac{56,9271 \cdot C}{1 + \dfrac{k}{d}} \quad \cdot \quad \cdot \quad \cdot \quad \cdot \quad \cdot \quad 43)$$

Wie man sieht, kommt es bei der Bestimmung des Wärmeverlustes nicht auf den Gehalt von CO allein, sondern auf das
Verhältnis $\dfrac{k}{d}$ an.

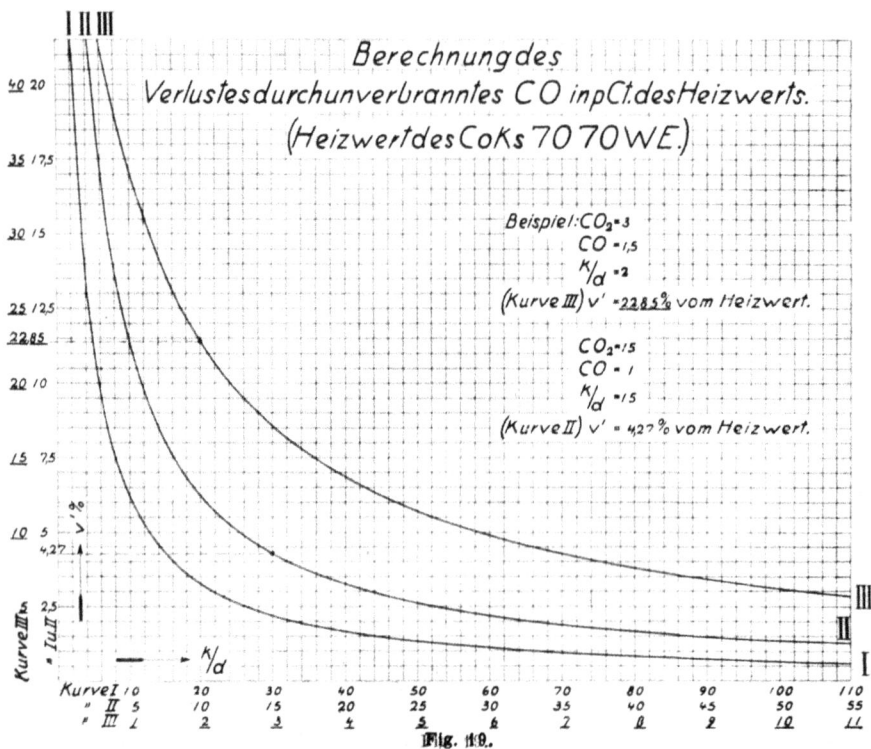

Fig. 19.

Den Wärmeverlust in Prozenten des Heizwertes H_w erhält man
z. B. für den Spezialfall (43) zu:

$$v' = \frac{100 \cdot 56,9271 \cdot C}{H_w \left(1 + \dfrac{k}{d}\right)} \quad \cdot \quad \cdot \quad \cdot \quad \cdot \quad 44)$$

oder nach Einsetzen des im Mittel festgestellten Heizwertes (7070 WE)
und Kohlenstoffgehaltes $(C = 85\%)$:

$$v' = \frac{68,46}{1 + \dfrac{k}{d}} \quad \cdot \quad \cdot \quad \cdot \quad \cdot \quad \cdot \quad 44\text{a})$$

Ich hielt es zur Erleichterung der Rechnung und größeren Genauigkeit für zweckmäßig, v' für verschiedene $\dfrac{k}{d}$ durch eine Kurve darzustellen (vgl. Fig. 19), um aus ihr die Werte v' **f ü r d i e g a n z e V e r s u c h s z e i t** abzugreifen und graphisch aufzutragen. Durch Planimetrieren der Verlustkurve erhält man dann einen tatsächlichen mittleren Wert, den die Rechnung nicht mit annähernd gleicher Genauigkeit ergeben kann.

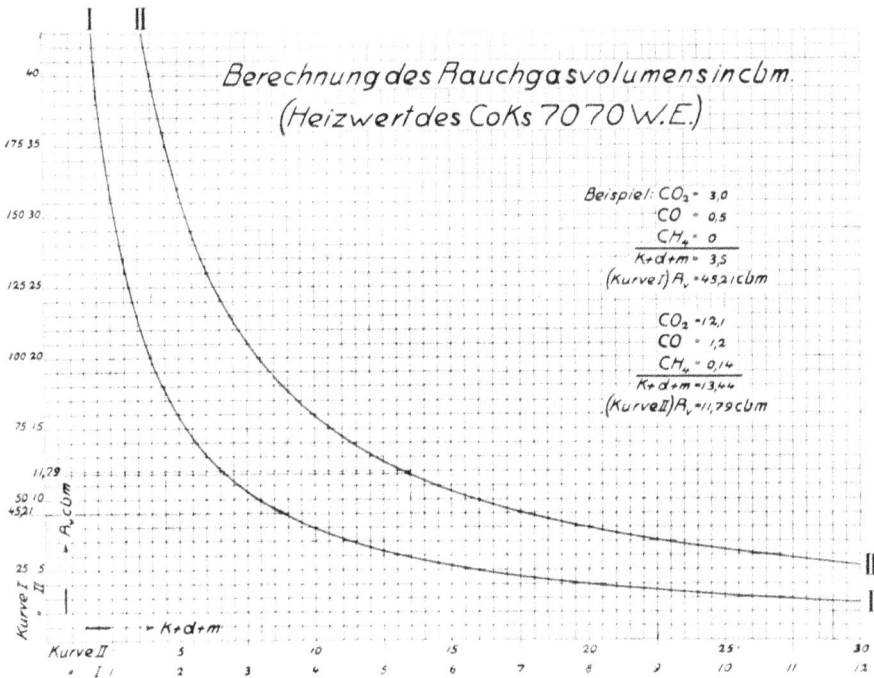

Fig. 20.

Eine weitere Erleichterung bestand in der Ermittelung von R_v, das als Funktion von C und dessen Verbindungen durch eine Kurve (Fig. 20) dargestellt wurde. Dieses Hilfsmittel kann beispielsweise zur Berechnung des Verlustes an unverbranntem Wasserstoff mit Vorteil benutzt werden.

XI. Die spezifische Wärme der Verbrennungsgase.

Erfordert die Erwärmung des Kilogramms eines beliebigen Körpers von t^0 auf $t_1^0\,Q$ WE, so ist die m i t t l e r e (durchschnittliche) spezifische Wärme für das gegebene Temperaturintervall:

$$(c_p)\,m = \frac{Q}{t_1 - t_0} \quad \ldots \ldots \quad 45)$$

Behält dieser Quotient seinen Wert auch für jedes andere Temperaturintervall, so stellt er gleichzeitig die w a h r e (wirkliche, momentane) spezifische Wärme dar. Anders dagegen verhält es sich, wenn für jeden anderen Temperaturunterschied auch $(c_p)\,m$ anders ausfällt. In diesem Falle findet sich nur eine Übereinstimmung mit der wahren spez. Wärme für die Annahme eines ganz geringen Intervalls, d. h. ist zur Erwärmung um dt^0 die Wärmemenge dQ erforderlich, wird

$$c_p = \frac{dQ}{dt} \quad \ldots \ldots \ldots \quad 46)$$

Verläuft c_p linearisch, beispielsweise

$$c_p = \alpha + \beta t \quad \ldots \ldots \ldots \ldots \quad 47)$$

würde sich für ein Temperaturintervall von 0 bis t^0 ergeben:

$$Q = \int_0^t c_p\,dt = \int_0^t (\alpha + \beta t)\,dt = \alpha t + \frac{\beta}{2}t^2 = \left[\alpha + \beta\frac{t}{2}\right]t = (c_p)_m \cdot t \quad 48)$$

d. h. die mittlere spezifische Wärme erhält man aus der wahren spezifischen Wärme, wenn man statt βt in (47) $\beta\,\dfrac{t}{2}$ setzt.

Für den Fall, daß die wahre spezifische Wärme nicht linearisch, sondern nach

$$c_p = \alpha + \beta t + \gamma t^2 \quad \ldots \ldots \ldots \ldots \quad 49)$$

verläuft, würde sich Q analog ergeben:

$$Q = \int_0^t (\alpha + \beta t + \gamma t^2)\,dt = \left[\alpha + \frac{\beta}{2}t + \frac{\gamma}{3}t^2\right]t \quad . \quad 50)$$

so daß die mittlere spezifische Wärme

$$(c_p)_m = \alpha + \frac{\beta}{2}t + \frac{\gamma}{3}t^2 \quad \ldots \ldots \quad 51)$$

wird.

In Fig. 21 ist Ableitung (48), in Fig. 22 Ableitung (50) graphisch dargestellt. $\overline{ab}$ verläuft gradlinig nach $c_p = \alpha + \beta t$ (wahre spezifische Wärme); die mittlere spezifische Wärme erhält man für $\frac{t}{2}$ durch die Linie $\overline{ac}$. Dasselbe gilt in ähnlicher Weise für Fig. 22, nur daß sich $(c_p)_m$ durch Planimetrieren der Kurve de für ein anderes t ergibt.

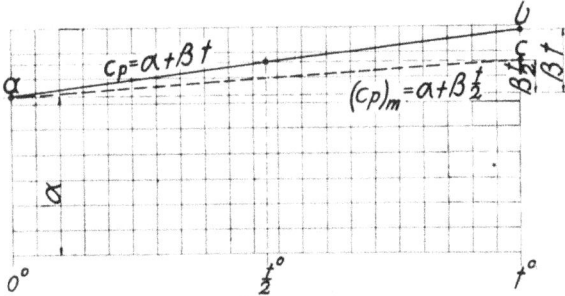

Fig. 21.

In den Anfangspunkten ($t = 0^0$) sind beide spezifischen Wärmen einander gleich, dann fällt c_p stets größer als $(c_p)_m$ aus.

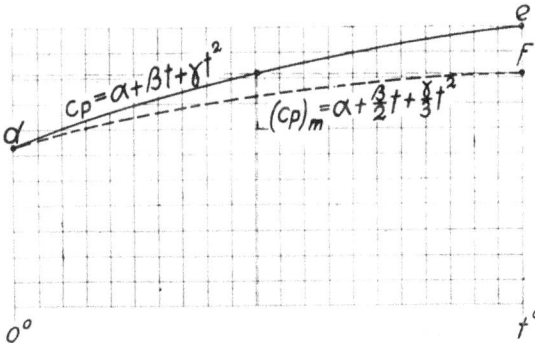

Fig. 22.

Statt des Intervalls 0 bis t^0 in (50) kann natürlich jedes andere Temperaturintervall treten; für t_1 bis t_2 nimmt die Formel die Gestalt an:

$$Q = \alpha (t_2 - t_1) + \frac{\beta}{2} (t_2^2 - t_1^2) + \frac{\gamma}{3} (t_2^3 - t_1^3) \quad . \quad . \quad 52)$$

Aus dieser Klarstellung ergeben sich schon einige Fehlerquellen in der technischen Literatur, auf die ich bereits 1907 in Nr. 15 der Zeitschrift für Dampfkessel- und Maschinenbetrieb aufmerksam gemacht habe.

Mallard und Le Chatelier fanden aus ihren Versuchen für CO_2

$$(c_p)_m = 6,3 + 0,006\,t - 0,00000118\,t^2 \quad . \quad . \quad . \quad . \quad . \quad . \quad . \quad 53)$$

so daß sich unter Berücksichtigung von (51) die Koeffizienten ergeben:

$$\alpha = 6,3,$$
$$\beta = 0,012,$$
$$\gamma = -\,0,00000354.$$

Ist m das Molekulargewicht, c_v die spezifische Wärme bei konstantem Volumen, so wird

$$m \cdot c_v = 6,3 + 0,012\,t - 0,00000354\,t^2$$

und c_v (beispielsweise für $t = 1000^0$) für CO_2:

$$c_v = \frac{6,3 + 0,012 \cdot 1000 - 0,00000354 \cdot 1000^2}{44} = 0,335.$$

Da bei den Verbrennungsgasen alles auf die Gewichtseinheit bei konstantem Druck bezogen wird, müssen wir c_p aus c_v ableiten.

Es gilt unabhängig von der Veränderlichkeit der spezifischen Wärme mit der Temperatur:

$$c_p - c_v = A R \text{ (mechanisches Wärmeäquivalent} \times \text{Gas-}$$
$$\text{konstante),}$$

$$A = \frac{1}{427}, \quad R = \frac{848}{m}$$

$$c_p - c_v = \frac{1,985}{m} \sim \frac{2}{m} \quad . \quad . \quad . \quad . \quad . \quad . \quad 54)$$

Es wird also für CO_2 ($t = 1000^0$)

$$c_p = c_v + \frac{2}{m} = 0,381.$$

Die mittlere spezifische Wärme $(c_p)_m$ berechnet sich unter Benutzung von (53) zu 0,298[1]).

---

[1]) In dem Fuchsschen Werk »Die Kontrolle des Dampfkesselbetriebes« (später: »Generator-, Kraftgas- und Dampfkesselbetrieb«) sind die w a h r e n spezifischen Wärmen (statt der mittleren) nach M. & Le Ch. berechnet und in Anwendung gekommen; außerdem unterlief dem Verfasser ein Fehler dadurch, daß er γ nicht zu »— 0,00000354«, sondern »— 0,00000286« einsetzte. Die von ihm nach M. & Le Ch. berechneten wahren spez. Wärmen sind demnach zu hoch

Mallard und Le Chatelier geben für zweiatomige Gase die folgenden, linearisch verlaufenden Werte:

$$\text{Wasserdampf} \quad \frac{7,61 + 0,00328\,t}{18} \quad \ldots \ldots \quad 55)$$

$$O_2 \quad \frac{6,8 + 0,0006\,t}{32} \quad \ldots \ldots \quad 56)$$

$$CO \text{ und } N_2 \quad \frac{6,8 + 0,0006\,t}{28} \quad \ldots \ldots \quad 57)$$

$$\text{Luft} \quad \frac{6,8 + 0,0006\,t}{29} \quad \ldots \ldots \quad 58)$$

Die mittleren spezifischen Wärmen von Mallard und Le Chatelier stimmen mit den von Fischer in seinem »Feuerungstechniker« gegebenen annähernd überein, dagegen sind sie gegenüber den neueren Versuchen von Langen, Holborn & Henning und Kohlrausch zu hoch. Nach den Versuchen von Langen[2]) ist

$$m \cdot c_v = 4,625 + 0,00106\,T \quad \ldots \ldots \quad 59)$$

gültig für H_2, O_2, N_2, CO und beliebige Mischungen[3]), wobei $T = t + 273$. Für H_2 ($m = 2,016$) und $t = 0^0$ ist:

$$c_v = \frac{4,625 + 0,00106 \cdot 273}{2,106}.$$

Da die Ableitungen mit »T« bei der Rechnung unbequem sind, wollen wir Formel (59) nach »t« entwickeln und dafür schreiben:

$$m \cdot c_v = 4,9144 + 0,00106\,t \quad \ldots \ldots \quad 59a)$$

ausgefallen. Da mit diesen unzulässigen Werten bei den weiteren Veröffentlichungen von Fuchs (z. B. Heft 22 der Forschungsarbeiten »Der Wärmeübergang und seine Verschiedenheiten innerhalb einer Dampfkesselheizfläche«) gerechnet wird, können auch die Folgerungen von Fuchs über die Wärmeverteilung bei unvollkommener Verbrennung (Nr. 37, Jahrgang 1905, der Zeitschrift des Ver. deutscher Ing.) nicht zutreffen. Er fand beispielsweise

Gasart	CO_2	CO	O_2	N_2	H_2O
c_p bei 1320^0	0,45	0,3	0,3	0,3	0,9
dagegen richtig (nach M. & Le Ch.)	0,32	0,27	0,23	0,27	0,66

Da der Wärmeinhalt der Gewichtseinheit eines Gases sich aus den beiden Faktoren, der mitleren spez. Wärme und der Temperatur bestimmt, so müssen entweder die Fuchsschen Analysen oder die Temperaturen unrichtig gewesen sein.

[2]) Dingl. Pol. Journ. 1903, Schreber, »Zur Berechnung der Vorgänge in Gasmotoren«.

[3]) Molekulargewichte hierfür enthält Taschenbuch der »Hütte«, S. 380, (20. Auflage).

Für CO_2 finden sich verschiedene Angaben:

$$\text{nach Langen:} \quad (c_p)_m = 8{,}7 + \frac{0{,}0026\,t}{44} = 0{,}198 + 0{,}000059\,t$$

$$\text{nach Schreber:} \qquad\qquad\qquad = 0{,}222 + 0{,}000043\,t$$

$$\text{und analog (59)} \qquad m \cdot c_v = 6{,}774 + 0{,}00378\,T \dots\dots\, 60)$$

$$= 7{,}8059 + 0{,}00378\,t \dots\dots 60a)$$

Für Wasserdampf:

$$m \cdot c_v = 5{,}8939 + 0{,}00430\,t \dots\dots 61)$$

Nach Schüle[1]) ist die Formel (61) für t unter 250° ungültig, dagegen kann sie zwischen 350° und 2500° C Verwendung finden.

Aus (59a) bis (61) ergeben sich c_v, c_p und $(c_p)_m$ für die einzelnen Gase wie folgt:

Langen: **Tabelle VII.**

	$m =$	$c_v =$	$c_p =$	$(c_p)_m =$
H_2	2,016	$2{,}4377 + 0{,}000526\,t$	$3{,}421 \;\;+ 0{,}000526\,t$	$3{,}350 \;\;+ 0{,}000263\,t$
O_2	32	$0{,}1536 + 0{,}0000331\,t$	$0{,}2156 + 0{,}0000331\,t$	$0{,}2111 + 0{,}0000166\,t$
N_2 u. CO	28	$0{,}1755 + 0{,}0000379\,t$	$0{,}246 \;\;+ 0{,}0000379\,t$	$0{,}2412 + 0{,}0000189\,t$
Luft	28,95	$0{,}1698 + 0{,}0000366\,t$	$0{,}238 \;\;+ 0{,}0000366\,t$	$0{,}23328 + 0{,}0000183\,t$
CO_2	44	$0{,}1774 + 0{,}000086\,t$	$0{,}22249 + 0{,}000086\,t$	$0{,}210 \;\;+ 0{,}000043\,t$
Wasserdampf	18,016	$0{,}3271 + 0{,}000239\,t$	$0{,}4371 \;\;+ 0{,}000239\,t$	$0{,}4045 + 0{,}000119\,t$

Nach den in der Physikal. Technischen Reichsanstalt von H o l - b o r n & H e n n i n g ausgeführten Versuchen über die spezifische Wärme gilt für:

$$N_2\text{:} \quad (c_p)_m = 0{,}235 \;\;+ 0{,}000019\,t \dots\dots\dots 62)$$
$$\text{(zwischen 0° und } t°)$$

$$CO_2\text{:} \qquad = 0{,}201 \;\;+ 0{,}0000742\,t - 0{,}000000018\,t^2 \quad 63)$$
$$\text{(zwischen 0° und } t°)$$

$$\text{Wasserdampf:} = 0{,}4669 - 0{,}0000168\,t + 0{,}000000044\,t^2 \;. \;64)$$
$$\text{(zwischen 100° und } t°)$$

Vergleicht man diese Ergebnisse mit jenen von Langen (Schreber) und Mallard und Le Chatelier, so ersieht man aus mitfolgender Tabelle IX, daß die Langenschen Werte mit denen von Holborn & Henning gut übereinstimmen, die Werte von Mallard und Le Chatelier

---

[1]) Schüle führt auf S. 40 seiner Techn. Wärmemechanik für CO_2 : $c_p = 0{,}199 + 0{,}000086\,T$ (aus (60) abgeleitet) an, so daß er folgerichtig für $(c_p)_m = 0{,}210 + 0{,}000043\,t$ (statt $0{,}198 + 0{,}000059\,t$) hätte erhalten müssen. Hier ist also eine Unstimmigkeit durch Verwechselung zweier Grundwerte.

Tabelle VIII.
Mittlere spez. Wärme $(c_p)_m$ nach Langen.

t^0	H_2	O_2	CO u. N_2	Luft	CO_2	H_2O	t^0
0	3,350000	0,2111000	0,2412000	0,2333000	0,210000	0,404500	0
25	356575	2115150	2416725	2337575	211075	407475	25
50	363150	2119300	2421450	2342150	212150	410450	50
75	369725	2123450	2426175	2346725	213225	413425	75
100	3,376300	0,2127600	0,2430900	0,2351200	0,214300	0,416400	100
25	382875	2131750	2435625	2355875	215375	419375	25
50	389450	2135900	2440350	2360450	216450	422350	50
75	396025	2140050	2445075	2365025	217525	425325	75
200	3,402600	0,2144200	0,2449800	0,2369600	0,218600	0,428300	200
25	409175	2148350	2454525	2374175	219675	431275	25
50	415750	2152500	2459250	2378750	220750	434250	50
75	422325	2156650	2463975	2383325	221825	437225	75
300	3,428900	0,2160800	0,2468700	0,2387900	0,222900	0,440200	300
25	435475	2164950	2473425	2392475	223975	443175	25
50	442050	2169100	2478150	2397050	225050	446150	50
75	448625	2173250	2482875	2401625	226125	449125	75
400	3,455200	0,2177400	0,2487600	0,2406200	0,227200	0,452100	400
25	461775	2181550	2492325	2410775	228275	455075	25
50	468350	2185700	2497050	2415350	229350	458050	50
75	474925	2189850	2501775	2419925	230425	461025	75
500	3,481500	0,2194000	0,2506500	0,2424500	0,231500	0,464000	500
25	488075	2198150	2511225	2429075	232575	466975	25
50	494650	2202300	2515950	2433650	233650	469950	50
75	501225	2206450	2520675	2438225	234725	472925	75
600	3,507800	0,2210600	0,2525400	0,2442800	0,235800	0,475900	600
25	514375	2214750	2530125	2447375	236875	478875	25
50	520950	2218900	2534850	2451950	237950	481850	50
75	527525	2223050	2539575	2456525	239025	484825	75
700	3,534100	0,2227200	0,2544300	0,2461100	0,240100	0,487800	700
25	540675	2231350	2549025	2465675	241175	490775	25
50	547250	2235500	2553750	2470250	242250	493750	50
75	553825	2239650	2558475	2474825	243325	496725	75
800	3,560400	0,2243800	0,2563200	0,2479400	0,244400	0,499700	800
25	566975	2247950	2567925	2483975	245475	502675	25
50	573550	2252100	2572650	2488550	246550	505650	50
75	580125	2256250	2577375	2493125	247625	508625	75
900	3,586700	0,2260400	0,2582100	0,2497700	0,248700	0,511600	900
25	593275	2264550	2586825	2502275	249775	514575	25
50	599850	2268700	2591550	2506850	250850	517550	50
75	606425	2272850	2596275	2511425	251925	520525	75

Tabelle VIII. (Fortsetzung.)

Mittlere spez. Wärme $(c_p)_m$ nach Langen.

t^0	H_2	O_2	CO u. N_2	Luft	CO_2	H_2O	t^0
1000	3,613000	0,2277000	0,2601000	0,2516000	0,253000	0,523500	1000
25	619575	2281150	2605725	2520575	254075	526475	25
50	626150	2285300	2610450	2525150	255150	529450	50
75	632725	2289450	2615175	2529725	256225	532425	75
1100	3,639300	0,2293600	0,2619900	0,2534300	0,257300	0,535400	1100
25	645875	2297750	2624625	2538875	258375	538375	25
50	652450	2301900	2629350	2543450	259450	541350	50
75	659025	2306050	2634075	2548025	260525	544325	75
1200	3,665600	0,2310200	0,2638800	0,2552600	0,261600	0,547300	1200
25	672175	2314350	2643525	2557175	262675	550275	25
50	678750	2318500	2648250	2561750	263750	553250	50
75	685325	5 2322650	2652975	2566325	264825	556225	75
1300	3,691900	0,2326800	0,2657700	0,2570900	0,265900	0,559200	1300
25	698475	2330950	2662425	2575475	266975	562175	25
50	705050	2335100	2667150	2580050	268050	565150	50
75	711625	2339250	2671875	2584625	269125	568125	75
1400	3,718200	0,2343400	0,2676600	0,2589200	0,270200	0,571100	1400
25	724775	2347550	2681325	2593775	271275	574075	25
50	731350	2351700	2686050	2598350	272350	577050	50
75	737925	2355850	2690775	2602925	273425	580025	75
1500	3,744500	0,2360000	0,2695500	0,2607500	0,274500	0,583000	1500
25	751075	2364150	2700225	2612075	275575	585975	25
50	757650	2368300	2704950	2616650	276650	588950	50
75	764225	2372450	2709675	2621225	277725	591925	75
1600	3,770800	0,2376600	0,2714400	0,2625800	0,278800	0,594900	1600
25	777375	2380750	2719125	2630375	279875	597875	25
50	783950	2384900	2723850	2634950	280950	600850	50
75	790525	2389050	2728575	2639525	282025	603825	75
1700	3,797100	0,2393200	0,2733300	0,2644100	0,283100	0,606800	1700
25	803675	2397350	2738025	2648675	284175	609775	25
50	810250	· 2401500	2742750	2653250	285250	612750	50
75	816825	2405650	2747475	2657825	286325	615725	75
1800	3,823400	0,2409800	0,2752200	0,2662400	0,287400	0,618700	1800
25	829975	2413950	2756925	2666975	288475	621675	25
50	836550	2418100	2761650	2671550	289550	624650	50
75	843125	2422250	2766375	2676125	290625	627625	75
1900	3,849700	0,2426400	0,2771100	0,2680700	0,291700	0,630600	1900
25	856275	2430550	2775825	2685275	292775	633575	25
50	862850	2434700	2780550	2689850	293850	636550	50
75	869425	2438850	2785275	2694425	294925	639525	75
2000	3,876000	0,2443000	0,2790000	0,2699000	0,296000	0,642500	2000

mit steigender Temperatur dagegen für CO_2 und Wasserdampf zu hoch ausfallen. Tabelle VIII enthält die ausgerechneten Werte $(c_p)_m$ nach Langen für den praktischen Gebrauch.

Tabelle IX.

[$(c_p)_m$ nach den Versuchsergebnissen.]

	0°			100°			400°			1000°		
	H.&H.	Langen	M.&LeCh.	H.&H.	Langen	M.&LeCh.	H.&H.	Langen	M.&LeCh.	H.&H.	Langen	M.&LeCh.
N_2	0,235	0,2412	0,243	0,2369	0,2431	0,245	0,2426	0,2488	0,2515	0,254	0,2601	0,2645
CO_2	0,201	0,210	0,1885	0,20824	0,2113	0,2015	0,2278	0,2272	0,239	0,2572	0,253	0,298
Wasserdampf	—	0,4045	0,423	0,46566	0,4164	0,411	0,16722	0,4522	0,4956	0,4941	0,5235	0,6048

Da meine Untersuchungen teilweise noch in eine Zeit hineinfallen, zu der die neueren Ergebnisse noch nicht vorlagen, habe ich mich der nach Mallard und Le Chatelier aufgestellten Werte bedient und hiermit gut übereinstimmende Ergebnisse erzielt. Die spezifischen Wärmen fanden vornehmlich bei der Berechnung des Kaminverlustes Anwendung, d. h. für Temperaturen, für die die auf Grund verschiedener Untersuchungen ermittelten spezifischen Wärmen keinen Unterschied aufweisen. Da die Molekularwärmen $m \cdot c_v$ nach den Formeln (59a), (60a), (61) usw. für die in den Verbrennungsprodukten vorkommenden Gase nicht gleich sind, erscheint es auf den ersten Blick kaum möglich, für Feuergase eine durchschnittliche spezifische Wärme zugrunde zu legen. Die nach den erwähnten Formeln ausgerechneten mittleren spezifischen Wärmen $(c_p)_m$ würden wenig voneinander abweichen, wenn nicht H_2 und Wasserdampf in den Verbrennungsprodukten vorkommen würden. Es blieb deshalb nichts anderes übrig, als die aus der Analyse sich ergebenden Gasmengen einzeln zu berechnen, ihre Wärmeinhalte festzustellen und aus dem Gesamtergebnis die mittlere spezifische Wärme zu ermitteln. Die so erhaltenen Ergebnisse habe ich in Fig. 23 graphisch aufgetragen und linea-

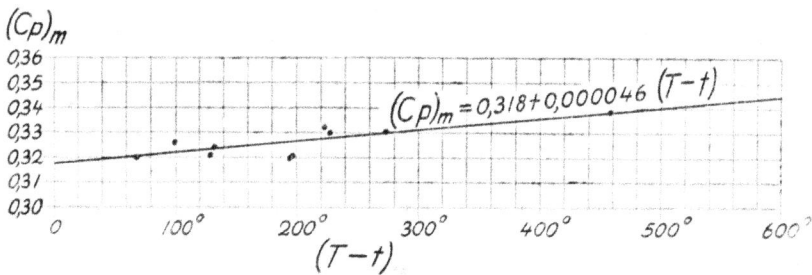

$$(Cp)_m = 0,318 + 0,000046 \, (T-t)$$

Fig. 23.

risch interpoliert. Wie man sieht, läßt sich recht gut eine mittlere
spezifische Wärme für die Verbrennungsprodukte des Koks, und zwar
pro cbm bei atmosphärischem Druck bei der Berechnung des Kaminverlustes zugrunde legen, ohne einen nennenswerten Fehler zu be-
gehen.   Darnach fand ich:

$$(C_p)_m = 0{,}318 + 0{,}000046 \ (T-t) \ \ldots \ldots 65)$$

worin T die Temperatur der abziehenden Gase, t jene der Verbrennungsluft bezeichnet.

Da wir das Volumen der Verbrennungsgase aus der Analyse
berechnen, ist F o r m e l (65) f ü r   d i e   R e c h n u n g   d i e   b e -
q u e m s t e.   Da

$$(C_p)_m = \frac{m}{22{,}4} \ (c_p)_m \ \ldots \ \ldots \ \ldots \ 66)$$

ergibt sich für $m \cong 30$

$$(c_p)_m = 0{,}258 + 0{,}000037 \ t \ \ldots \ldots \ldots 67)$$

während Schüle für Steinkohle mit 25 % Luftüberschuß bei der Verbrennung

$$c_p = 0{,}236 + 0{,}000055 \ T \ \ldots \ldots 68)$$

($T =$ absol. Temperatur) und umgerechnet:

$$(c_p)_m = 0{,}251 + 0{,}000028 \ t \ \ldots \ldots \ldots 68a)$$

in guter Übereinstimmung mit (67) durch Rechnung ermittelte.

—————————

XII. Die Bestimmung der Wärmeleitung und Strahlung bei Heizkesseln.

Bei der von mir zunächst bei Hochdruckkesseln angewandten
Methode lasse ich den   e b e n   i m   B e t r i e b e   g e w e s e n e n   Kessel
nach Unterbrechung der Dampfleitung und Befreiung des Rostes vom
Brennstoff bei abgeschlossenem Schieber und geschlossener Aschfalltür
abkühlen, wobei von Zeit zu Zeit Dampfdruck und Kesselhaustemperatur für wenige Stunden beobachtet werden. Später, d. h.
wenn der Dampfdruck auf 0 zurückgegangen, füllt man den Kessel
mit Wasser an, um damit den Inhalt des vordem bestandenen Dampf-
und Flüssigkeitsraumes zu ermitteln.

Betrug der Wärmeinhalt beispielsweise W für ·einen Dampfdruck p und W_1 für den innerhalb gewisser Zeit gefallenen Druck p_1,
so ist allgemein

$$dW = W - W_1 \ \ldots \ldots \ldots 69)$$

die in dieser Zeit durch Leitung und Strahlung verloren gegangene Wärmemenge.

Ich habe an einem Hochdruckkessel (Fig. 24) eingehende Versuche dieser Art vorgenommen[1]), von denen ich nur das Wichtigste hervorheben will.

Bezeichnen:

F die Oberfläche des Kessels, deren ziffernmäßige Feststellung uns nicht interessiert,

k den Koeffizient für die Wärmeabgabe der Flächeneinheit für 1^0 Temperaturunterschied,

T_m die mittlere Temperatur im Innern des Kessels für den Spannungsabfall von p auf p_1,

t_m die mittlere Temperatur im Kesselhause,

so können wir für jedes Kesselsystem $F \cdot k$ aus

$$F \cdot k_m \, (T_m - t) = dW \quad 70)$$

ermitteln. Bedeuten ferner:

i'' das Gewicht eines Kubikmeters Dampf,

s' die Dichtigkeit der Flüssigkeit,

i'' den Wärmeinhalt eines Kilogramms Dampf,

i' den Wärmeinhalt eines Kilogramms Flüssigkeit,

V_D den Dampfraum pro cbm,

V_F den Flüssigkeitsraum pro cbm,

so ergibt sich beispielsweise unter Benutzung der Tabelle X für

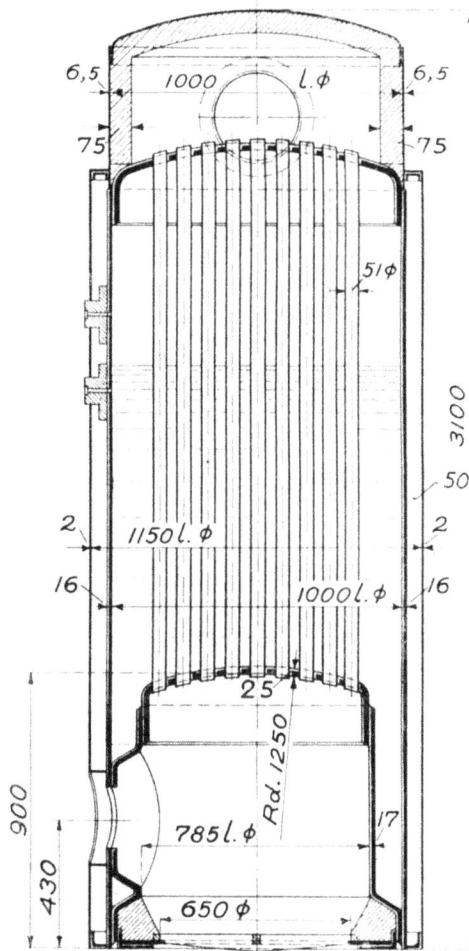

Fig. 24.

$$p = 16 \text{ Atm. abs.} \qquad W = 154\,595 \text{ WE}$$
$$p_1 = 15 \text{ Atm. abs.} \qquad \underline{W_1 = 152\,140 \text{ WE}}$$
$$dw = \qquad 2455 \text{ WE}$$

[1]) Zeitschrift für Dampfkessel und Maschinenbetrieb 1909, Nr. 51.

Tabelle X.

Atm. abs. p	Rauminhalt in cbm		Gewichte pro cbm		Wärme-Inhalt		Wärmemenge		Wärmemenge W
	V_D	V_F	γ''	$s' \cdot 1000$	des Dampfes i''	der Flüssigkeit i'	im Dampfe $i'' \cdot V_D \cdot \gamma''$ WE	in der Flüssigkeit $i' \cdot V_F \cdot s' \cdot 1000$ WE	WE
16	0,3648	0,873	7,814	857,8	671,2	203,9	1913	152 682	154 595
15	0,3688	0,869	7,352	861,9	670,5	200,7	1818	150 322	152 140
14	0,3729	0,8649	6,889	866,1	669,7	197,3	1720	147 803	149 523
13	0,3771	0,8607	6,425	870,5	668,9	193,7	1620	145 136	146 756
12	0,3813	0,8565	5,960	875,0	668,1	189,9	1518	142 311	143 829
11	0,3859	0,8519	5,489	879,9	667,1	185,8	1413	139 273	140 682
10	0,3905	0,8473	5,018	884,9	666,1	181,5	1305	136 075	137 380
9	0,3952	0,8426	4,5448	890,0	664,9	176,8	1194	132 581	133 775
8	0,4001	0,8377	4,0683	895,5	663,5	171,7	1080	128 786	129 866
7	0,4054	0,8324	3,5891	901,3	662,0	166,1	963	124 623	125 586
6	0,4110	0,8268	3,1058	907,6	660,2	159,8	843	119 917	120 760
5	0,4172	0,8206	2,6177	914,7	658,1	152,6	719	114 543	115 262
4	0,4239	0,8139	2,1239	922,5	655,4	144,2	590	108 265	108 855
3	0,4317	0,8061	1,6224	931,7	652,0	133,9	457	100 558	101 015
2	0,4413	0,7965	1,1104	943,2	647,2	120,4	317	90 446	90 763
1	0,4540	0,7838	0,5807	958,7	639,3	99,6	169	78 443	78 612

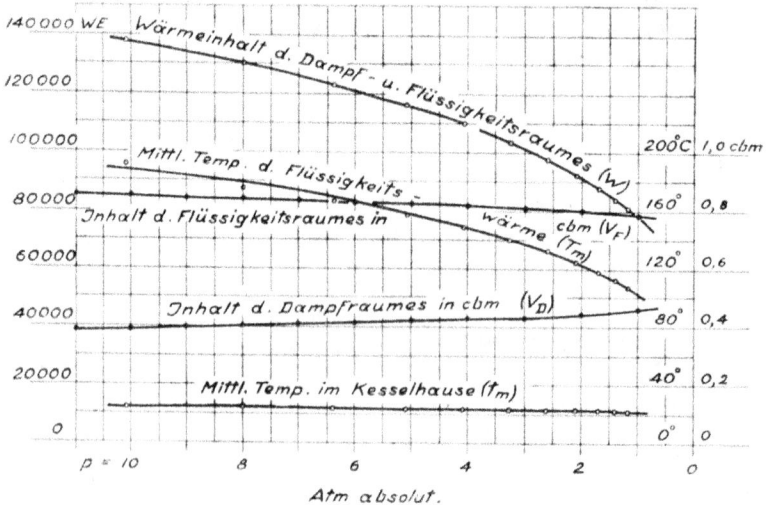

Fig. 25.

Fig. 25 läßt den Verlauf der Wärmemengen in Abhängigkeit vom Dampfdruck erkennen, während die anderen Kurven (vgl. auch

Fig. 26) die Werte der Tabelle X graphisch veranschaulichen. Der Kurve für den Spannungsabfall entspricht eine Kurve dw (Fig. 27). Tabelle XI enthält die Ergebnisse der Rechnung.

Tabelle XI.

Zeit	Kessel-druck in Atm. absolut	Span-nungs-abfall pro Stunde	Wärme-inhalt des Dampf-und Flüssig-keits-raumes	Ab-gegebene Wärme-menge pro Stde.	Mittlere Tempera-tur der Flüssig-keit T_m	Mittlere Tempera-tur im Kessel-hause t_m	$(T_m - t_m)$	$F \cdot k$	$\dfrac{dW}{(T_m - t_m)}$
	A		W	dW	0^0 C	0^0 C	0^0 C	Rechn.-Werte	Kurven-Werte
9^{11}	12,84	2,75	146 150	8650	185,5	24,0	161,7	53,49	49,86
10^{11}	10,09	2,10	137 500	7750	175,1	23,5	151,6	51,12	50,95
11^{11}	7,99	1,62	129 750	7400	165,6	23,5	142,1	52,07	52,06
12^{11}	6,37	1,28	122 350	6850	156,5	23,6	132,9	51,54	53,17
1^{11}	5,09	1,02	115 500	6500	147,9	23,5	124,4	52,25	53,17
2^{11}	4,07	0,82	109 000	6150	139,6	23,4	116,2	52,92	54,29
3^{11}	3,25	0,65	102 850	5850	131,8	23,0	108,8	53,77	53,17
4^{11}	2,60	0,50	97 000	5250	124,2	22,9	101,3	51,83	52,06
5^{11}	2,10	0,39	91 750	4250	117,2	22,1	95,1	44,69	48,99
6^{11}	1,71	0,30	87 500	3650	111,5	22,0	89,5	40,78	42,00
7^{11}	1,41	0,24	83 850	2950	106,9	21,8	85,1	34,66	34,70
8^{11}	1,17		80 900						

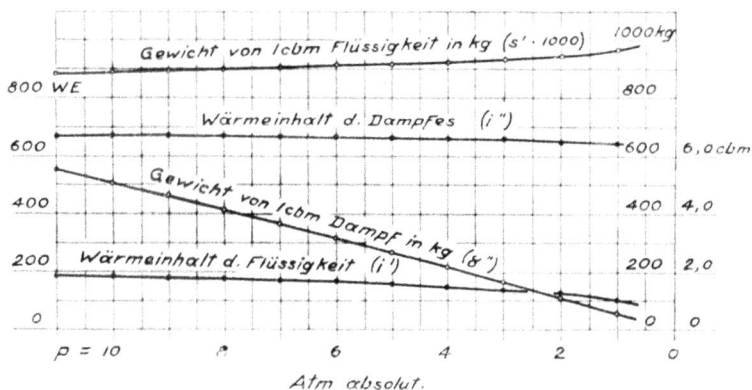

Fig. 26.

Wie aus Fig. 28 ersichtlich, verlaufen die Kurvenwerte $F \cdot k$ für höhere Druckspannungen geradlinig, so daß für $A > 2$

$$F \cdot k = - 0,5 \, A + 55 \quad \ldots \ldots \quad 71)$$

gesetzt werden kann, für niedrige Druckspannungen (z. B. bei Heizkesseln) ist $F \cdot k$ dagegen variabel, so daß wir ohne Abkühlungsversuche nicht immer auskommen werden. Um sie zu ersparen, habe ich noch Temperaturmessungen am Kessel selbst vorgenommen und deren Verlauf in Fig. 29 vor Augen geführt.

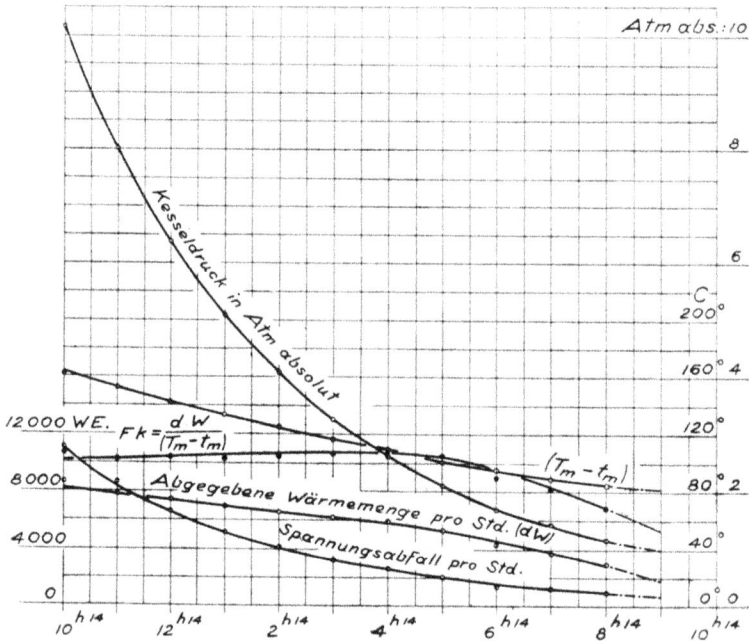

Fig. 27.

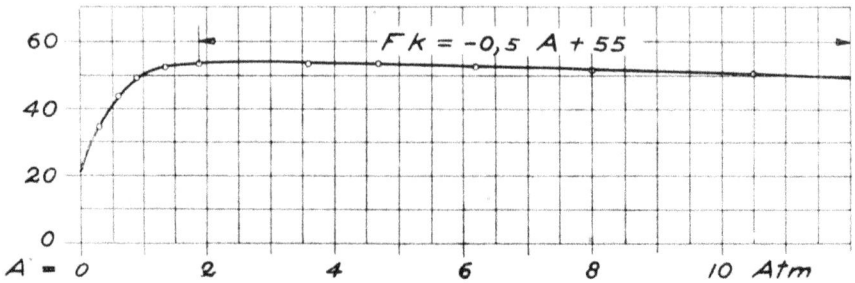

Fig. 28.

Betrachtet man den Heizkessel als Heizkörper, so erhält man

$$dW = F \cdot k_2 \, (T_4 - T_5) \quad \ldots \ldots \quad 72)$$

Da (70) gleich (72) sein muß, erhalten wir ferner

$$F \cdot k_2 = (F_k) \frac{T_m - t_m}{T_4 - T_5}. \quad \ldots \ldots \quad 73)$$

Tabelle XII.

Über-druck A	$F \cdot k$	$(T_m - t_m)$ C⁰	$(T_4 - T_5)$ C⁰	$\dfrac{T_m - t_m}{T_4 - T_5}$	$F \cdot k_2$	k_2
0	24,5	81,5	15,8	5,16	126,4	9,72
1	51,4	100,4	21,2	4,74	243,6	18,72
2	53,3	114,5	26,1	4,38	233,4	17,92
3	52,5	125,8	30,4	4,13	216,8	16,7
4	51,9	134,7	33,8	3,98	206,6	15,92
5	51,6	143,3	37,0	3,87	199,7	15,35
6	50,7	150,0	39,6	3,79	192,1	14,8
7	50,4	155,6	41,9	3,71	187,0	14,4
8	50,1	159,6	44,0	3,63	181,9	14,0
9	51,1	162,4	46,0	3,53	180,4	13,9

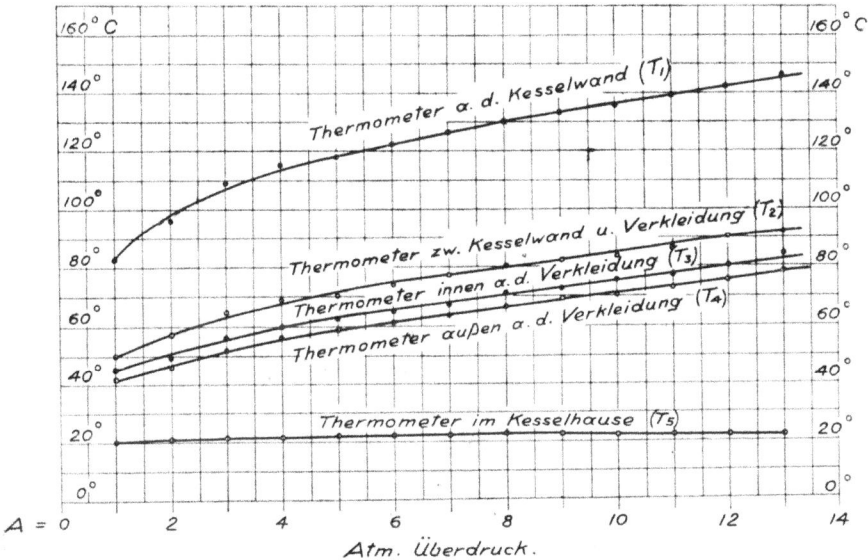

Fig. 29.

Die interessierenden Werte sind aus Tabelle XII ersichtlich. Durch Einsetzen von F ist k_2 zu ermitteln. Fig. 30 zeigt den Koeffizienten k_2 als Funktion von $(T_4 - T_5)$. Für $(T_4 - T_5) > 22^0$ verläuft er regelmäßig genug, so daß sich diese Art der Bestimmung für Heizkessel mit Eisenmantelverschalung gut eignet[1]).

---

[1]) Die Bestimmung des Wärmekoeffizienten k_2 nach Péclet, Valerius usw. $\left(\dfrac{1}{k_2} = \dfrac{1}{a_1} + \dfrac{\delta}{\lambda} + \dfrac{1}{a_2} + \dfrac{1}{a_3} \dots\right)$ ergab vollständig unbrauchbare Werte.

Bei meinen Versuchen, beispielsweise am Lollarkessel, ergab sich

bei Kessel I: $(T_4 - T_5) = 22{,}5^0$; daher $k_2 = 18{,}0$,
bei Kessel II: $(T_4 - T_5) = 40{,}5^0$; daher $k_2 = 14{,}6$.

Bei Temperaturdifferenzen unter 20^0 C wird die Bestimmung von k_2 wegen der fehlenden Zwischenpunkte ungenau, so daß zu einem

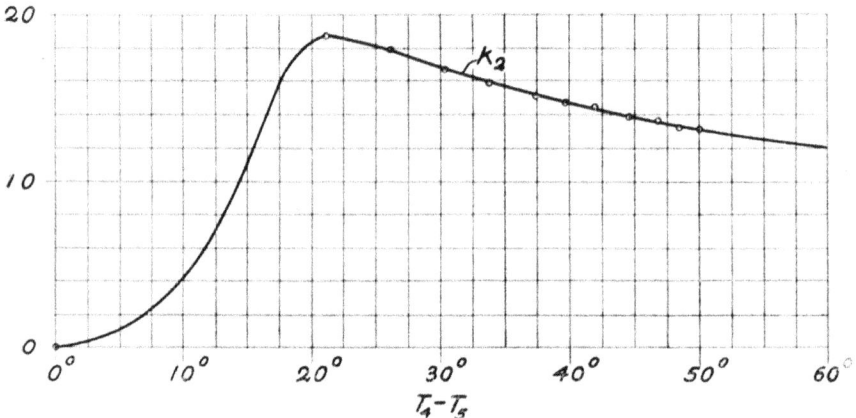

Fig. 30.

Abkühlungs- bzw. zu einem Versuch (vgl. S. 92) geschritten werden müßte. Jedenfalls aber zeigt die Kurve für $(T_4 - T_5) < 20^0$ ein starkes Abfallen von k_2, so daß der Strahlungsverlust an sich wenig in die Wagschale fallen dürfte.

XIII. Berechnung des Kaminverlustes.

Entweichen pro kg Koks R_v cbm Verbrennungsgase von der Temperatur T in den Abzugskanal (Fuchs), so beträgt der durch sie hervorgerufene Kaminverlust in WE:

$$R_v \cdot (C_p)_m \cdot (T - t),$$

oder, wenn wir ihn in Prozenten des mittleren Heizwerts des Koks ausdrücken:

$$\varrho'' = \frac{R_v \cdot (C_p)_m \cdot (T - t) \cdot 100}{7070} \quad \ldots \quad 74)$$

Hierin bezeichnet t die Temperatur der Luft im Kesselhause und $(C_p)_m$ die mittlere spezifische Wärme, deren Wert ich nach (65) zu:

$$(C_p)_m = 0{,}318 + 0{,}000046 \, (T - t)$$

ermittelt habe.

Setzen wir ferner

$$R_v = \frac{C}{0,5363 \, (k + d + m)^1}.$$

und nach früherem $C = 85$, nimmt Formel (74) den Wert an

$$v'' = \frac{2,23}{k + d} \, (a \, x + b \, x^2), \quad \ldots \ldots \quad 74a)$$

worin $x = (T - t)$, $a = 0,318$ und $b = 0,000046$ ist. Der Wert (74a) stellt eine Kurvengarbe dar, deren einzelne Kurvenlinien als Funktion von $(k + d)$ für verschiedene »$T - t$« aufgezeichnet werden können. Fig. 31 und 32 wurden von mir deshalb als Maßstab bei der graphischen Darstellung des durch den Kamin hervorgerufenen Wärmeverlustes benutzt (vgl. die in den Figuren angegebenen Zahlenbeispiele) und dadurch eine bisher noch nicht erreichte Genauigkeit erzielt[2].

Eine besondere Beachtung erheischt die Messung der Temperaturen, die sehr häufig zu großen Fehlerquellen Anlaß geben können. Es ist nicht zu bezweifeln, daß mit der Herausgabe handlicher Pyrometer einem allgemein empfundenen Bedürfnis Rechnung getragen worden ist. Aber man darf keineswegs annehmen, daß die angezeigten Temperaturgrade auch mit der Wirklichkeit stets übereinstimmen. Das Le Chateliersche Pyrometer wird erst brauchbar, wenn

---

[1] Der Methangehalt m der Verbrennungsgase ist meistens Null oder erreicht vereinzelt überhaupt nur eine Höhe von 0,153 Vol.-% i. M., so daß wir ihn vernachlässigen können.

[2] Die Siegertsche Formel für die Berechnung des Kaminverlustes in Prozenten des Heizwertes der Kohle ist bekanntlich

$$v = c \cdot \frac{\varDelta}{k} = \text{Konstante} \cdot \frac{\text{Temperaturdifferenz}}{\text{Kohlensäuregehalt}}.$$

Soll der Wert einigermaßen Anhaltspunkte geben, muß der Verlust berechnet werden nach

$$v = \frac{c}{n} \left(\frac{\varDelta_1}{k_1} + \frac{\varDelta_2}{k_2} + \frac{\varDelta_3}{k_3} \ldots + \frac{\varDelta_n}{k_n} \right)$$

und nicht, wie üblich, nach

$$v_1 = c \, \frac{\varDelta_1 + \varDelta_2 + \varDelta_3 + \ldots \varDelta_n}{k_1 + k_2 + k_3 + \ldots k_n}.$$

Der Wert v gibt für ein Beispiel aus der Praxis 23,89%, derjenige von v_1 nur 20,85%. Man macht also bei der gewohnheitsmäßigen Berechnung nach v_1 schon einen Fehler von mehreren Prozenten, der zu der Ungenauigkeit der Formel noch hinzukommt. Sind unverbrannte Gase in den abziehenden Gasen enthalten, ist die Siegertsche Formel überhaupt nicht brauchbar.

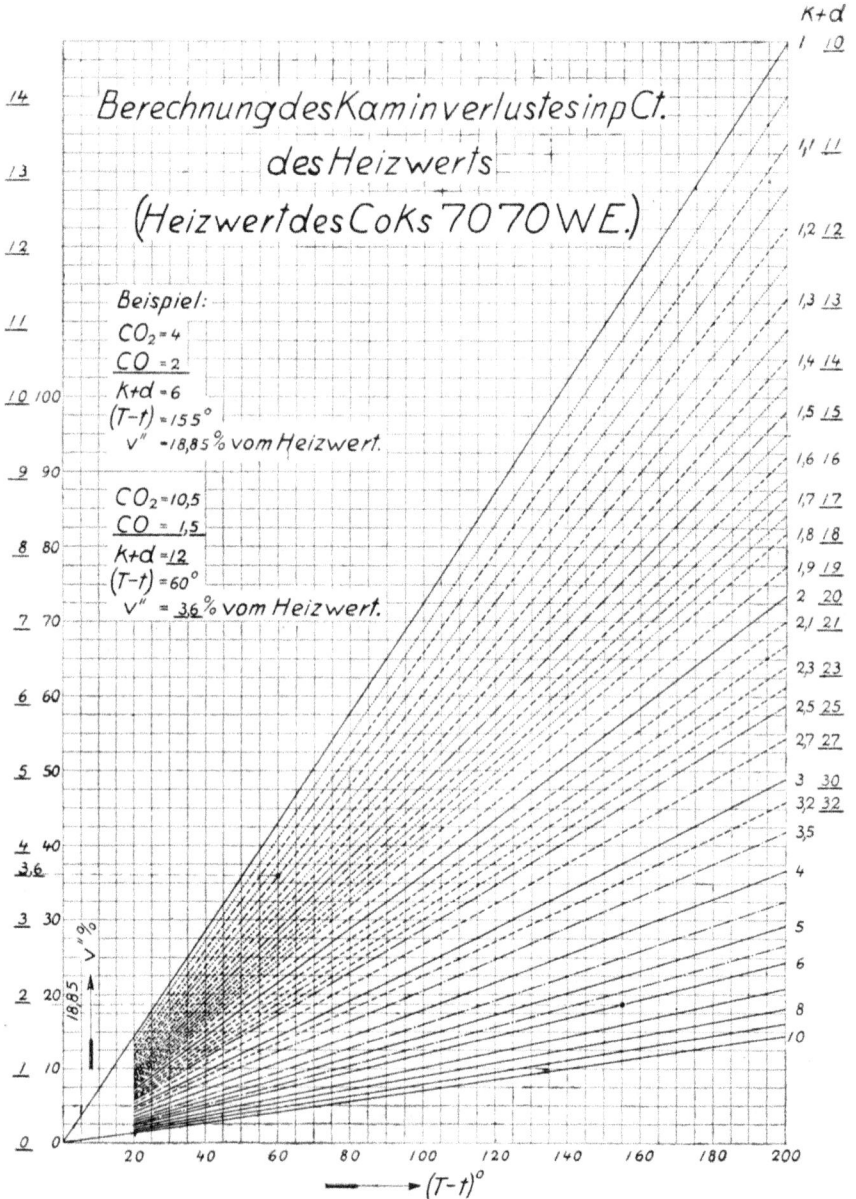

Berechnung des Kaminverlustes in p Ct. des Heizwerts (Heizwert des Coks 7070 WE.)

Beispiel:
$CO_2 = 4$
$\underline{CO = 2}$
$k+d = 6$
$(T-t) = 155°$
$v'' = 18,85\%$ vom Heizwert.

$CO_2 = 10,5$
$\underline{CO = 1,5}$
$k+d = 12$
$(T-t) = 60°$
$v'' = 3,6\%$ vom Heizwert.

Fig. 31.

wir es vollständig bloßlegen. Die Schutzhülle bewirkt, daß die Angaben nicht nur hinterherschleppen, sondern auch zu niedrig ausfallen[1]).

Ähnlich wie die Temperatur auf dem Rost beispielsweise durch die Wärmeaufnahme des Kesselmauerwerks hinter der theoretischen zurückbleibt und das Maximum erst nach Erzielung eines Beharrungszustandes eintritt, leitet die Eisenmasse der Le Chatelierschen Pyrometer die Wärme der Lötstelle dermaßen ab, daß die eigentliche Temperatur gar nicht angezeigt werden kann. Hierbei spielt natür-

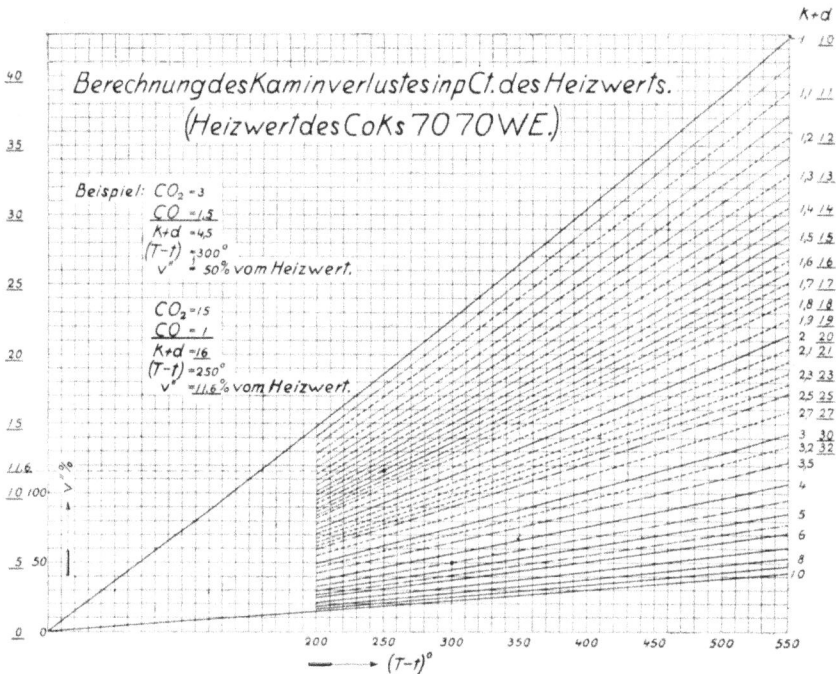

Fig. 32.

lich die Art und Weise der Einführung eine nicht unwesentliche Rolle: Ein senkrecht in den Feuerraum oder -zug eingehängtes, möglichst vor Wärmeableitung geschütztes Pyrometer ergibt zuverlässigere Werte als ein horizontal durch das Mauerwerk gestecktes Instrument, von dem ein Teil an Wärme durch Leitung an das Mauerwerk übertragen wird. Um den Einfluß der Wärmeleitung bei diesen Instrumenten vor Augen zu führen, habe ich an einem Bunsenbrenner mit drei Flammen Temperaturmessungen mit verschiedenen Abände-

---

[1]) Vgl. de Grahl, Zeitschrift f. Dampfkessel- u. Maschinenbetrieb 1907, Nr. 24.

rungen der Schutzhülse vorgenommen. Die Lötstelle wurde bei allen vier Versuchen genau an dieselbe (heißeste) Stelle der Flamme ein-

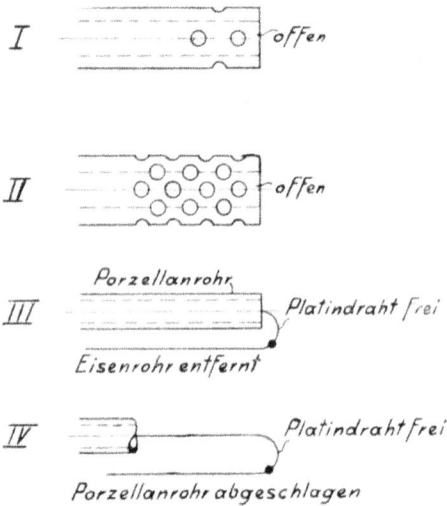

geführt und die Ablesungen so-lange ausgedehnt, bis ein Be-harrungszustand eintrat. Ver-such I (Fig. 33) mit dem ur-sprünglichen Pyrometer gibt die Temperatur der Bunsenflamme nach 10 Minuten (!) zu 715° C an (vgl. Fig. 34). Nachdem das Eisenrohr mehrere Löcher er-halten hatte (Versuch II), wurde die Empfindlichkeit nicht viel größer; denn die Temperatur stieg gegenüber Versuch I nur um 15° C. Darauf entfernte ich das Eisenrohr in einer Länge von etwa 12 cm, ebenso die äußere Porzellanhülle, so daß

Fig. 33.

der Platinrhodiumdraht, wie dargestellt, freilag. Der Beharrungs-zustand in der Anzeige der Temperatur trat bei diesem Versuch III bei 1080° C ein; die Empfindlichkeit des In-struments war in diesem Zustand gut zu nennen. Der IV. Versuch wurde mit ganz freiliegendem Draht, für eine Länge von 5 cm ausgeführt und ergab 1305° C, also gegen Versuch I ein Unterschied von annähernd 600° C!! — Aber damit ist die Temperatur der Bunsen-flammen noch nicht rich-tig bestimmt. Der Draht ist noch viel zu stark und seine Fähigkeit, die Wärme abzuleiten, von störendem Einfluß. Dieses

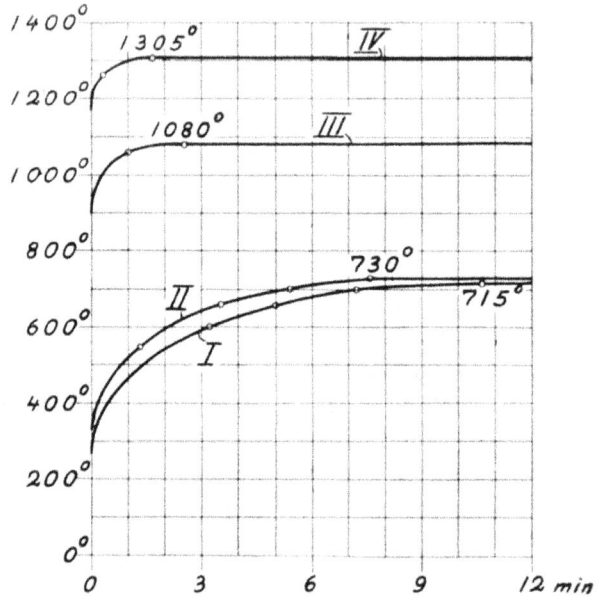

Fig. 34.

hat jedoch schon vor mir Waggener[2]) nachgewiesen. Er fand die Temperatur an einem einfachen Bunsenbrenner, wie Fig. 35 zeigt, in Übereinstimmung mit mir bei 0,5 mm Draht zu 1300° C, jedoch stieg die Temperatur stetig mit der Abnahme der Drahtstärke und erreichte bei 0,05 mm Durchmesser des Drahtes schon 1700° C. Waggener folgerte sehr richtig, daß ein Draht von der theoretischen Stärke = 0 die wahre Temperatur des Bunsenbrenners ergeben müßte und zog die erhaltene Kurve (s. Fig. 35) bis zum Schnittpunkt der Anfangsordinate weiter aus, dem eine Temperatur von 1780 bis 1785° C entspricht. Das ursprüngliche Le Chateliersche Pyrometer zeigt also bei dem vorliegenden Beispiel die Temperatur um 1000° C weniger an!

Es ist klar, daß die Größe der Wärmequelle die Differenz in den Angaben des Pyrometers sehr beeinflußt. Jedenfalls tut man gut, das Pyrometer zur Verhütung unnützer Erwärmung und einer Zerstörung der Lötstelle dem Versuch IV entsprechend freizulegen und nach jeder Messung etwas zurückzuziehen.

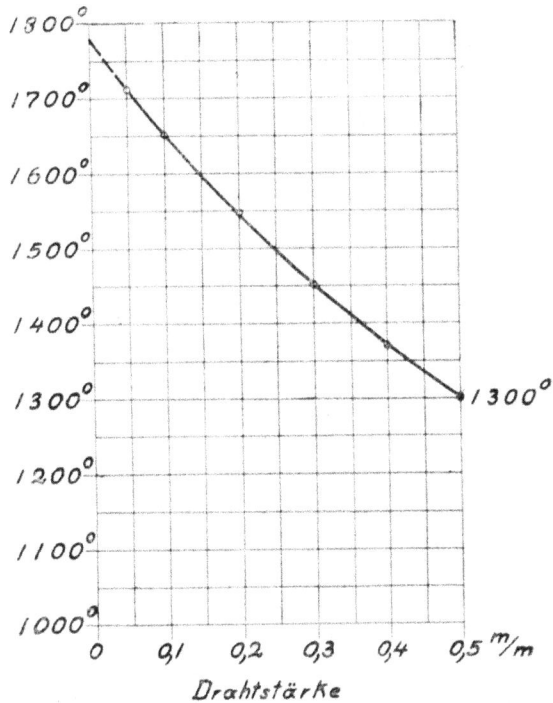

Fig. 35.

Wo diese Vorsichtsmaßregeln fehlen, können auch die Ergebnisse keinen Anspruch auf Genauigkeit machen. Dasselbe gilt, allerdings in weit geringerem Maße, von den langen Quecksilberpyrometern, die einer Korrektur bedürfen.

---

[2]) Annalen der Physik 1900.

XIV. Heizwert des verfeuerten Kokses.

Bei den Untersuchungen bediente ich mich stets des Brennstoffes, der bei den Heizungsanlagen verfeuert wurde. Um mich über Zusammensetzung und Heizwert des lufttrocknen Kokses zu unterrichten, habe ich nicht nur Elementaranalysen und Verbrennungen in der Berthelotschen Bombe selbst vorgenommen, sondern zur Kontrolle auch Analysen seitens des Kgl. Materialprüfungsamtes in Gr.-Lichterfelde ausführen lassen[1]), über deren Ergebnis folgende Tabelle Auskunft gibt:

Tabelle XIII.

	Schmelzkoks		Gaskoks
	I	II	III
Kohlenstoff (C)	86,21	85,53	85,87°/₀
Wasserstoff (H)	0,57	0,46	0,98 «
Stickstoff (N) ⎰	2,05	1,03	3,15 «
Sauerstoff (O) ⎱			
Gesamtschwefel (S)	1,08	1,38	0,95 «
Asche	8,89	10,85	8,11 «
Feuchtigkeit (F) bei 105° . . .	1,20	0,75	0,94 «
Heizwert des lufttrocknen Kokses	7093	7051	7180 WE.

Unter Heizwert ist die unmittelbar in der Bombe gefundene Verbrennungswärme, vermindert um (F + 9 H) WE, zu verstehen.

Der Heizwert wird nach der sog. Verbandsformel aus der Analyse berechnet zu

$$81\,C + 290\left(H - \frac{O}{8}\right) + 25\,S - 6\,F \quad . \quad . \quad . \quad 75)$$

in WE, worin für O der um 1 verminderte Gehalt an N + O angenommen wird.

Der zu II gehörende Koks wurde als »Ia Westf. Schmelzkoks (Brechkoks I)« von erstklassiger Firma in Berlin zu M 1,75 frei Militärbahnhof, der Gaskoks zu III zu M 1,55 pro Ztr. frei Fabrikhof offeriert.

Die Kontrollanalysen durch das Kgl. Materialprüfungsamt hielt ich für notwendig, da ich bei Schmelzkoks vermeintlich zu wenig Heizwert erhielt, während dieser allgemein viel höher als bei Gaskoks angenommen wurde.

Bei den Verbrennungen in der Bombe beachtete ich die Vorsicht, der Koksprobe eine bekannte Braunkohle beizumengen, da der Koks

---

[1]) Prüfungszeugnis A. Nr. 29 496, 42 373, 42 149, Abt. 5 Nr. 280, 1584, 1554.

infolge seiner guten Leistungsfähigkeit für den elektrischen Strom nie vollständig verbrennt und daher Fehlerquellen bei der Berechnung des Heizwerts entstehen müssen. Außerdem nahm ich folgende Korrektur vor.

Die in der Bombe verbrannte Kohle wiegt k Gramm und bildet k_1 Wasser, von dem jenes in O_2 enthaltene ($= 0,025$) in Abzug gebracht wird. Da der aus ($k_1 - 0,025$) entstehende Dampf in der Bombe kondensiert, während er bei der Verbrennung der Kohle auf dem Rost in Dampfform entweicht, muß die durch Kondensation frei gewordene Wärme für die Bestimmung des nutzbaren Heizwertes in Abzug kommen:

$$(k_1 - 0,025)\ 600.$$

Dasselbe hat zu geschehen:

1. mit der Bildungswäreme b des Eisendrahtes (20 WE statt 30, weil er nicht ganz verbrennt),

2. mit jener c der Schwefel- und Salpetersäure ($= 5$ WE). Entwickelt 1 g Kohle a WE, setzt sich die in der Bombe festgestellte Wärmeentwicklung W zusammen aus:

$$W = ak + b + c + (k_1 - 0,025) \cdot 600, \quad . \quad . \quad . \quad 76)$$

woraus

$$a = \frac{W - 25}{k} - \left(\frac{k_1 - 0,0,25}{k} \cdot 100\right) 6$$

erhalten wird.

Die Bestimmung des Heizwertes in der Bombe ergab gute Übereinstimmung mit den Elementaranalysen des Materialprüfungsamtes, von geringen Schwankungen abgesehen. Letztere wurden durch Ablesung des feinteiligen Thermometers in einer Entfernung von 1 m mit Hilfe eines kleinen Fernrohres, durch elektrischen Antrieb der Rührvorrichtung, durch gleichmäßig erwärmten Versuchsraum (Beharrungszustand) usw. auf ein Minimum herabgedrückt.

Da der Heizwert des bei den Anlagen verfeuerten Kokses, gleichgültig ob Schmelz- oder Gaskoks, kaum um 200 WE differierte, nahm ich für die einheitliche Berechnung folgende mittlere Zusammensetzung an:

Kohlenstoff . . .	85,0 %	Schwefel	1,2%
Wasserstoff . . .	0,7 »	Feuchtigkeit . . .	0,9 »
Stickstoff	1,0 »	Asche	10,0 »
Sauerstoff	1,2 »	H e i z w e r t . .	7070 WF.

XV. Stehender Heizröhrenkessel.

(Niederdruckdampfheizung.)

Erfahrungen mit dem Kesselsystem.

Dieses Kesselsystem war vor ca. zehn Jahren viel verbreitet, hat sich aber nur in vereinzelten Fällen bewährt, wo schwacher Betrieb und günstige Wasserverhältnisse vorlagen. Die Kessel litten an dem Hauptübelstand, daß die ebenen Böden keine Verankerungen (Ankerrohre) aufwiesen. Die Versteifung durch den Außenmantel und den Schüttrichter genügte mit dem zunehmenden Durchmesser des Kessels zwecks Erzielung möglichst großer billiger Heizfläche nicht mehr; der Boden bog sich deshalb in der zwischen den beiden Verankerungen liegenden neutralen Zone durch, sobald der Koks in Glut geraten war, und zog sich wieder mit der Abnahme der Temperatur im Verbrennungsraum zusammen. Den Durchbiegungen konnten die Dichtungsstellen der Siederohre nur kurze Zeit Widerstand leisten; die Rohre wurden undicht und die Verbindungsstellen rosteten durch, so daß alle Bemühungen, die Dichtung wieder herzustellen, nutzlos blieben. Bei schlechten Wasserverhältnissen wurden überdies die Röhren zerstört und mußten deshalb wiederholt erneuert werden. Das ging natürlich nur solange, bis der Besitzer den Mut verlor und den Kessel entfernte.

Leistung und Nutzeffekt der Kessel sind zu gering, um dem Kessel durch Verbesserungsvorschläge ein weiteres Absatzgebiet zu verschaffen; außerdem sind die Kosten der immer wiederkehrenden Ausbesserungen am Mauerwerk und Rost nicht unbedeutend.

Bemerkungen zur Versuchsanlage (Fig. 36).

Heizfläche 9,046 qm, Rostfläche 0,36 qm.

(Schmelzkoks.)

Der zu deckende Wärmebedarf betrug rd. 73 000 WE pro Stunde.

Der Schornsteinzug war sehr gering: Unter dem Rost gemessen: 1 mm, im Schornstein maximal 2 mm.

Die Leistung des Kessels war unzureichend, so daß die Heizungsanlage bei kälteren Witterungsverhältnissen nicht mehr genügte. Während vorher ausschließlich bester Schmelzkoks verfeuert wurde, ließ ich G a s k o k s beschaffen, der eine b e s s e r e D a m p f e n t - w i c k l u n g zur Folge hatte und die Klagen zum Schweigen brachte.

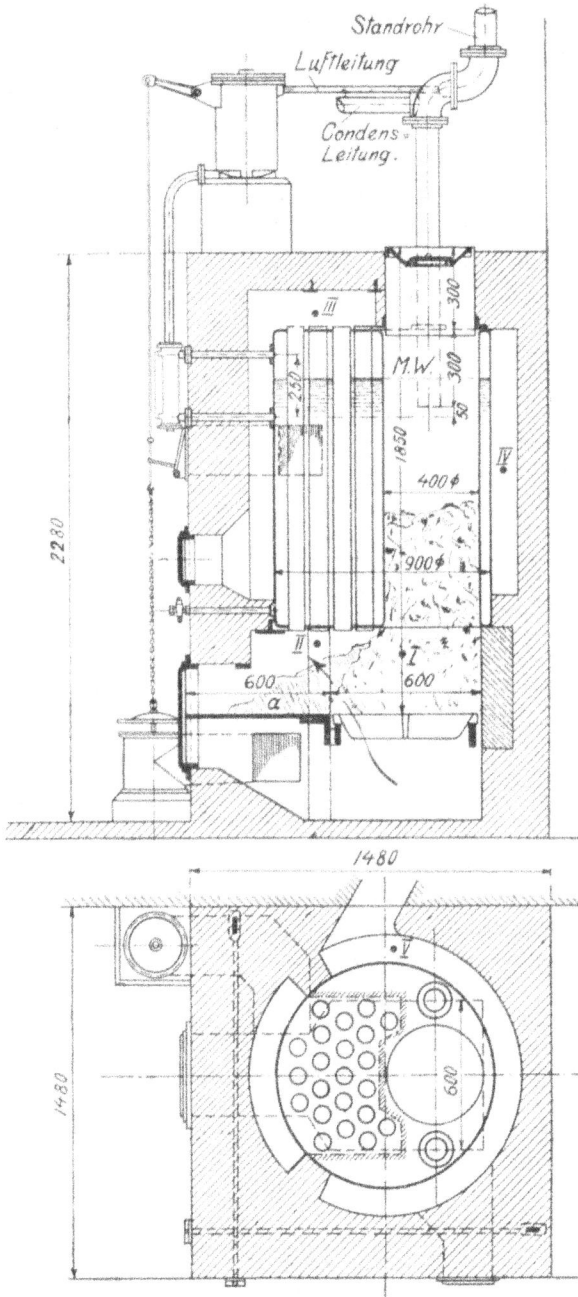

Fig. 36.

Da Schmelzkoks bedeutend härter als Gaskoks ist, demnach auch zum Anbrennen stärkere Zugverhältnisse erheischt, so ist das Ergebnis nicht auffallend.

Außerdem wurde dafür Sorge getragen, daß zur Vermeidung eines **Freibrennens des Rostes** von der Schüröffnung her Koks auf die Schürplatte aufgeworfen wurde (vgl. schraffierte Fläche *a*, Fig. 36). Auf diese Weise wurden der Widerstand für die durch den Rost angesaugte Verbrennungsluft und auch der Abbrand des Kokses gleichmäßiger, während vordem infolge der sich nach der Schürplatte zu bildenden leeren Stellen der Luftüberschuß und damit auch der Kaminverlust zu groß ausfielen.

Ich habe dieses Kesselsystem zu folgenden Versuchen herangezogen:

1. **Verlauf der Anheizperiode.**
2. **Tagesbetrieb,**
3. **Reservefeuer während der Nacht,**
4. **Bestimmung des Wärmeverlustes der Rohrleitung,**
5. **Einfluß der durchs Mauerwerk angesaugten Luftmenge,**
6. **Spezifische Leistung der Kesselheizflächen,**
7. **Untersuchung der Gase im Schütttrichter.**

Versuchsergebnisse.

1. Verlauf der Anheizperiode.
(Vgl. Fig. 37 und Tabelle XVIII/XX.)

Der Heizkessel wurde mit Holz und Petroleum um 7 Uhr 30 Min. angeheizt und dann der Schütttrichter mit Koks angefüllt; man sieht CO_2 und die Temperaturkurven zunächst steigen, dann fallen, ein Zeichen, daß das Anheizmaterial verbrannt ist, der Koks sich aber noch nicht in Glut befindet. Letzteres tritt in ca. einer halben Stunde ein. Von nun an steigen die Kurven für den CO_2-Gehalt und jene für die Temperatur in der Brennschicht über dem Rost und im Fuchs. Die Dampfbildung beginnt erst 1 Stunde nach dem Anheizen, ein Dampfdruck von 0,04 Atm. erst nach 2 Stunden. 10 Minuten vor 10 Uhr sieht man die genannten Kurven wieder plötzlich fallen, ein Zeichen, daß die Brennschicht auf dem Rost vorübergehend eine leere Stelle aufweist, die durch Nachrutschen des Koks in kurzer Zeit wieder ausgeglichen wird.

Der Einfluß des Leerbrennens kennzeichnet sich im plötzlichen Fallen des Dampfdrucks. Diese Erscheinung tritt in $^3/_4$ Stunden nochmals ein und veranlaßt den Heizer zum Schüren.

Die Verhältnisse sind bei den andern Kesseltypen, die ich untersucht habe, ähnliche, so daß sich die festgestellten Schwankungen im CO_2-Gehalt und im Verlauf der Temperaturen leicht erklären. **D e r   n a c h t e i l i g e   E i n f l u ß   a u f   d i e   L e i s t u n g   d e s   K e s s e l s**

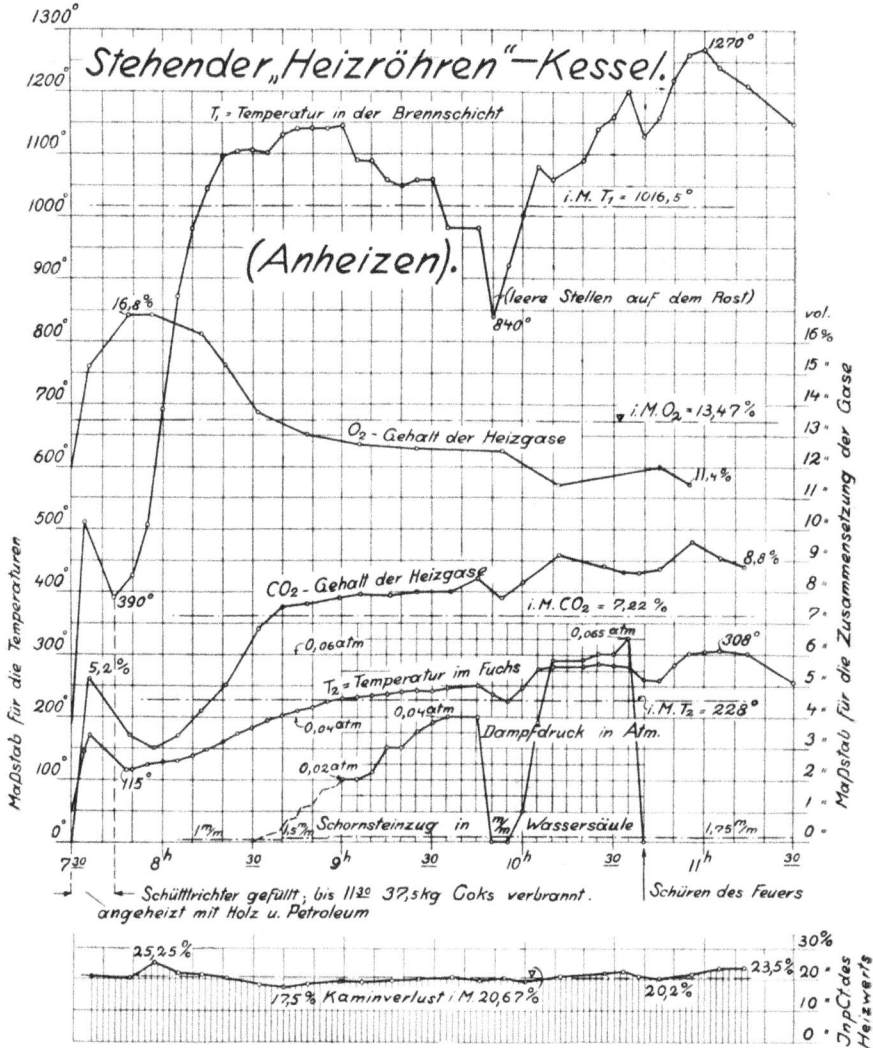

Fig. 37.

w ä c h s t   m i t   d e r   Z u g s t ä r k e ; denn je größer diese ist, desto mehr Luft wird durch die leeren Roststellen in den Verbrennungsraum angesaugt und letzterer abgekühlt. Die Mittel zur Verhütung der erwähnten Mängel sind folgende:

1. möglichst geringe Zugstärke bei ausreichender Heiz-fläche,

2. Verwendung kleinstückigen Koks, der besser rutscht und keine Lücken durch Sperrstücke bildet,

3. richtige Lage des Schütttrichters zum Rost:

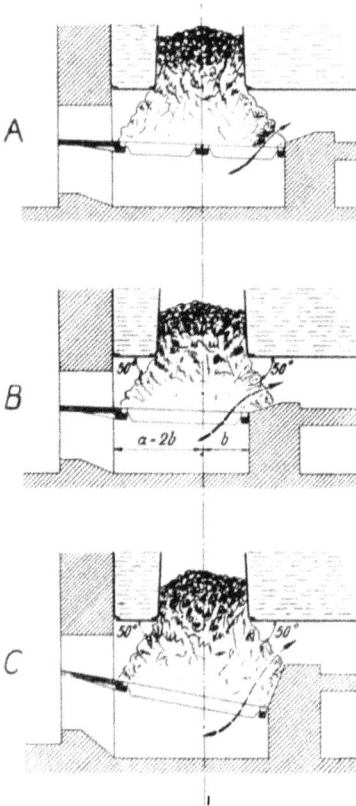

A (vgl. Fig. 38—40) zeigt eine mangel-hafte Konstruktion: die Verbrennungs-luft findet an der durch Pfeil gekenn-zeichneten Stelle den geringsten Wider-stand, weshalb hier der Koks zuerst abbrennt und den Rost entblößt.

B zeigt eine Verbesserung, bei der be-sagter Fehler vermieden wird, indes bevorzuge ich

C wegen der Konzentrierung des Brenn-stoffes durch Schaffung eines Brenn-schachtes (Erreichung einer gleich-mäßigeren Verbrennungstemperatur über dem Rost); der Böschungswinkel ist mit 50° zugrunde zu legen.

Der Kaminverlust betrug 20,67 % vom Heizwert des Kokses.

Die Temperatur in der Koksschicht erreicht mit 1270° ihr Maximum eine Höhe, die — wahrscheinlich infolge Verschlackens des Rostes — beim Tagesbetrieb nicht erreicht wurde.

Fig. 38 bis 40.

2. Der Tagesbetrieb.

(Vgl. Fig. 41 und Tabelle XVIII/XX.)

Zur Kontrolle anderer Bestimmungen habe ich bei diesem Versuch den Rücklauf zum Heizkessel unterbrochen, um das Nie-derschlagwasser durch Gewicht und damit den Nutzeffekt direkt bestimmen zu können. Das aufgefangene Wasser wurde in den Kessel gleich wieder hinein-gepumpt, wobei eine Abkühlung von durchschnittlich 6° C entstand. Da der Dampfdruck meist unter 0,05 Atm. fiel, können wir mit einer Dampftemperatur von rund 100° C rechnen und erhalten hiernach für die Erzeugungswärme λ pro kg Dampf unter Berücksichtigung der vorhanden gewesenen Speisewasser-temperatur von $(43 - 6) = 37°$ (vgl. Tab. XVIII):

$$\lambda = 606,5 + 0,305 \cdot 100 - 37 = 600 \text{ WE}.$$

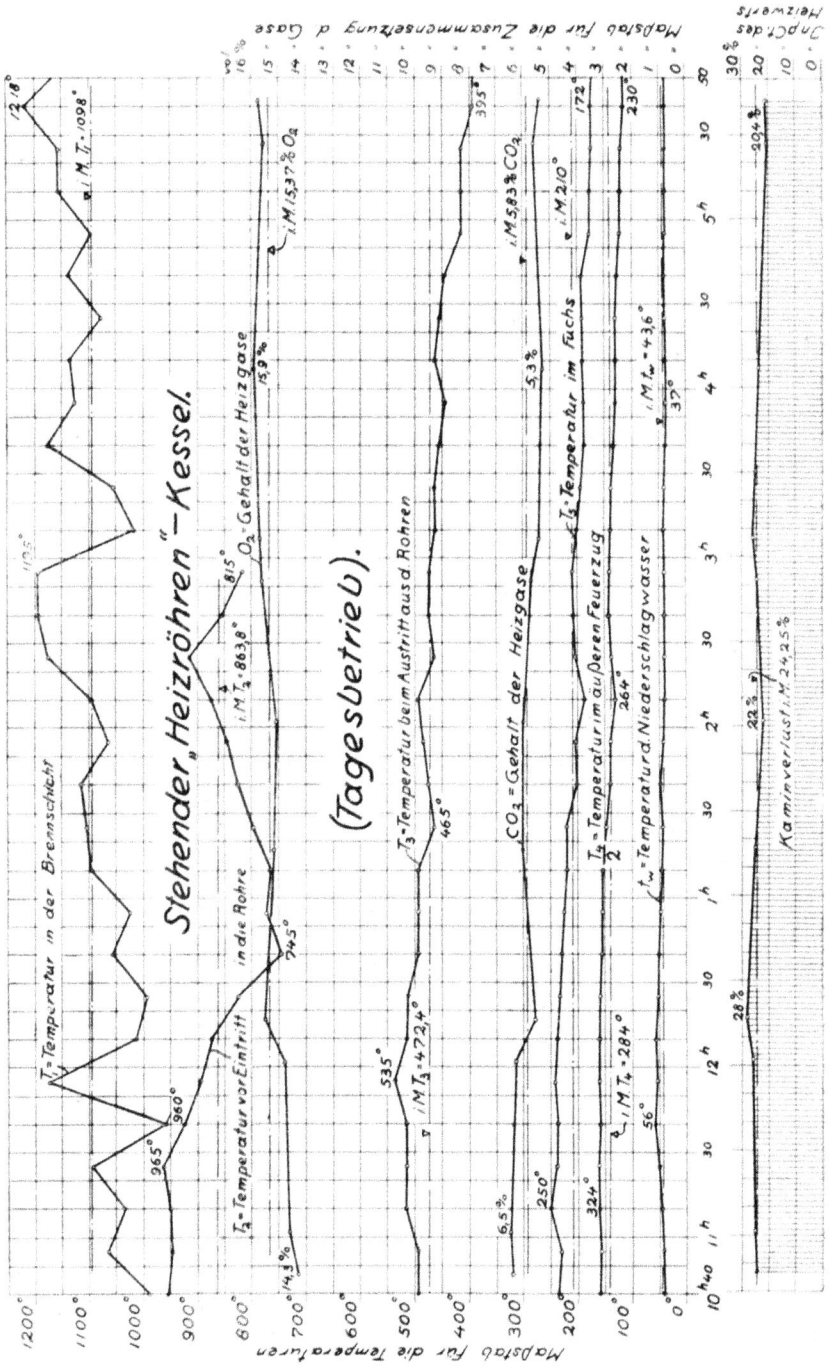

Stehender „Heizröhren"-Kessel.
(Tagesbetrieb).

Fig. 41.

Die verdampfte Wassermenge betrug 451 kg bei 62 kg Koksverbrauch, mithin der Nutzeffekt

$$\frac{600 \cdot 451 \cdot 100}{7070 \cdot 62} = 61,8\,\%.$$

Eine Kontrolle des Wirkungsgrades mit Hilfe der erhaltenen Temperaturen (ab-
soluten) kann nur annähernd genaue Werte ergeben, da die Verbrennung der Kohle
auf dem Roste nicht nach dem Carnotschen Kreisprozeß verläuft, auch ist T_5
durch Ansaugen von Luft bereits herabgemindert. Wir erhalten

$$\frac{1098 - 210}{1098 + 273} = 65\,\%,$$

wenn die mittleren Werte der Tabelle »Tagesbetrieb« Berücksichtigung finden.
Selbst für $T_5 = 365^0$ (siehe später) erhalten wir einen zu niedrigen Wirkungsgrad (53,6 %), ein Beweis dafür, daß die Formel, welche bei Vorgängen im Heiz-
kesselbetriebe vielfach Anwendung findet, keine Gültigkeit haben kann.

Pro kg Koks sind 4369 WE nutzbar gemacht worden. Bei einem
stündlichen Koksverbrauch von 7,95 kg ergibt sich die L e i s t u n g
d e r   K e s s e l h e i z f l ä c h e zu

$$\frac{4369 \cdot 7,95}{9,046} = 3860\ \text{WE},$$

während gewöhnlich 6300 WE, auch von Sachverständigen, zugrunde
gelegt wurden[1].

Da bei der vorhandenen Anlage bei 40^0 Temperaturdifferenz
ca. 73 000 WE pro Stunde erforderlich waren, konnte demnach der
aufgestellte Heizkessel noch nicht einmal die Hälfte dieses Wärme-
bedarfes schaffen.

Der Rest der im Brennstoff steckenden Wärme ging durch den
Kamin (24,25 %), durch Wärmeleitung und -strahlung des Mauerwerks und in den Herdrückständen (zusammen 13,95 %) verloren.
Unverbrannte Gase konnten nicht nachgewiesen werden. Diese Verluste sind auf 1 kg verbrannten Koks bezogen; da der Brennstoffverbrauch für die ganze Versuchszeit von rd. 8 Stunden nur 62 kg
betrug, fallen auch die Prozentsätze verhältnismäßig hoch aus.

3. Reservefeuer während der Nacht.
(Vgl. Fig. 42 und Tabelle XVIII/XX.)

Durch Einschränkung des an sich schon sehr geringen Zuges
wurden nur 87,5 kg Koks in 15 Stunden verbrannt. Infolge des

---

[1] Ich gebe zu, daß die Leistung durch stärkeren Schornsteinzug etwas gesteigert werden kann, aber dann sinkt auch der Nutzeffekt wegen der bedeutend
anwachsenden Abgangs-(Fuchs-)temperaturen.

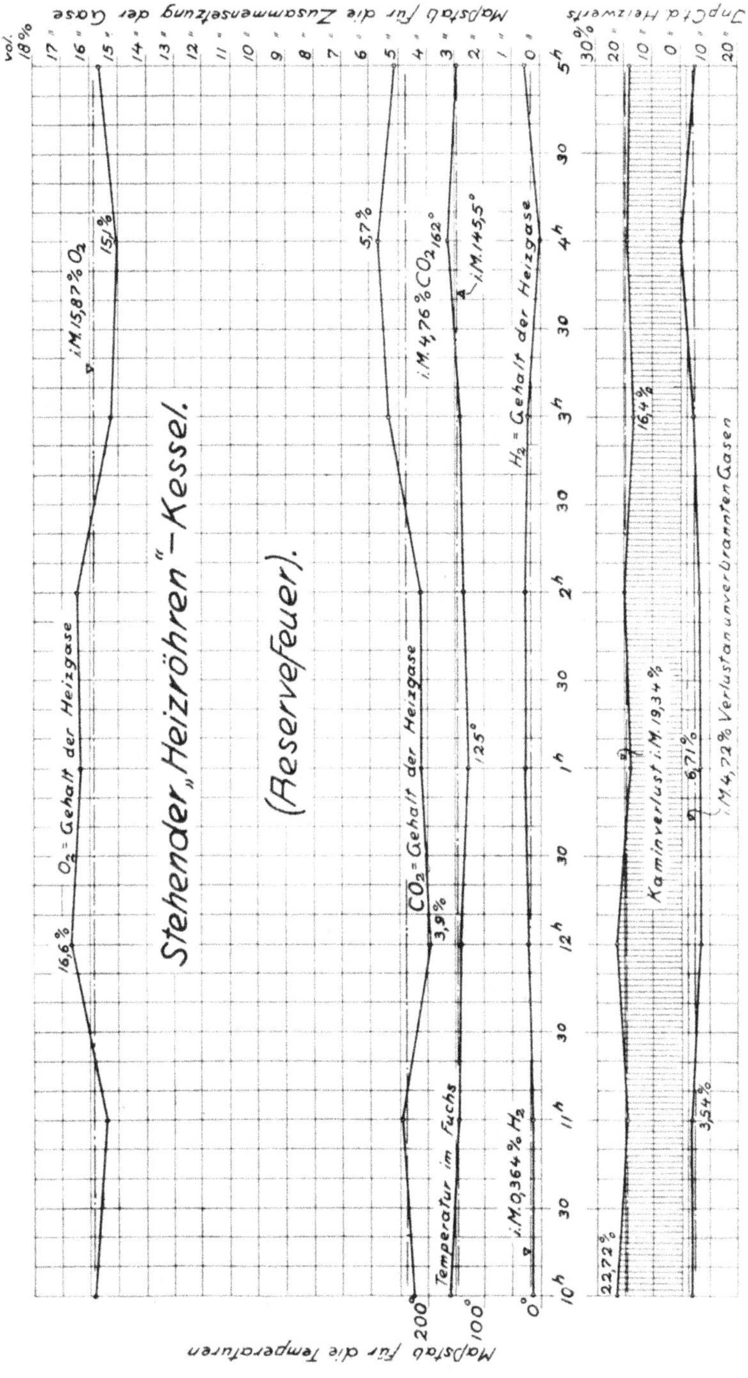
Stehender „Heizröhren"-Kessel.
(Reservefeuer).
Maßstab für die Zusammensetzung der Gase
Maßstab für die Temperaturen
O_2 = Gehalt der Heizgase
i.M. 15,87 % O_2
CO_2 = Gehalt der Heizgase
i.M. 4,76 % CO_2
H_2 = Gehalt der Heizgase
i.M. 0,364 % H_2
Temperatur im Fuchs
i.M. 145,5°
Kaminverlust i.M. 19,34 %
i.M. 4,72 % Verlust an unverbrannten Gasen

Fig. 42.

schwachen Betriebes wird das Mauerwerk stark abgekühlt, so daß in den Verbrennungsgasen Wasserstoff auftritt. Näheres enthalten die zugehörigen Tabellen. Da der Verlust an Wärmeleitung und -strahlung wegen des Beharrungszustandes im Mauerwerk auch bei schwachem Betriebe ungefähr derselbe bleibt, gestalten sich die Verhältnisse für die Versuche 1 bis 3 wie folgt:

Tabelle XIV.

	1. Anheizen		2. Tagesbetrieb		3. Reservefeuer	
	WE	%	WE	%	WE	%
Ausnutzung des Brennstoffes . . .	4775	67,53	4369	61,80	4028	56,94
Kaminverlust	1461	20,67	1715	24,25	1367	19,34
Verlust an unverbrannten Gasen .	—	—	—	—	332	4,72
Verlust an Wärmeleitung und Strahlung etc.	834	11,80	986	13,95	1343	19,00

Nehmen wir z. B. die Anheizperiode zu 2, den Tagesbetrieb und das Reservefeuer zu je 10 Stunden an (2 Stunden für Schlacken usw.), würde sich der mittlere Nutzeffekt der Kesselanlage für den gesamten Betrieb zu

$$\frac{2 \cdot 67,53 + 10\,(61,8 + 56,94)}{22} = 60,13\%$$

ergeben. Dieser Nutzeffekt ist natürlich auch für den d u r c h s c h n i t t l i c h e n K o k s v e r b r a u c h d e r H e i z u n g s a n l a g e maßgebend.

Die Aufstellung lehrt, daß das Reservefeuer bei eingemauerten Kesseln nicht viel Zweck hat; denn der geringen Leistung steht ein geringer Nutzeffekt gegenüber. D i e e n t w i c k e l t e W ä r m e m e n g e w i r d z u m T e i l z u r D e c k u n g d e r W ä r m e v e r l u s t e (43,06%) v e r w a n d t, d e r R e s t g e h t a u f d e m W e g e z u d e n H e i z k ö r p e r n o h n e w e s e n t l i c h e s E r g e b n i s v e r l o r e n. Um dieses praktisch zu zeigen, habe ich zwei besondere Versuche gemacht (siehe Tabelle XV).

4. Bestimmung des Wärmeverlustes der Rohrleitung.

Nachdem der Heizkessel auf einen Dampfdruck von 1500 mm Wassersäule gebracht worden war, wurde das Feuer herausgerissen und durch einen großen Bunsenbrenner ersetzt, dessen Größe vorher durch Ausprobieren ermittelt war. Die Heizkörper waren dabei abgestellt und der Schornsteinschieber fast gänzlich geschlossen. Den

Tabelle XV. Gasverbrauch.

	a) Bei abgestellten Heizkörpern.					b) Bei abgeflanschtem Steig- und Rücklaufrohr.				
Zeit	Dampfspannung in mm WS	Temperatur im Kesselraum °C	Außentemperatur °C	Hygrometer %	Stand des Gasometers in l	Zeit	Dampfspannung in mm WS	Temperatur im Kesselraum °C	Außentemperatur °C	Hygrometer %	Stand des Gasometers in cbm
10^{00}	180	23	10,2	75	55 700	10^{00}	705	18,5	12,3	71	1,630
10^{15}	180	21,7	10,2	73	56 330	10^{15}	705	18,7		71	1,800
10^{30}	180	21,3	10,3	70	56 950	10^{30}	710	18,7	12,7	70	1,975
10^{45}	180	21,2	10,3	69	57 575	10^{45}	713	18,5		68	2,140
11^{00}	172	21	8,7	69	58 200	11^{00}	718	18,7	13	68	2,310
11^{15}	167	21	8	68	58 850	11^{15}	718	18,7		68	2,480
11^{30}	158	20,9	8,5	67	59 480	11^{30}	720	18,9	13,2	67	2,650
11^{45}	152	20,9	9,3	66	60 100	11^{45}	722	18,8		67	2,820
12^{00}	149	20,8	9,5	65	60 715	12^{00}	723	18,7	13,3	67	3,000
12^{15}	146	20,8	9,5	65	61 320	12^{15}	725	18,8		67	3,165
12^{30}	143	21	9,5	64	61 960	12^{30}	720	18,8	13,9	66	3,330
12^{45}	140	21	9,9	64	62 595	12^{55}	715	18,8		65	3,510
1^{00}	138	21,1	10,2	63	63 215	1^{00}	713	18,8	14,2	65	3,675
1^{15}	135	21,1	9,8	62	63 820	1^{15}	710	18,7		65	3,835
1^{30}	133	21,3	10	62	64 445	1^{30}	713	18,7	14,7	65	4,000
1^{45}	132	21,3	10	61	65 095	1^{45}	715	18,9		65	4,160
2^{00}	132	21,3	10,2	61	65 700	2^{00}	713	18,9	15,2	65	4,330
pro Stunde i. M. 2,5 cbm.						pro Stunde i. M. 0,675 cbm.					

Verlauf des Gasverbrauches von 15 zu 15 Minuten zeigt Tabelle XV. Dann wurden Steig- und Rücklaufrohr abgeflanscht und durch eine kleinere Flamme der Beharrungszustand aufrecht erhalten. Es ergab sich der Gasverbrauch

beim ersten Versuch zu 2,500 cbm pro Stunde
» zweiten » » 0,675 » » »
Differenz 1,825 cbm

Die Zusammensetzung des Leuchtgases ermittelte ich durch Analyse wie folgt:

CO_2	= 1,2 Vol.-%	H_2	= 59,0 Vol.-%
SKW	= 2,7 »	CH_4	= 28,0 »
O_2	= 0,2 »	N_2	= 1,1 »
CO	= 7,8 »		

und seine Heizkraft zu 4704 WE[1]). Zur Deckung des Wärme-

---

[1]) $H_w = 3058 \cdot 0,078 + 29100 \cdot 0,59 + 11900 \cdot 0,28 + 20000 \cdot 0,027 = 4704\,WE.$

verlustes der Rohrleitung waren demnach bei + 10⁰ Außentemperatur 1,825 · 4704 = 8585 WE erforderlich.

Beim Reservefeuer wurden pro Stunde 5,83 kg Koks verbraucht und ein nomineller Nutzeffekt von 56,94 % erzielt. Diesem Nutzeffekt entsprechend sind pro Stunde

$$5,83 \cdot 7070 \cdot 56,94 = 23\,490 \text{ WE}$$

entwickelt worden, von denen mehr als ein Drittel auf die Rohrleitung entfallen. Bei größtem Wärmebedarf sind 73 000 WE, bei 10⁰ Außentemperatur nur 18 250 WE erforderlich. Wir sehen daraus, daß b e i s c h w a c h e m H e i z b e t r i e b v e r h ä l t n i s m ä ß i g m e h r K o k s g e b r a u c h t w e r d e n m u ß a l s b e i g r ö ß e r e r A n - s t r e n g u n g d e r A n l a g e ; denn zur Deckung des Wärmeverlustes der Rohrleitung sind im ersten Falle ca. 12 %, im zweiten schon 47 % erforderlich. Es kann deshalb nicht wirtschaftlich sein, das sog. Reservefeuer einzuführen. In Wirklichkeit wird sich der Verlust der Rohrleitung bei größerer Außenkälte zwar auch etwas steigern, so daß ich einen Zuschlag von 15 bis 20 % (zum maximalen Wärmeerfordernis) anstatt 10 % für richtiger halte.

5. Einfluß der durchs Mauerwerk angesaugten Luftmenge.

Welche Luftmengen durch Undichtheiten des Mauerwerks, schlecht schließende Klappen usw. angesaugt werden können, geht aus der Differenz der Gasanalyse aus dem Verbrennungsraume und dem Fuchs (Entnahmestelle III und V (Fig. 36) hervor (vgl. auch Tabelle XIX). Rechnet man für die Durchschnittszusammensetzung den Luftüberschuß aus, so erhält man pro kg Koks 14,23 kg Luft, die auf dem Wege durch die Feuerzüge nach dem Fuchs angesaugt wurden!

Das angesaugte Luftquantum hat auf den Kaminverlust k e i n e ausschlaggebende Bedeutung; es ist ungefähr dasselbe, als wenn man in ein mit heißem Wasser gefülltes Gefäß kaltes Wasser zugießen würde: Die Temperatur des heißen Wassers sinkt zwar, aber dafür vergrößert sich sein Gewicht, so daß der Wärmeinhalt beinahe derselbe bleibt. N a c h t e i l i g d a g e g e n i s t d e r T e m p e r a t u r - a b f a l l i n d e n F e u e r z ü g e n f ü r d i e W ä r m e ü b e r - t r a g u n g n a c h d e m K e s s e l , die bekanntlich ebenfalls eine Funktion der Temperaturdifferenz ist. Ich will dieses an folgendem Diagramm (Fig. 43) vor Augen führen:

Aus Tabelle XVIII entnehmen wir für die einzelnen Meßpunkte an verschiedenen Stellen der Heizfläche die in Frage kommenden mittleren Temperaturen; es ist für

Meßpunkt I $T_1 = 1098^0$ C;   Heizfläche   0,000 qm,
»   II $T_2 = 865^0$ C;   »   0,292 »
»   III $T_3 = 473^0$ C;   »   6,097 »
»   IV $T_4 = 284^0$ C;   »   8,074 »
»   V $T_5 = 210^0$ C;   »   9,046 »

Im Diagramm sind die Temperaturen als Ordinaten zu den zugehörigen Heizflächen aufgetragen. Der Temperaturverlauf zwischen Punkt II und III für das Röhrenbündel läßt sich nach Redtenbacher[1]) durch die Beziehung

$$\ln\,(T_2 - t) = \ln\,(T_3 - t) + c\,\frac{H}{R}$$

feststellen. Durch Einsetzen der bekannten Größen ergibt sich

$$c = 0,0445.$$

Für den vierten Teil der Heizfläche erhält man dann beispielsweise $x = 739^0$ aus

$$\ln 765 - \ln\,(x - 100) + 0,0445 \cdot \frac{5,805}{0,36 \cdot 4}.$$

Ebenso wird für $H = 9,046$ die Temperatur für Punkt V zu ca. 365^0 C bestimmt. Der schraffierte Teil im Diagramm stellt demnach den Verlauf des Temperaturabfalls dar, der in erster Linie dem angesaugten Luftquantum zuzuschreiben ist; in zweiter Linie kommt erst der Einfluß der Wärmeleitung und Strahlung durch das Mauerwerk in Frage. Die Heizgase würden also bei vollkommen dichtem Mauerwerk statt mit 210^0 mit einer Temperatur von 365^0 in den Schornstein gelangt sein und hätten dann infolge ihrer größeren Temperaturdifferenz die Leistung des Kessels noch erhöhen können.

[1]) Vgl. auch Strahl, Zeitschrift d. V. d. Ing. 1905, S. 771.

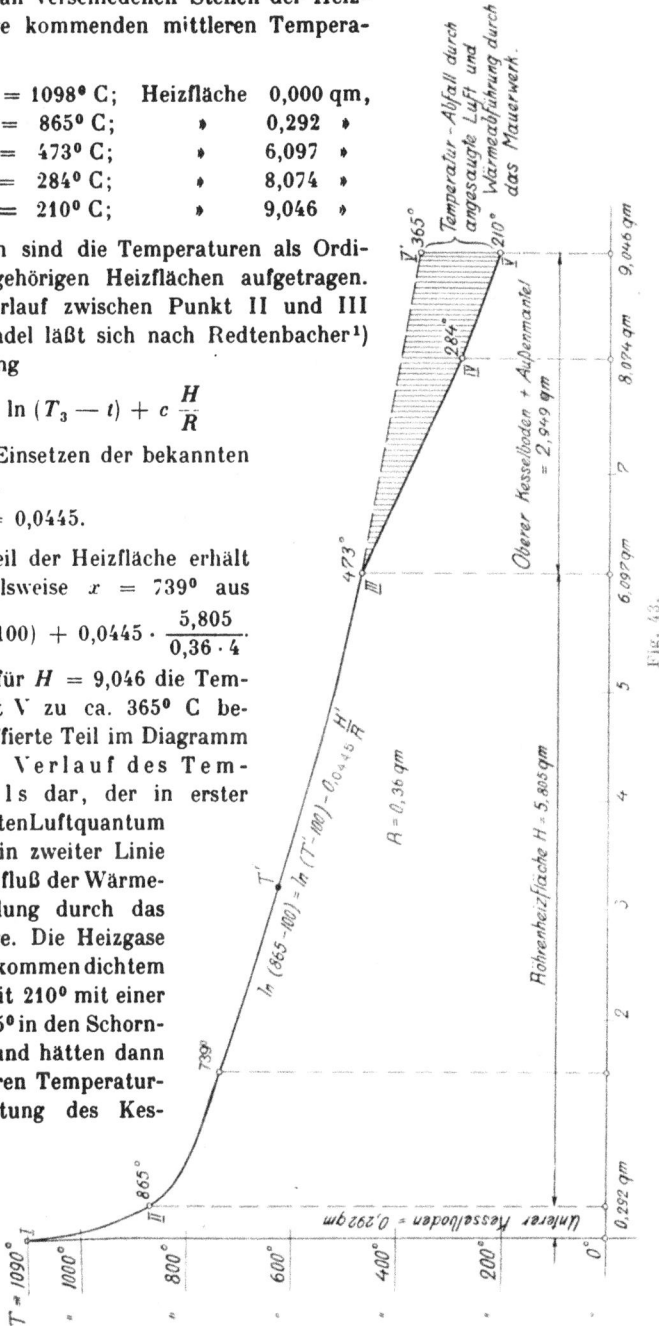

Fig. 43.

Die Regelung des Dampfdrucks durch Einlaß
von Luft in die Feuerzüge ist demnach vom wärme-
technischen Standpunkte aus zu verwerfen, weil
sie die Leistung verringert. In hygienischer Beziehung hat diese
Methode außerdem den Nachteil, daß beim Entstehen von
CO dieses durch die frei werdenden Nebenöffnun-
gen leichter in den Heizraum treten kann (vgl. auch
S. 124). Man wird deshalb in wirtschaftlicher wie hygienischer Beziehung vorteilhafter verfahren, wenn man bei der Regelung des
Dampfdrucks auf den Einlaß von Nebenluft gänzlich Verzicht leistet.

6. Spezifische Leistung der Kesselheizflächen.

Die Wärmeaufnahme der einzelnen Heizflächen ist durch die
Temperaturdifferenz zwischen den Meßpunkten gegeben, ihre Größe
durch Multiplikation der Gasmengen mit den Temperaturen und den
zugehörigen spezifischen Wärmen[1]) bestimmbar. In nachfolgender
Tabelle XVI sind die Gasmengen und ihre Wärmeinhalte für die
gemessenen Temperaturen zusammengestellt.

Tabelle XVI. Gasmengen und ihr Wärmeinhalt pro kg Koks.

Verbren-nungsgase	Gewichte	Wärmeinhalt in WE				Für den Kaminverlust	
		$T_1 = 1098^0$	$T_2 = 865^0$	$T_3 = 473^0$	$T_5 = 365^0$	Gewichte	$T_5 = 210^0$ WE
CO_2	3,117	1035	764	355	255	3,117	133
N_2	16,308	4674	3639	1893	1440	26,915	1300
O_2	2,630	664	512	267	202	5,941	251
SO_2	0,024	4	3	2	1	0,016	1
H_2O	0,117	79	58	27	19	0,117	11
in Sa.		6456	4966	2544	1917		1696

Verfolgt man die vom Rost aufsteigenden Verbrennungsgase, so wohnen
ihnen folgende Wärmemengen pro kg Koks inne:

Meßpunkt I: 6456 WE.   Differenz: 1490 WE = 21,1 %

    » II: 4966 »   » 2422 » = 34,2 %

    » III: 2544 »   » 627 » = 8,9 %

    » V': 1917 »   In Sa. 4539 WE = 64,2 %

Durch den Verdampfungsversuch dagegen nachgewiesen:

4369 WE = 61,8 %

Differenz: 170 WE = 2,4 %,

---

[1]) Vgl. S. 70 und 76.

welche ich auf den Herdverlust oder etwaige Fehlerquellen
verbuche; denn wenn beispielsweise der durch den Rost
gefallene oder beim Schlacken entfernte Koks nutzbar
gemacht worden wäre, hätte sich die zur Verdampfung
aufgewandte Wärme um den entsprechenden Betrag erhöht. Ich ziehe deshalb 2,4% im Diagramm ab. (Fig. 44.)

Multipliziert man die Differenzen mit dem stündlichen Koksverbrauch, erhält man die von den einzelnen
Heizflächen aufgenommenen Wärmemengen und weiter
hieraus deren spezifische Leistungen:

1) des unteren Kesselbodens:

$$\frac{1490 \cdot (100 - 2,4) \cdot 7,95}{0,292 \cdot 100} = 39\,600 \text{ WE},$$

2) des Röhrenbündels:

$$\frac{2422 \cdot 7,95}{5,805} = 3330 \text{ WE},$$

3) des oberen Kesselbodens einschließlich Außen-
mantels:

$$\frac{627 \cdot 7,95}{2,949} = 1700 \text{ WE}.$$

Diese Ziffern unterrichten uns über den Wert
der einzelnen Heizflächen. Die hohe Leistung des
unteren Kesselbodens erklärt die so häufig vorkommenden Leckagen an den Rohren, wenn nicht
zur Abschwächung für eine
angemessene Entfernung des
Rohrbodens von der Brenn-
schicht des Koks oder durch
andere Führung der Feuer-
gase gesorgt wird. Die spezifische Leistung der Röhrenheizfläche ist zwar gering,
dennoch nimmt sie wegen
ihrer großen Ausdehnung an
der Dampferzeugung hervor-
ragenden Anteil. In Fig. 44
ist dies vor Augen geführt.

Die Heizfläche des
Schütttrichters habe ich
außer acht gelassen, weil
diese von der jeweiligen
Beschickung abhängig ist.

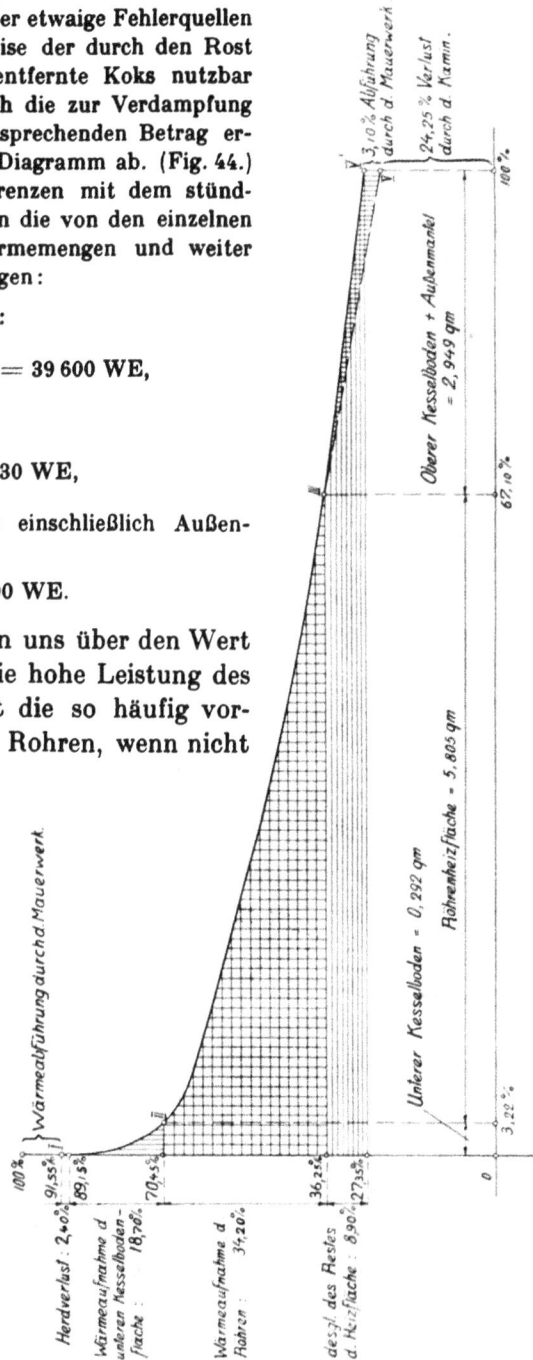

Fig. 44.

Bei leergebranntem Trichter hängt die Leistung der Innenheizfläche von der Regulierung des Schornsteinzuges ab: Je größer die Zugstärke, desto geringer wird der Einfluß der Heizfläche, weil die heißen Verbrennungsgase in die Feuerzüge abgesaugt werden; dagegen wächst die Anteilnahme an der Dampfbildung durch Wärmestrahlung bei abgestelltem Zuge, so daß der leere Schütttrichter dem Druckregler entgegenwirkt. Die Heizer müßten deshalb stets angewiesen werden, den Schütttrichter öfter nachzufüllen, um das Leerbrennen nach Möglichkeit zu verhüten, was auch bezüglich der Wirtschaftlichkeit der Beachtung wert ist.

Der Verlust an Wärmeleitung und -strahlung des Mauerwerks ergibt sich aus folgender Betrachtung.

Der auf dem Rost verbrennende Koks kann die theoretisch mögliche Temperatur nicht erreichen, weil ein Teil der sich entwickelnden Wärme durch das Mauerwerk nach außen abgeführt wird. Der Vorgang ist derselbe wie bei den Le Chatelierschen Thermoelementen[1]), welche die wirkliche Temperatur einer Flamme nicht anzeigen können, solange ein Teil der Wärme durch die eisernen Schutzrohre abgeleitet wird. Die höchste mittlere Temperatur in der Koksschicht betrug 1098° C, so daß nur ein Wärmeinhalt von 6456 WE nachgewiesen werden konnte. Da der Koks einen Heizwert von 7070 WE hatte, verblieben schon an dieser Stelle 8,45 % für die abgeleitete Wärme. Beim Durchgang der Verbrennungsgase durch das Röhrenbündel geht keine Wärme verloren, dagegen wird ein — allerdings kleiner — Teil wieder vom äußeren Feuerzuge durch das Mauerwerk abgeleitet; er ist gleich der Differenz $(V' — V) = 221$ WE oder 3,1 %, so daß der Gesamtverlust $8,45 + 3,1 = 11,55$ % beträgt.

7. Untersuchung der Gase im Schütttrichter.

Um die Vorgänge bei der Verbrennung näher kennen zu lernen, habe ich sowohl für Schmelz- als auch Gaskoks Untersuchungen der Gase im Schütttrichter vorgenommen. Ich ging dabei von der Erkenntnis aus, daß die sich hier ansammelnden Gase allmählich zur Verbrennung gelangen müssen, wenn genügende Temperatur auf dem Rost vorhanden ist. Anderseits müssen die sich im Schütttrichter bildenden Gase unverbrannt durch die Feuerzüge der Heizkessel entweichen, solange die zu ihrer Verbrennung erforderliche Temperatur nicht ausreicht. Die Tatsache, daß ich bei der Untersuchung der Heiz-

---

[1]) Vgl. S. 80.

kessel (vgl. z. B. Lollarkessel) CH_4, H_2 und CO schon feststellte, bevor überhaupt noch die Beschickung beendet war, ist durch die Analyse der Gase im Schütttrichter vollends bestätigt worden.

Tabelle XVII.

Zeit	Gaskoks (30. IV. und 4. V. 1908)												Schmelzkoks (24. IV. 1908)					
	CO_2		O_2		CO		H_2		CH_4		N_2		CO_2	O_2	CO	H_2	CH_4	N_2
	a	b	a	b	a	b	a	b	a	b	a	b						
7^{50}	12,1	8,5	0,8	7,6	11,8	6,7	1,2	2,0	—	0,4	74,1	74,8	8,1	11,5	—	—	—	80,4
8^{36}	11,4	6,6	2,3	3,7	11 6	12,7	1,9	1,8	—	—	72,8	75,2	16,8	3,5	—	—	—	79,7
8^{50}	0,3	0,2	19,9	19,8	—	0,5	0,4	0,5	—	—	79,4	79,0	9,0	10,7	0,7	0,1	0,1	79,4
9^{15}	1,2	0,2	19,5	19,8	—	0,5	0,9	0,7	—	—	78,4	78,8	14,5	4,2	2,8	0,5	0,3	77,7
9^{55}	1,1	0,8	18,0	19,1	0,5	1,3	0,7	0,3	—	—	79,7	78,5	8,1	7,8	2,4	0,1	0,3	81,3
11^{00}	0,3	0,7	20,2	19,2	—	1,1	0,7	0,7	—	—	78,8	78.3	9,7	5,9	5,3	0,7	0,1	78,3
11^{55}	—	1,9	20,5	17,8	0,7	2,7	0,8	0 9	—	—	78,0	76,7	10,2	7,3	4,5	0,4	—	77,6
12^{55}	6,5	5,0	6,4	9,3	9,1	10,3	0,9	1,8	—	—	77,1	73,6	14,9	3,2	2,5	0,4	0,3	78,7
2^{15}	9,7	11,3	8,0	5,6	3,0	5,5	1,0	1,1	—	—	78,3	76,5	13,1	5,7	1,5	0,5	—	79,2
2^{55}	11,3	16,4	1,6	2,3	10,5	3,0	2,4	1,0	—	—	74,2	77,3	17,9	2,0	1,0	0,4	·-	78,7

Da die Ergebnisse der Analysen a und b für Gaskoks prinzipiell übereinstimmen, begnüge ich mich mit e i n e r graphischen Darstellung für b (Fig. 45), der zum Vergleich eine entsprechende Fig. 46 für Schmelzkoks gegenübergestellt ist. Aus den Ergebnissen kann folgendes festgestellt werden:

1. Bei Gaskoks entsteht schon vor Beendigung der Beschickung eine Menge unverbrannter Gase (vornehmlich H_2 und CO), die in dieser Form auch den Heizkessel verlassen, somit nicht unbeträchtliche Wärmeverluste herbeiführen. CH_4 (Methan) wird nur in ganz geringen Mengen während der Beschickung entwickelt, später nicht mehr.

2. Bei Schmelzkoks bilden sich während der Beschickung keine unverbrannten Gase, was als Vorzug gegenüber dem Gaskoks angesprochen werden muß.

3. Nach der Beschickung bleibt bei beiden Kokssorten die Wasserstoffbildung (H_2) fast konstant; ein Maximum zeigt sich da, wo auch CO ein Maximum aufweist. Während Gaskoks zur CH_4-Bildung nicht mehr Anlaß gibt, sind bei Schmelzkoks wiederkehrend einige Zehntel Prozent nachzuweisen.

4. Da Gaskoks leichter zerbricht, also im allgemeinen kleinstückiger ausfällt als Schmelzkoks, liegt er in der Schüttung dichter als Schmelzkoks. Letzterer sackt deshalb häufiger in sich zusammen,

7*

wodurch größere Schwankungen im CO_2-Gehalt erkennbar sind. Genau dasselbe ist auch bei den späteren Versuchen deutlich ersichtlich.

5. Die Ergebnisse zeigen unverkennbar den Moment, wo durch allmähliches Abbrennen der Koksschicht der theoretische Luftbedarf über-

Analyse der Gase aus d. Schütt-Trichter

Gaskoks.

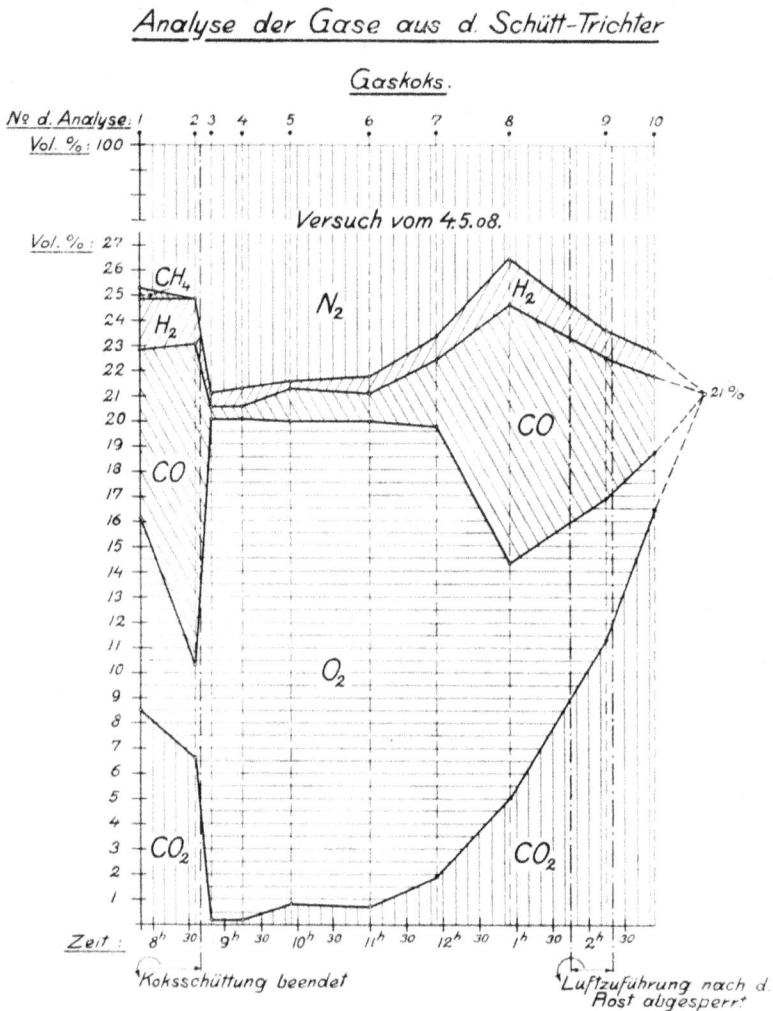

Fig. 45.

schritten wird, d. h. wo sämtliche Kurven sich in dem Punkte von ca. 21 Vol.-% CO_2 treffen. Von hier aus kommt Luftüberschuß in die Schüttung. Dieser Zeitpunkt ist bei beiden Kokssorten gleich, so daß ein Unterschied zwischen ihnen nicht existiert.

6. Wegen der äußerst gesundheitschädlichen Gase CH_4 und CO muß der Schütttrichter tadellos abschließen; der Deckel muß auch schwer genug sein, um nicht hochgehoben zu werden[1]). Bei Gaskoks muß der Heizer beim Beschicken den Schornsteinschieber stets geöffnet

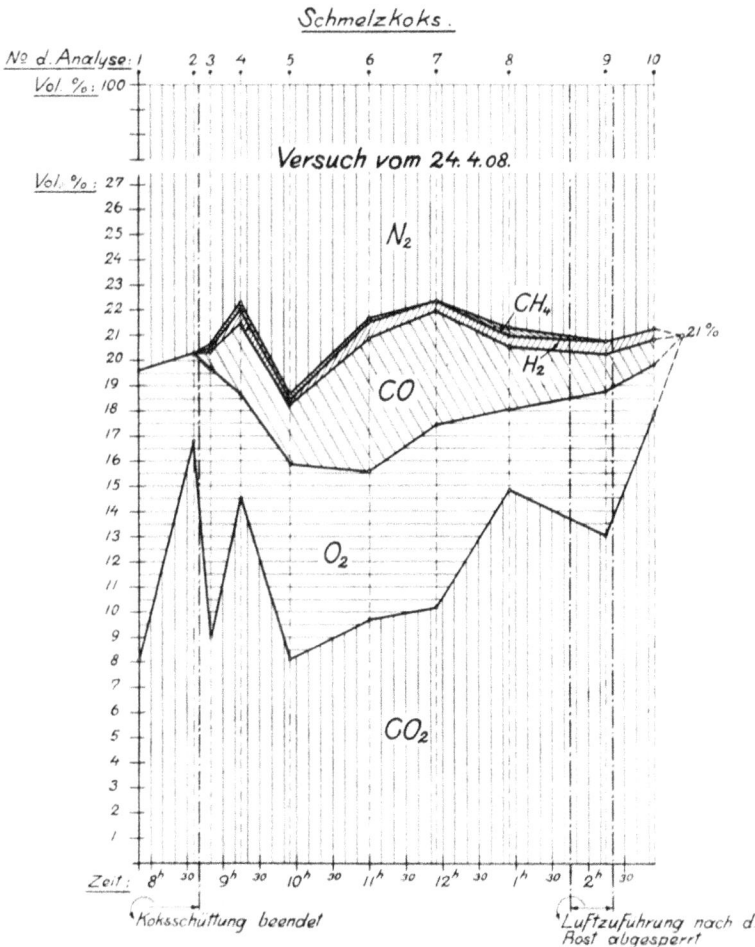

Fig. 46.

---

[1]) Ein solcher Fall wurde von mir in der Praxis an anderer Stelle beobachtet: Nach der Beschickung saugte der sehr kräftige Schornsteinzug die abgehobene Glocke für den Lufteinlaß unter dem Rost (Fig. 36) stoßweise an, so daß eine Rückstauung mit Überdruck im Füllschacht entstand. Der Abschlußdeckel wurde dabei gehoben, so daß unverbrannte Gase austraten.

Tabelle XVIII. Einzelablesungen.
Stehender Heizröhrenkessel.

Anheizen

Zeit	Temperatur in der Brennschicht °C	Temperatur der Abgase °C	Zugstärke vor dem Rauchschieber mmWS	Temperatur im Kesselhause °C	Dampfdruck in Atm.
7^{34}	510	145	—	20	—
7^{36}	—	170	—	—	—
7^{44}	390	115	—	—	—
7^{50}	425	115	—	—	—
7^{55}	505	125	—	—	—
8^{00}	690	130	—	—	—
8^{05}	870	130	1	—	—
8^{10}	980	140	1	—	—
8^{15}	1045	150	1	—	—
8^{20}	1095	160	1	—	—
8^{25}	1105	175	1	—	—
8^{30}	1110	185	1	—	—
8^{35}	1100	195	1	—	—
8^{40}	1130	200	1,5	—	—
8^{45}	1140	210	1,5	—	—
8^{50}	1140	215	1,5	—	—
8^{55}	1140	225	1,75	—	—
9^{00}	1145	230	1,75	—	0,02
9^{05}	1090	230	1,75	—	0,02
9^{10}	1090	235	1,75	—	0,022
9^{15}	1060	237	1,75	—	0,03
9^{20}	1050	240	1,75	—	0,03
9^{25}	1060	242	1,75	—	0,035
9^{30}	1060	240	1,75	—	0,038
9^{35}	980	245	1,75	—	0,040
9^{45}	980	250	1,75	—	0,040
9^{50}	840	235	1,75	—	0
9^{55}	920	225	1,75	—	0
10^{00}	1000	245	1,75	—	0,01
10^{05}	1080	278	1,75	—	0,038
10^{10}	1060	280	1,75	—	0,058
10^{20}	1090	282	1,75	—	0,058
10^{25}	1140	285	1,75	—	0,06
10^{30}	1160	282	1,75	—	0,06
10^{35}	1200	280	1,75	—	0,065
10^{40}	1130	260	1,75	—	0
10^{45}	1160	260	1,75	—	—
10^{50}	1220	285	1,75	—	—
10^{55}	1260	304	1,75	—	—
11^{00}	1270	305	1,75	—	—
11^{05}	1240	308	1,75	—	—
11^{14}	1210	300	1,75	—	—
11^{30}	1150	255	1,75	—	—

Tagesbetrieb

Zeit	Temperatur T_1 in der Brennschicht °C	Temperatur T_5 der Abgase °C	Temperatur T_2 vor Eintritt in die Rohre °C	Temperatur T_3 am Austritt der Rohre °C	Temperatur T_4 im äußeren Feuerzug °C	t_w (Niederschlagswasser) °C
10^{40}	990	235	955	495	315	40
10^{55}	1065	230	945	495	312	43
11^{10}	1035	250	950	515	324	47
11^{25}	1090	238	965	515	320	50
11^{40}	960	238	925	515	319	56
11^{55}	1175	242	895	535	321	53
12^{10}	1015	238	875	515	320	56
12^{25}	993	235	825	515	315	51
12^{40}	1055	230	745	495	310	50
12^{55}	1025	225	775	495	308	48
1^{10}	1095	220	765	495	305	44
1^{25}	1105	220	795	465	296	44
1^{40}	1115	200	825	475	278	48
1^{55}	1065	205	845	485	280	44
2^{10}	1095	188	875	495	264	41
2^{25}	1175	205	915	465	278	40
2^{40}	1192	208	855	475	285	39
2^{55}	1195	210	815	475	283	40
3^{10}	1015	200	—	465	277	39
3^{25}	1055	193	—	465	274	41
3^{40}	1175	188	—	455	270	38
3^{55}	1125	188	—	445	265	37
4^{10}	1135	190	—	465	263	38
4^{25}	1076	192	—	455	262	38
4^{40}	1137	192	—	445	256	39
4^{55}	1095	178	—	415	246	37
5^{10}	1158	178	—	415	243	37
5^{25}	1158	174	—	395	239	37
5^{40}	1218	172	—	395	230	37
Im Mittel	1098°	210°	865°	473°	284°	43° C

Temperatur im Kesselhause 15° C.

Reservefeuer

Zeit	T_5 in °C	Zeit	T_5 in °C
10^{00}	160	2^{00}	135
11^{00}	150	3^{00}	140
12^{00}	140	4^{00}	162
1^{00}	125	5^{00}	145

Temperatur im Kesselhause 20° C.

halten, um einen Rücktritt der Gase zu verhüten. Desgleichen ergibt sich, wie bereits vorher erwähnt, als Notwendigkeit, die Regulierung des Feuers durch Einlaß von Nebenluft in die Feuerzüge unter allen Umständen zu unterlassen, aber auch den Rauchschieber mit einer Öffnung zu versehen, die imstande ist, auch bei zufälligem Schluß des Schiebers die unverbrannten Gase abzusaugen. Letzteres gilt hauptsächlich für das sog. Reservefeuer, also schwachen Betrieb.

Tabelle XIX. Analysen der Verbrennungsgase.

Stehender Heizröhrenkessel.

Anheizen				Tagesbetrieb Entnahmestelle 5 (Fig. 36)				Reservefeuer				
Zeit	CO₂ %	O₂ %	N₂ %	Zeit	CO₂ %	O₂ %	N₂ %	Zeit	CO₂ %	O₂ %	H₂ %	N₂ %
7³⁶	5,2	15,2	79,6	10⁴⁷	6,4	14,3	79,3	10⁰⁰	4,5	15,8	0,3	79,4
7⁴⁹	3,4	16,8	79,8	11⁰²	6,5	14,6	78,9	11⁰⁰	4,9	15,4	0,3	79,4
7⁵⁷	3,0	16,8	80,2	12⁰²	6,3	14,8	78,9	12⁰⁰	3,9	16,6	0,45	79,05
8⁰⁵	3,4	—	—	12¹⁷	5,6	15,5	78,9	1⁰⁰	4,3	16,3	0,5	78,9
8¹³	4,2	16,25	79,55	1¹⁷	6,0	15,15	78,85	2⁰⁰	4,25	16,5	0,5	78,75
8²¹	5,0	15,25	79,75	2⁰²	6,0	15,10	78,9	3⁰⁰	5,4	15,3	0,4	78,9
8³²	6,8	13,70	79,5	2⁵²	5,7	15,6	78,7	4⁰⁰	5,7	15,1	—	79,2
8⁴⁰	7,5	—	—	3⁰⁷	5,45	15,7	78,85	5⁰⁰	5,15	15,7	0,5	78,65
8⁴⁸	7,65	13,0	79,35	4⁰⁷	5,3	15,9	78,8					
8⁵⁹	7,8	—	—	5²⁷	5,6	15,5	78,9					
9⁰⁶	7,95	12,7	79,35	5⁴²	5,45	15,7	78,85					
9¹⁶	7,9	—	—	Im Mittel	5,85	15,28	78,87					
9²⁵	8,0	12,6	79,4	**Entnahmestelle 3**								
9³⁶	8,0	—	—	10¹²	11,5	8,8	79,7					
9⁴⁵	8,45	—	—	10³²	11,3	8,7	80,0					
9⁵³	7,8	12,5	79,7	11²⁰	9,0	12,2	78,8					
10⁰⁰	8,3	—	—	12⁰⁰	10,6	10,2	79,2					
10¹²	9,2	11,4	79,4	12²⁰	12,0	9,3	78,7					
10²⁷	8,8	—	—	2¹⁵	11,0	10,2	78,8					
10³³	8,65	—	—	2⁵⁰	10,0	10,0	80,0					
10³⁸	8,6	—	—	3³⁵	9,0	12,2	78,8					
10⁴⁵	8,7	12,0	79,3	3⁵⁰	10,1	11,2	78,7					
10⁵⁶	9,6	11,4	79,0	4²⁵	9,0	12,5	78,5					
11⁰⁶	9,1	—	—	5³⁰	6,5	14,3	79,2					
11¹³	8,8	—	—	5⁴⁵	6,3	14,9	78,8					
				Im Mittel	9,7	11,2	79,10					

Tabelle XX. Verluste.

Stehender Heizröhrenkessel.

Anheizen				Tagesbetrieb		Reservefeuer		
Zeit	Kaminverlust v'' in %	Zeit	Kaminverlust v'' in %	Zeit	Kaminverlust v'' in %	Zeit	Verlust durch unverbrannte Gase v' in %	Kaminverlust v'' in %
7^{36}	20,80	9^{36}	20,50	10^{47}	24,50	10^{00}	3,86	22,72
7^{49}	20,25	9^{45}	20,00	11^{02}	25,00	11^{00}	3,54	18,72
7^{57}	25,25	9^{53}	20,50	12^{02}	25,80	12^{00}	6,68	22,38
8^{05}	22,20	10^{00}	19,50	12^{17}	28,00	1^{00}	6,71	17,68
8^{13}	21,50	10^{12}	21,00	1^{17}	25,00	2^{00}	6,80	19,82
8^{21}	20,25	10^{27}	22,00	2^{02}	22,00	3^{00}	4,28	16,40
8^{32}	18,10	10^{33}	22,50	2^{52}	24,25	4^{00}	—	18,54
8^{40}	17,50	10^{38}	21,00	3^{07}	25,50	5^{00}	5,62	17,81
8^{48}	18,50	10^{45}	20,20	4^{07}	23,80			
8^{50}	19,50	10^{56}	21,50	5^{27}	20,40			
9^{06}	19,00	11^{05}	23,50	5^{43}	20,80			
9^{16}	19,50	11^{13}	23,50					
9^{25}	20,00							

XVI. Sattelkessel.

(Niederdruck-Dampfheizung.)

Erfahrungen mit dem Kesselsystem.

Die Leistung dieses Kesselsystems wurde weit überschätzt. Während ich pro qm Heizfläche bei guten Zugverhältnissen nur 5500 bis 6500 WE feststellte, begegnet man Annahmen von 8000 WE und mehr! Der Kessel krankt an dem Übelstande, viel Röhrenheizfläche zu besitzen; der Lieferant hat es in der Hand, die Heizfläche nach Belieben zu vergrößern, deren spezifische Leistung also zu verringern. Wie Fig. 47 bis 48 zeigen, sind in den Röhrenbündel allein ca. 30 qm Heizfläche aufgespeichert. Die Röhren sind dabei in vertikaler Richtung zu hoch nach oben und zu tief nach unten verlegt. Da ihr Gesamtquerschnitt viel zu groß ist, können auch die Verbrennungsgase nur einen Teil dieser an sich geringfügigen Heizfläche bestreichen; ein Teil bleibt also für die Wärmeentwicklung illusorisch, verringert den Wasserinhalt und vermehrt nur das Eisengewicht. Je höher also solche Kessel gebaut werden, desto schlechter ist ihre Wärmeentwicklung. Ein Vergleich zwischen dem Sattelkessel und dem Flammrohrkessel (vgl. Abschnitt XVII) läßt erkennen, welche Vorteile sich dem Konstrukteur durch Beachtung der erwähnten Mängel ergeben.

Der Sattelkessel hat zu viel Mauerwerk, das mit dem Feuer in Berührung kommt, daher zu viel Wärmeverluste. Auf dem Rost wird die größte Hitze entwickelt und hiervon nur ein Teil durch »Kontaktfeuer« nutzbar gemacht; ein nicht unbeträchtlicher Teil der Wärme geht, insbesondere beim Anheizen, durch Abführung nach dem Fundament und dem Erdboden verloren.

Die Verbrennung ist rationell; es konnten unverbrannte Gase nicht festgestellt werden. Bezüglich Verrostens usw. gilt dasselbe wie beim Flammrohrkessel.

Bemerkungen zur Versuchsanlage.

3 Kessel mit 110 qm Heizfläche und 3,12 qm Rostfläche.

(Schmelzkoks.)

Erforderlicher Maximal-Wärmebedarf: rund 900 000 WE.

Zugstärke im Kamin: 14 mm.

Zugstärke unter dem Rost:

Kessel 1   10 mm,
» 2   6 mm,
» 3   5,5 mm.

Aufgeworfene Koksmengen in kg:

Kessel	11⁵⁴ bis 7¹¹	11⁰⁰ bis 7¹²	11¹⁵ bis 7¹²
1	362,5	—	—
2	—	315	—
3	—	—	324,4

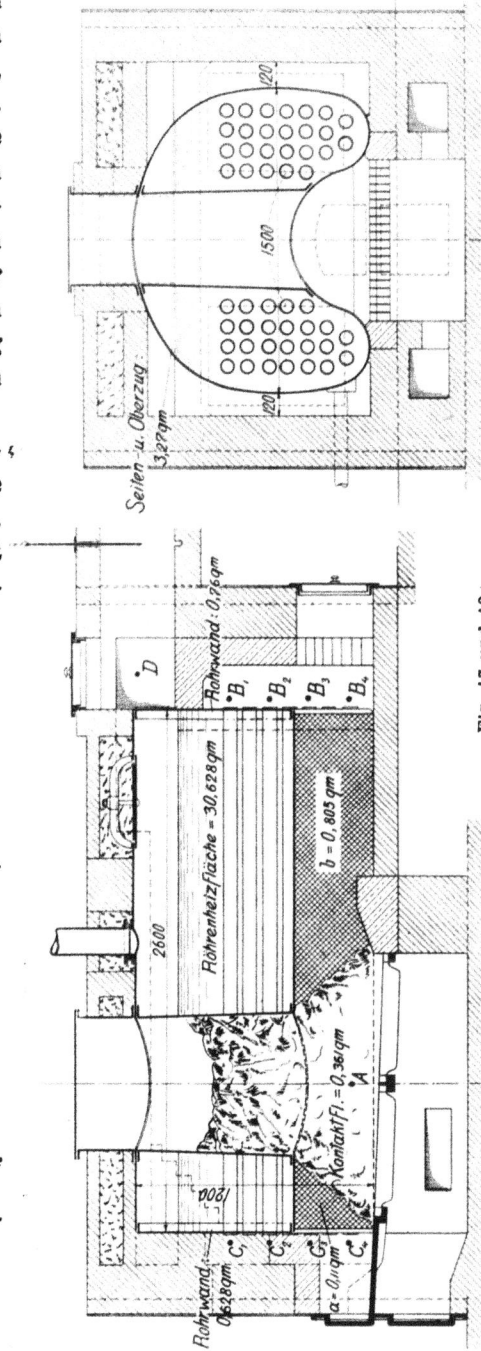

Fig. 47 und 48.

Demnach wurden pro Stunde und Kessel verbrannt:

Kessel 1 49,5 kg,
» 2 53,4 »
» 3 44,75 »

oder, wenn wir die Kessel zusammenfassen, i. M. 50 kg[1]). Bei Kessel 2 schloß die Aschfalltür nicht ganz dicht, so daß trotz geringerer Zugstärke gegenüber 1) ein Mehrverbrauch eintrat.

Während der Versuchszeit betrug die Außentemperatur — 0,8° C. Trotzdem war es nicht möglich, dauernd einen Druck von 0,1 Atm. aufrecht zu erhalten; letzterer fiel bei der Beschickung der Roste und erholte sich erst nach 1 Stunde bzw. längerer Zeit, obgleich das Aufwerfen nie zu gleicher Zeit — ebenso wie das Schlacken — vorgenommen wurde. Die Heizkesselanlage zeigte sich in diesem Zustande als bei weitem zu klein; man hätte vielleicht etwas mehr erreichen können, wenn statt des einen Heizers z w e i die Anlage bedient hätten; so aber mußte das Erreichte als Maximalleistung angesehen werden. Es wurden von einem Heizer in 7 ½ Stunden 1000 kg Koks in die Körbe geschaufelt und auf die Kessel hinaufgetragen, die Roste geschlackt und die Kessel im allgemeinen bedient, eine Leistung, die nur unter Aufsicht möglich war.

Versuchsergebnisse.

Da die Verbrennung ähnlich dem Flammrohrkessel erfolgte, möchte ich zur Vermeidung von Wiederholungen nur auf das aufmerksam machen, was dem Kesselsystem speziell eigen ist.

Um die Temperaturverhältnisse festzulegen, habe ich an folgenden Punkten des Kessels 1 Messungen vorgenommen.

Meßpunkt A in der Brennschicht . . . . $T_1 = 1190°$ C
» B an der 1. Rohrwand . . . . $T_2 = 620°$ C
» C an der 2. Rohrwand . . . . $T_3 = 255°$ C
» D am Ende des 3. Feuerzuges . $T_4 = 242°$ C

T_2 und T_3 bilden das Mittel der Meßpunkte B_1 bis B_4 bzw. C_1 bis C_4:

1. Rohrwand	2. Rohrwand	Differenz
B_1 436,5° C	C_1 180,5° C	256° C
B_2 665°	C_2 283,5°	381,5°
B_3 720°	C_3 307°	413°
B_4 457°	C_4 194,5°	262,5°
Im Mittel: $T_2 = 620°$	$T_3 = 255°$	365°

Die Temperaturen an der Rohrwand schwanken hiernach sehr bedeutend. Den größten Teil der Wärmeaufnahme zeigt Rohrreihe

---

[1]) Rietschel gibt in der 4. Auflage seines Leitfadens für 100 kg Koks 0,9 bis 1,1 qm an, während 50 kg schon als Maximum gelten.

$B_3 C_3$ d. h. jene, die dem Scheitel des inneren Halbbodens des Sattelkessels entspricht. Die Verbrennungsgase, welche an dem Scheitel entlang streichen, biegen in der Mehrheit in gleicher Höhe in das Röhrenbündel ein; die Röhren, welche sich von dem Scheitel nach oben und unten entfernen, erhalten deshalb begreiflicherweise weniger Wärme. So kommt es, daß am Austritt des Röhrenbündels an Stelle C_1 und C_4 die Gase eine Temperatur aufweisen, die niedriger ist als jene im Fuchs; sie müssen deshalb auf Kosten der andern Verbrennungsgase erst auf die Fuchstemperatur von 242° C gebracht werden, ein Umstand, der natürlich nicht zur Erhöhung des Nutzeffekts beiträgt. Die Temperaturen im Fuchs des Kessels 3 betrugen wegen des geringeren Schornsteinzuges im Mittel nur 175° C.

Bei Kessel 1 war die Ausnutzung des Brennstoffes gering, nämlich 59,3%[1]). Der Kaminverlust belief sich infolge des zu großen Rostes und des damit verbundenen Luftüberschusses auf 23,7%, während durch Ableitung von Wärme durch das Mauerwerk usw. 16% zu verzeichnen waren! — Bei Kessel 3 stieg die Ausnutzung auf ⌐ 70%. An der Dampferzeugung nahmen teil (bei Kessel 1):

1. Kontaktheizfläche . . . . 17,7% = 35620 WE
2. Erster Feuerzug außer 1. . . . 57,6% = 116060 »
3. Röhrenbündel . . . . 23,7% = 47500 »
4. Dritter Feuerzug . . . . 1 % = 2020 »

In Sa. 201100 WE.

Bezieht man diese Beträge auf die Einheit der Heizfläche, ergeben sich folgende Ziffern für die s p e z i f i s c h e L e i s t u n g :

98 700 WE . . . . für 1)
69 300 » . . . . » 2)
1 500 » . . . . » 3)
600 » . . . . » 4)

Man sieht die Zwecklosigkeit der langen Feuerzüge bei dem kurzflammigen Brennstoff. Der untere Feuerzug mit 2,036 qm, der eigentliche Verbrennungsraum, lieferte allein 75% der gesamten Leistung des Kessels, der 36,6 qm Heizfläche aufwies! Das sind keine normalen Verhältnisse.

Pro qm Heizfläche und Stunde lieferten

Kessel 1 . . . . 5500 WE
Kessel 2 und 3 . . . . 6500 »

---

[1]) Näheres vgl. de Grahl, »Ges.-Ingenieur« 1906.

Man sieht auch hier, wie bei den anderen Kesseltypen gezeigt
werden wird, daß starker Schornsteinzug für den Heizkesselbetrieb
schädlich ist; man erzielt damit nicht nur keine Leistung, sondern
erhöht obendrein den Koksverbrauch.

Die Anlage erwies sich als zu klein; in Übereinstimmung mit den
Versuchsergebnissen versagten die Kessel bei — 6 bis 7° C Außentemperaturen vollständig.

XVII. Flammrohrkessel mit Quersieder und Heizröhren.
(Warmwasserheizung.)
Erfahrungen mit dem Kesselsystem.

Dieses Kesselsystem zeichnet sich nicht nur durch große Wirtschaftlichkeit, sondern auch große Leistung aus. Der Schütttrichter
bringt den Vorteil mit sich, daß er die unverbrannten Gase in sich
aufnimmt;[1] sie gelangen mit dem Abbrennen der Koksschicht allmählich in den durch eine glühende Feuerbrücke begrenzten Verbrennungsraum, wo sie vollkommen verbrennen. Ich habe deshalb CO
oder auch H_2 in den Verbrennungsgasen nicht feststellen können, so
daß sich der Nutzeffekt bei diesen und ähnlichen Kesselanlagen schon
um den sonst in Kauf zu nehmenden Verlust an unverbrannten Gasen
erhöht. In zweiter Linie fällt infolge der langen Feuerzüge und der für
längere Zeit bestehenden höheren Brennschicht der Kaminverlust im
allgemeinen geringer und weniger schwankend aus als bei den gußeisernen Heizkesseln.

Die große Leistung führe ich auf den günstigen vom Wasser ein-
geschlossenen Verbrennungsraum sowie auf den Quersieder zurück,
der für einen kräftigen Umlauf des Wassers im Kessel Sorge trägt.

Als Nachteil stehen diesen Vorteilen das leichte Verrosten des
Kessels, das Undichtwerden an den Schweiß- und Nietstellen und
häufiger vorkommende Ausbesserungen am Rost und Mauerwerk
gegenüber. Aber diese Einwendungen können m. E. bei sachgemäßer
Ausführung (z. B. Vermeidung von Nietverbindungen im Feuer, Einführung von Wasserrosten) kaum in Frage kommen, wenn man im
Bedarfsfalle die Vorsicht beachtet, den Kessel in der Ruhezeit mit
offenen Reinigungstüren usw. stehen zu lassen, um etwaiges Schwitz-
wasser und damit Rostbildung durch den steten Luftzug zu vermeiden.

[1] Vgl. S. 99.

Bemerkungen zur Versuchsanlage. (Schmelzkoks.)

(2 Kessel à 25 qm.) Fig. 49/51.

Die zur Untersuchung herangezogene Anlage war Gegenstand langjähriger, schwieriger Prozesse gewesen, bei denen nicht nur nacheinander alle gerichtlichen Sachverständigen, sondern auch Privatgutachter und Sachverständige aus der Heizungsindustrie gehört wurden. Die beiden Heizkessel wurden wegen rechnerisch festgestellter fehlender Heizfläche oder Defekte, die vorgekommen waren, dreimal erneuert (zuletzt 1901), die Rohrleitung teilweise verändert und Heizkörper-Vermehrungen vorgenommen, ohne daß ein fühlbarer Einfluß auf den Koksverbrauch zu konstatieren gewesen war. Nachdem die Prozesse ihren Abschluß gefunden hatten, habe ich im Interesse der Fachwissenschaft die Untersuchung der Kesselanlage nachgeholt, die zur Klärung der Sachlage von mir vorgeschlagen, leider aber unterblieben war, und nachgewiesen, daß der beanstandete Koksverbrauch, wenn man überhaupt von einem anormalen Mehrverbrauch sprechen darf, keineswegs auf die geringere Güte des Kesselsystems zurückgeführt werden konnte.

Tabelle XXI.

Jahr	Koks-verbrauch in Ztr	Kokssorte	Preis pro Ztr. M	Kosten des Koks M	Bemerkungen
1898/99	2422	N. Sch. C.[1]	1,50	3633	Einsturz der Feuerzüge.
1899/00	3300	W. C.[2]	1,50	4950	
1900/01	2343	W. C.	2,35	5065	
		G. C.[3]	1,52		
1901/02	2175	W. Sch. C.	1,60	3386	
		G. C.	1,15		
1902/03	2200	W. Sch. C.	1,55	3089	
		G. C.	0,90		
1903/04	1900	W. Sch. C.	1,50	2850	
1904/05	1890	«	1,50	2835	
1905/06	2025	«	1,50	3037	
1906/07	2296	«	1,60	3673	
1907/08	2056	«	1,85	3803	
Koksverbr. i. Mitt. (ausschl. 1899/1900)	2145,2			3485,6	

[1] Niederschlesischer Koks.   [2] Westfälischer Koks.   [3] Gaskoks.

Die Bedienung der Anlage ließ nichts zu wünschen übrig: Ein »Reservefeuer«, richtiger schwächerer Betrieb, während des Nachts diente dem Zweck, der Heizungsanlage soviel Wärme zuzuführen, als zur Erhaltung einer Wassertemperatur von 30° bis 40° C am kommenden Morgen erforderlich war. Der Rauchschieber wurde entsprechend den jeweiligen Witterungsverhältnissen eingestellt. Um 6 Uhr morgens wurde dann das Feuer durchgerührt, der Rost beschickt und mit offenen Aschetüren hochgeheizt; in ca. 2 Stunden waren auf diese Weise ca. 80° C erreicht. Der Betrieb am Tage richtete sich wiederum nach den Witterungsverhältnissen, d. h. die Steigetemperatur wurde nach einer bestimmten Skala in Abhängigkeit von der Außentemperatur gehalten. Über den

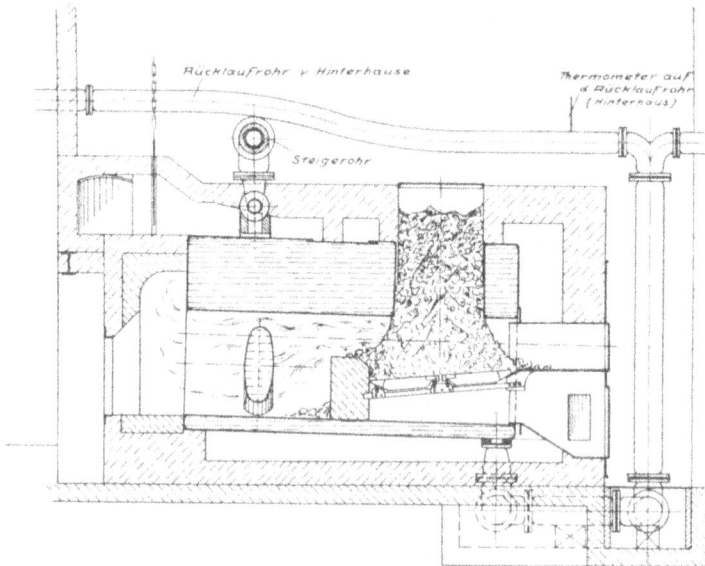

Fig. 49.

täglichen Koksverbrauch, die Witterungsverhältnisse und sonstige Beobachtungen von Wert wurde gewissenhaft vom Besitzer des Hauses Buch geführt. Aus den Aufzeichnungen stellte ich fest, daß bei einer durchschnittlichen Tagestemperatur[1]) von 11° C noch geheizt wurde. Dabei wurde eher ein kalter Tag im September als im April und Mai außer acht gelassen.

Tabelle XXI lehrt, daß pro Jahr im Durchschnitt 2145,2 Ztr. Koks mit einem Kostenaufwande von M 3485,60 verbraucht worden sind. Die Kosten variierten nach der Wahl der Kokssorte und nach dem Einkaufspreise zwischen M 2835 und M 5065.

Der Wärmebedarf der Anlage wurde von den Sachverständigen mit 253 440 WE zugrunde gelegt und der Koksverbrauch empirisch mit »0,4 W« kg zu 2027,5 Ztr. in Übereinstimmung mit dem tatsächlichen Durchschnitt von 9 Jahren ermittelt.

Versuchsergebnisse.

Die beiden Heizkessel wurden verschieden beansprucht, um die Ausnutzung des Brennstoffes für die tatsächlichen Betriebsverhältnisse zu ermitteln. Kessel I diente bei ganz geöffnetem Schornsteinschieber zur Erzielung der erforderlichen Steigetemperatur, während Kessel II nur mit 60 mm geöffnetem Schieber, aber geschlossener Aschfalltür betrieben wurde. Die bei diesen Schornsteinschieber-

[1]) Vgl. S. 21.

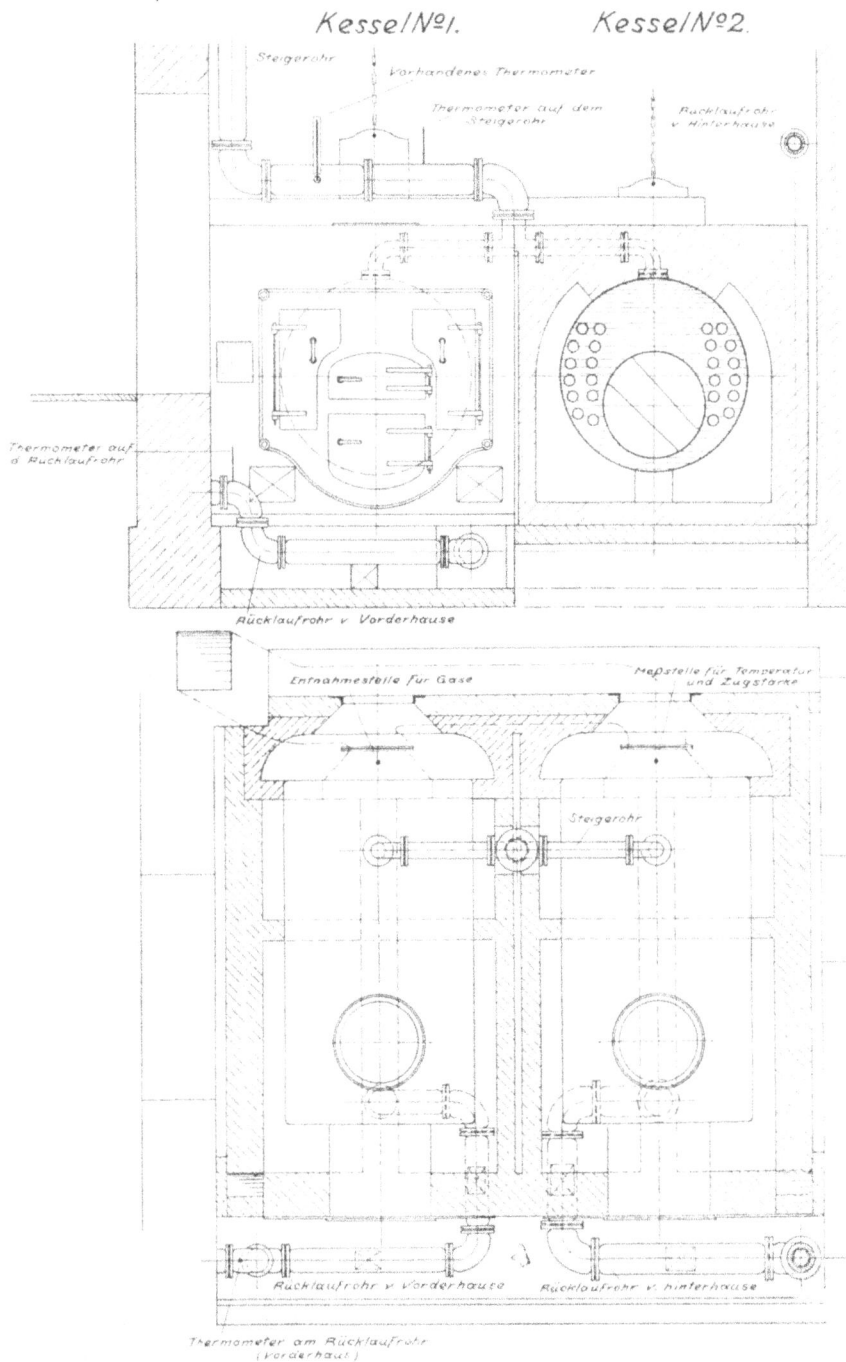

Kessel N°1.   Kessel N°2.

Fig. 50 und 51.

Stellungen ermittelten Zugstärken, Kohlensäuregehalte, Abgangstemperaturen und Kaminverluste waren im Mittel folgende:

	Zug	CO_2	Abgangstemp.	Kaminverlust
Kessel I	5,68 mm	8,31 %	137,5° C	10,89 %
Kessel II	3,8 »	8,31 %	92,13° C	6,81 %

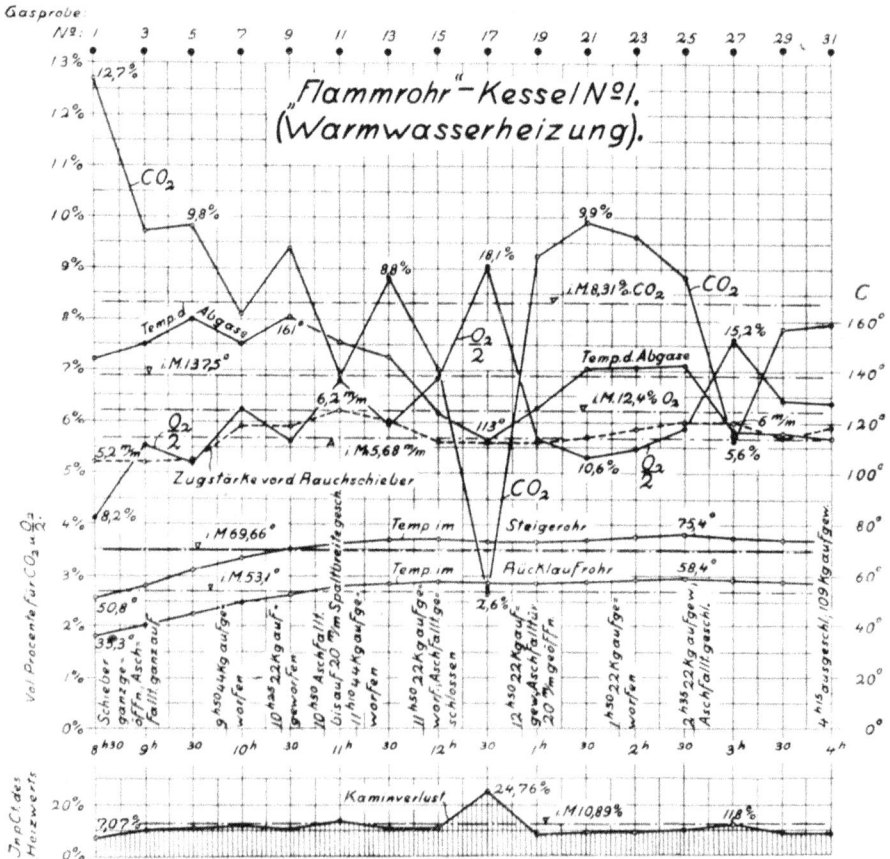

Fig. 52.

Die graphischen Darstellungen Fig. 52 und 53 lassen den Gang der Verbrennung deutlich erkennen. Bei frisch beschicktem Rost und angefülltem Schütttrichter zeigt Kessel I, der dem stärkeren Schornsteinzuge ausgesetzt war, den größten CO_2-Gehalt von 12,7 %. Durch die Unterbrechung des Betriebs infolge Beschickung und durch Hohlbrennen der Schüttung bedingt, sinkt CO_2 bis 2,6 % (12 Uhr 30 Min.) herunter. Von hier ab fällt die Schüttung wieder in sich zusammen, so daß der Koks dichter aufeinander zu liegen kommt: CO_2 steigt bis 9,2 und 9,9 %. Der Einfluß des Luftüberschusses in dieser Zeit kennzeichnet sich durch die den Kaminverlust darstellende schraffierte Fläche; um 12 Uhr 30 Min. (vgl. auch Tabelle XXVI) betrug er noch 24,76 %, eine halbe Stunde später nur 8 % vom Heizwert des Koks.

Wir lernen hieraus, wie wichtig die Wahl des Brennstoffes selbst ist, um größere Verluste zu verhüten. Großstückiger Koks sperrt sich und ruft Luftüberschuß hervor, während durch kleinstückigen Koks die Zwischenräume in der Schüttung ausgefüllt werden, so daß die Verbrennung mit gleichmäßigem, höheren CO_2 vor sich geht. Selbstverständlich verdient gesiebter Koks den Vorzug, weil er weniger Asche enthält und daher weniger schlackt.

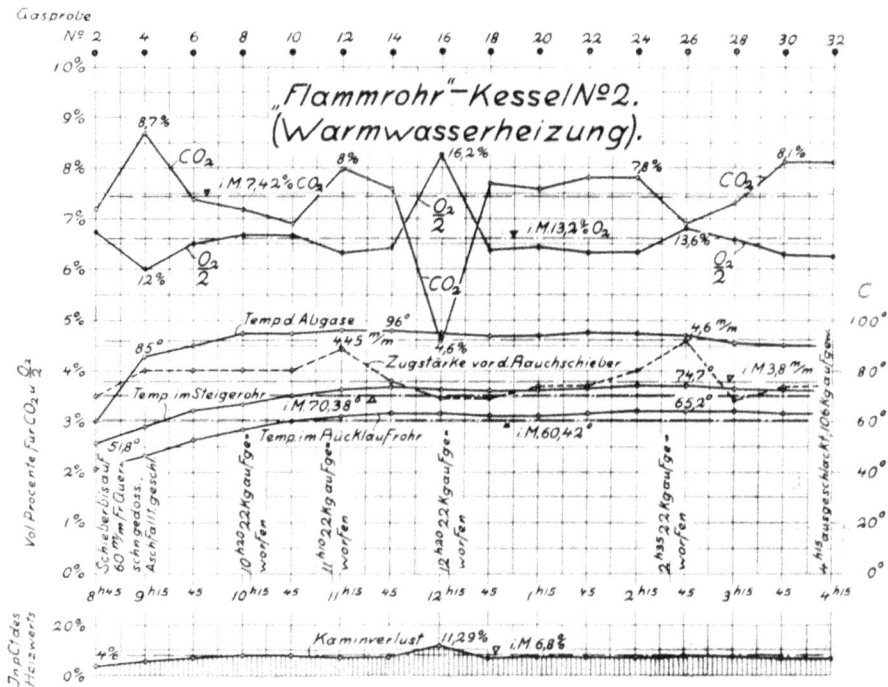

Fig. 53.

Daß ähnliche Fälle auch bei Kessel II mit geringer Zugstärke vorkommen, zeigt die zweite Darstellung Fig. 53. Hier ist ein Minimum an CO_2 um 12 Uhr 15 Min. zu erblicken, weshalb auch der Kaminverlust für diesen Zeitpunkt sein Maximum hat. Daß der Unterschied nicht so stark in die Erscheinung wie bei Kessel I tritt, liegt in der geringeren Zugstärke begründet. Sonst zeigen beide Kessel eine verhältnismäßig gleichbleibende Verbrennung, denn die Kaminverluste schwanken gegenüber den andern zur Untersuchung herangezogenen Heizkesseln sehr wenig.

Daß mit dem CO_2-Gehalt der Verbrennungsgase die Abgangstemperaturen steigen, ist bei Kessel I recht deutlich ersichtlich. Indes ist der Einfluß der Temperaturen im Fuchs auf den Kaminverlust nicht so groß als der Prozentgehalt an CO_2. Ich empfehle deshalb, die Schütttrichter möglichst hoch zu wählen und die Beschickung häufiger vorzunehmen, damit der Verbrennungsraum über dem Rost stets abgeschlossen bleibt; dann wird man auch größere Schwankungen im CO_2-Gehalt mit Sicherheit vermeiden und den Nutzeffekt günstig beeinflussen. Die Methode der Hausbesitzer, immer nur wenig Koks aufwerfen zu lassen, um den Verbrauch einzuschränken, ist demnach das Verkehrteste, was man tun kann.

Die Ausnutzung des Brennstoffes betrug, wenn wir für den Verlust an Wärmeleitung und Strahlung des Kessels rd. 5 % annehmen, bei

Kessel I $\sim 84 \% = 5950$ WE,
Kessel II $\sim 88 \% = 6222$ WE,

Ziffern, die der Beachtung wert sind.

Die Leistungen der beiden Heizkessel waren trotz der geringen Zugstärken ebenfalls gut. Es wurden bei Kessel I in $7^3/_4$ Stunden 307 kg, bei Kessel II in 7,5 Stunden 194 kg Koks verbrannt, so daß pro qm Heizfläche und Stunde

$$\text{bei Kessel I} = \frac{307 \cdot 5950}{25 \cdot 7,75} = \sim 9450 \text{ WE}$$

$$« \quad « \quad \text{II} = \frac{194 \cdot 6222}{25 \cdot 7,5} = \sim 6420 \text{ «}$$

erzielt wurden.

Die Beanspruchung des Rostes betrug im ersten Falle 56,5 kg, im zweiten 37 kg.

Tabelle XXII.

Jahr	Anzahl der Heiztage	Mittlere Tagestemp. für die Heizperiode ° C	Koksverbrauch in Ztr.	
			gerechnet	tatsächlich
1901/2	223	4,47	1782	2175
1902/3	236	4,44	1892	2200
1903/4	210	4,00	1730	1900
1904/5	214	5,21	1630	1890
1905/6	208	3,77	1740	2025
Im Mittel	218	4,38	1755	2024

Diff. 269 Ztr.

Die genauere Berechnung des Koksverbrauches ergibt sich aus den tatsächlich beobachteten Heiztagen, der mittleren Tagestemperatur hierfür und den erzielten Nutzeffekten (im Mittel 5900 WE[1]) pro kg Koks), wie aus Tabelle XXII ersichtlich.

Hiernach stellt sich gegenüber der Rechnung der tatsächliche Kohlenverbrauch um ca. 15% höher, ein Umstand, den ich auf die Wärmeverluste der Rohrleitung zurückführe. Zur Kontrolle dieser Differenz möchte ich noch das Anheizen für die Zeit von 6 bis 8 Uhr morgens heranziehen.

Bei höchster Temperatur im Steigerohr von 90° C und einer Rücklauftemperatur von 70° C ist mit einer mittleren Wärmeabgabe der Heizkörper von

$$\left(\frac{90 + 70}{2} - 20^0\right) \cdot 3{,}75 = 225 \text{ WE}$$

zu rechnen, wenn unter »3,75« der für drei- und sechsreihige Rippenheizkörper im Mittel gültige Koeffizient zu verstehen ist. Die Raumtemperatur ist dabei zu 20° C angenommen. Zur Deckung eines Wärmeverlustes von 253 440 WE wären demnach

$$\frac{253\,440}{225} = 1130 \text{ qm Rippenheizkörper}$$

erforderlich.

Bei — 10° C Außentemperatur betrug die Raumtemperatur morgens 6 Uhr ungefähr 12° C, um 8 Uhr morgens ca. 17° C. Die Temperatur des Heizwassers im Steigrohr stieg während dieser Zeit von 30° auf 80° C. Da das Verhältnis zwischen den Temperaturen im Steige- und Rücklaufrohr an beiden Heizkesseln verschieden war[2], ist in folgender Tabelle XXIII die mittlere Wassertemperatur für einzelne Temperaturgrade berechnet worden:

Tabelle XXIII.

Kessel I	Mittel °C	Kessel II	Mittel °C	a Mittlere Wassertemperat. °C	b Raumtemp. °C	c (a—b) °C	d Koeff. x	e (c · d) WE
$\frac{80 + 55{,}6}{2} =$	67,8	$\frac{80 + 65{,}2}{2} =$	72,6	70,2	17	53,2	3,5	186
$\frac{70 + 52{,}5}{2} =$	61,2	$\frac{70 + 59{,}3}{2} =$	64,6	62,9	15	47,9	3,25	156
$\frac{50 + 43{,}2}{2} =$	46,6	$\frac{50 + 46}{2} =$	48	47,3	13	34,3	2,75	94
$\frac{30 + 29}{2} =$	29,5	$\frac{30 + 27}{2} =$	29,5	29,5	12	17,5	2,75	48

[1] Wenn ich die Zeit des Schlackens berücksichtige.

[2] Die in Fig. 52 und 53 eingetragenen Temperaturen bedürfen einer Korrektur, da die auf die Rohre aufgesetzten Thermometer i. M. um 5° C zu wenig zeigten.

In Fig. 54 ist die Wärmeabgabe der Heizkörper zum Temperaturverlauf des Heizwassers graphisch aufgetragen; es ergibt sich eine mittlere Wärmeabgabe von 116 WE. Demnach kommen für die Anheizperiode folgende Wärmemengen in Frage:

1. Anwärmen von ca. 12 000 kg Heizwasser von 29,5° auf 70,2° C 488 400 WE,
2. desgl. von ca. 26 000 kg Eisen (26 000 · 0,12 · 40,7°) . . . . 126 900 »
3. Wärmeabgabe von 1130 qm Rippen - Heizkörper (1130 · 116) 131 080 »
$$\overline{}$$
746 380 WE.

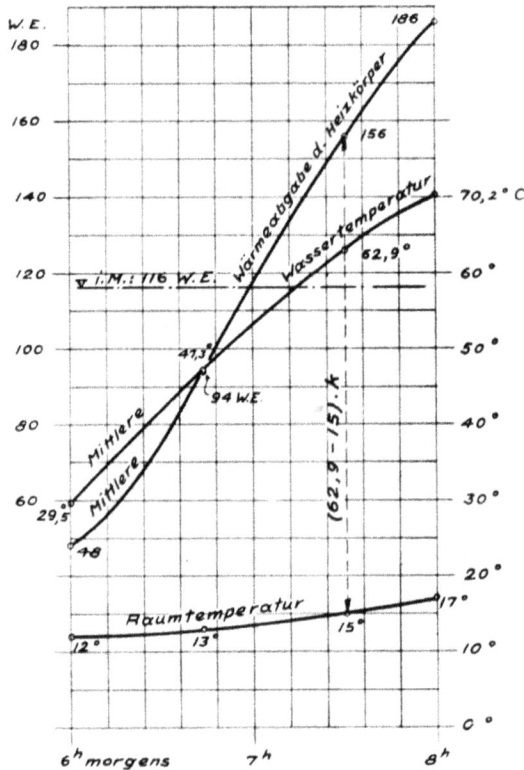

Fig. 54.

Der Versuch am Kessel I bei vollem Betriebe lehrte, daß nach frischer Beschickung des Rostes in zwei Stunden 69 kg Koks mit einem Nutzeffekt von 85 % verbrannt wurden. Bei zwei Heizkesseln hätten wir demnach mit einer Wärmeentwicklung von etwa

$$2 \cdot 69 \cdot 6000 = 828\,000 \text{ WE}$$

zu rechnen, so daß eine Differenz von ca. 10 % für nicht nachgewiesene Wärmeverluste übrig bliebe.

Wenn auch zugegeben werden muß, daß die Berechnung des Wasser- und Eisengewichtes keinen Anspruch auf Genauigkeit machen kann, so dürfte doch das Ergebnis annähernd den Tatsachen entsprechen. Ich buche die sich ergebende Differenz auf das Konto des Rohrleitungs- verlustes, der erst mit dem fortgesetzten Heizbetriebe ähnlich dem Wärmebedarf der Umfassungswände vollends gedeckt wird. Da letzterer der Heizungsanlage wieder zugute kommt, belastet er indes nicht den Koksverbrauch.

Tabelle XXIV. Einzelablesungen.
Flammrohrkessel.

	Kessel I		Für beide Kessel gültig			Kessel II		
Zeit	Temperatur der Abgase °C	Zugstärke vor dem Rauchschieber mm WS	Rel. Luftfeuchtigkeit im Kesselhaus %	Temperatur im Kesselhaus °C	Temperatur im Freien °C	Zugstärke vor dem Rauchschieber mm WS	Temperatur der Abgase °C	Zeit
8³⁰	144,0	5,2	60,0	18,9	4,5	3,5	60,0	8⁴⁵
			61,0	19,5	4,5			
9⁰⁰	150,0	5,2	58,0	20,0	4,3	4,0	85,0	9¹⁵
			57,0	20,0	4,3			
9³⁰	160,0	5,2	55,0	21,0	4,9	4,0	90,0	9⁴⁵
			55,0	21,5	5,0			
10⁰⁰	150,0	5,8	54,0	22,0	5,2	4,0	95,0	10¹⁵
			53,0	22,0	5,7			
10³⁰	160,5	5,8	51,0	22,3	5,9	4,0	95,0	10⁴⁵
			51,0	23,0	6,0			
11⁰⁰	150,5	6,2	51,0	22,8	6,0	4,4	96,0	11¹⁵
			51,0	23,0	6,2			
11³⁰	145,0	6,0	51,0	23,0	6,2	3,8	96,0	11⁴⁵
			51,0	23,0	6,5			
12⁰⁰	123,0	5,6	51,0	23,0	6,9	3,4	95,0	12¹⁵
			51,0	23,0	7,0			
12³⁰	112,0	5,6	51,0	23,0	6,9	3,4	94,0	12⁴⁵
			51,0	23,0	6,5			
1⁰⁰	125,0	5,5	52,0	23,5	5,5	3,6	94,0	1¹⁵
			52,0	23,0	6,0			
1³⁰	140,1	5,6	52,0	24,0	6,0	3,6	95,0	1⁴⁵
			52,0	24,0	5,9			
2⁰⁰	140,5	5,8	51,0	24,5	5,9	4,0	95,0	2¹⁵
			51,0	23,8	5,8			
2³⁰	141,0	6,0	51,0	24,8	5,8	4,6	94,0	2⁴⁵
			50,0	24,0	5,5			
3⁰⁰	115,8	6,0	50,0	24,5	5,5	3,4	91,0	3¹⁵
			51,0	24,2	5,3			
3³⁰	115,0	5,6	51,0	24,0	5,5	3,6	90,0	3⁴⁵
			51,0	24,5	5,2			
4⁰⁰	113,0	5,8	51,0	24,8	5,5	3,6	90,0	4¹⁵
			51,0	24,5	6,0			

Tabelle XXV.　Analysen der Verbrennungsgase.
Flammrohrkessel.

Zeit	Kessel I				Kessel II				Zeit
	Glasballon Nr.	CO_2 %	O_2 %	N_2 %	CO_2 %	O_2 %	N_2 %	Glasballon Nr.	
8^{30}	1	12,7	8,2	79,1	7,2	13,5	79,3	2	8^{45}
9^{00}	3	9,7	11,1	79,2	8,7	12,0	79,3	4	9^{15}
9^{30}	5	9,8	10,8	79,4	7,4	13,1	79,5	6	9^{45}
10^{00}	7	8,1	12,5	79,4	7,2	13,4	79,4	8	10^{15}
10^{30}	9	9,4	11,3	79,3	6,9	13,4	79,7	10	10^{45}
11^{00}	11	6,9	13,7	79,4	8,0	12,7	79,3	12	11^{15}
11^{30}	13	8,8	11,9	79,3	7,6	12,9	79,5	14	11^{45}
12^{00}	15	7,0	13,7	79,3	4,6	16,2	79.4	16	12^{15}
12^{30}	17	2,6	18,1	79,3	7,7	12,8	79,5	18	12^{45}
1^{00}	19	9,2	11,3	79,5	7,6	12,9	79,5	20	1^{15}
1^{30}	21	9,9	10,6	79,5	7,8	12,7	79,5	22	1^{45}
2^{00}	23	9,6	10,9	79,5	7,8	12,7	79,5	24	2^{15}
2^{30}	25	8,8	11,7	79,5	6,9	13,7	79,4	26	2^{45}
3^{00}	27	5,6	15,2	79,2	7,3	13,2	79,5	28	3^{15}
3^{30}	29	7,8	12,8	79,4	8,1	12,6	79,3	30	3^{45}
4^{00}	31	7,9	12,7	79,4	8,1	12,5	79,4	32	4^{15}

Tabelle XXVI.　Verluste.
Flammrohrkessel.

Zeit	Kessel Nr. I Kaminverlust v'' %	Zeit	Kessel Nr. I Kaminverlust r'' %	Kessel Nr. II Kaminverlust r'' %	Zeit	Kessel Nr. II Kaminverlust r'' %	Zeit
8^{30}	7,07	12^{30}	24,76	4,04	8^{45}	6,65	12^{45}
9^{00}	9,76	1^{00}	8,00	5,38	9^{15}	6,74	1^{15}
9^{30}	10,34	1^{30}	8,52	6,67	9^{45}	6,56	1^{45}
10^{00}	11,50	2^{00}	8,78	7,31	10^{15}	6,59	2^{15}
10^{30}	10,72	2^{30}	9,59	7,53	10^{45}	7,30	2^{45}
11^{00}	13,47	3^{00}	11,80	6,58	11^{15}	6,60	3^{15}
11^{30}	10,35	3^{30}	8,40	6,93	11^{45}	5,83	3^{45}
12^{00}	10,20	4^{00}	8,07	11,29	12^{15}	5,83	4^{15}

XVIII. Strebelkessel.

(Niederdruckdampf.)

Erfahrungen mit dem Kesselsystem.

Das Fabrikat des Strebelwerks, G. m. b. H., in Mannheim zeichnet sich durch gleichmäßig gute Arbeit und Ausführung aus. Das Material ist vorzüglich und die ganze Form der Kessel gefällig. Die bei der neueren Bauart vorgesehenen seitlichen Reinigungsklappen bedeuten eine wesentliche Verbesserung, da dadurch die Arbeit des Reinigens der senkrecht angeordneten Abzugskanäle gegen früher erleichtert ist (vgl. Fig. 55 und 56).

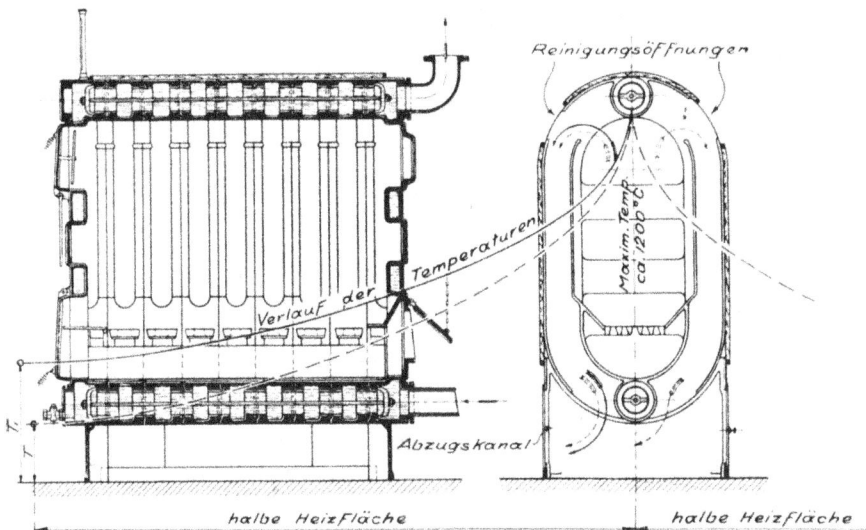

Fig. 55 und 56.

Die Ausnutzung des Brennstoffes ist bei den schmäleren Heiz-kesseln (600 mm breit) ungünstiger als bei der breiteren Ausführung (900 mm breit), die Leistung dagegen bei dem schmäleren Modell etwas höher. Ich führe dies auf den Umstand zurück, daß selbst bei gleichwertiger Kontaktheizfläche in beiden Fällen das Feuer im breiteren Füllschacht nicht so konzentriert ist als in dem schmäleren. Rechnet man mit einer pro Zeiteinheit und qm Rostfläche zugeführten gleich großen Luftmenge, muß letztere in dem großen Füllschacht wegen der vermehrten freien Wege und der höheren Temperatur in der Brennschicht eine bessere Verbrennung und demzufolge einen geringeren Verlust an unverbrannten Gasen ergeben.

Die Ausnutzung des Brennstoffes im allgemeinen wird bei diesem Kesselsystem und den ähnlichen Bauarten dadurch beeinflußt, daß die Feuergase nicht die in Fig. 56 gekennzeichneten Wege zu beiden Seiten des Füllschachtes einschlagen, sondern häufig nur nach einer Seite abbiegen. Diese Beobachtung habe ich insbesondere bei forcierten und einseitig an den Fuchs angeschlossenen Kesseln gemacht, wovon man sich leicht durch Vorhalten einer Glasplatte vor der geöffneten Fülltür überzeugen kann. In solchem Falle wird die Kesselheizfläche nur zur Hälfte ausgenutzt, der Kaminverlust wegen höherer Abgangstemperaturen bedeutend erhöht und die Leistung des Kessels verringert. In Fig. 56 habe ich den Vorgang für beide Möglichkeiten graphisch veranschaulicht. Denkt man sich die halbe Heizfläche zu beiden Seiten des Füllschachtes, dessen Mitte die Ordinate bildet, auf die Abszisse abgewickelt, muß bei normaler Ausnutzung der Heizfläche der Kaminverlust wegen der geringeren Fuchstemperatur T niedriger ausfallen als in dem zweiten Falle, wo die Gase wegen ihrer erhöhten Geschwindigkeit und der begrenzten Aufnahmefähigkeit der Heizfläche mit einer höheren Temperatur T_1 in den Schornstein gelangen.

Bemerkungen zur Versuchsanlage.
(3 Heizkessel mit zusammen 49,5 qm Heizfläche; Schmelzkoks.)

Die Anordnung der Heizkesselanlage für eine Niederdruckdampfheizung zeigen Fig. 57 und 58. Es wurde Klage über mangelhaften Heizeffekt und großen Koksverbrauch geführt. Der Bedarf an Wärme betrug maximal 287 280 WE pro Stunde, während die aufgestellten Heizkörper ¹/₃ mehr abzugeben imstande waren. Die mangelhafte Erwärmung konnte deshalb nicht in fehlender Heizfläche gesucht werden.

Für die Berechnung der Kesselheizfläche nahm ich einen Zuschlag von 20 % an, so daß pro qm Kesselheizfläche

$$\frac{1,2 \cdot 287\,280}{49,5} = 7000 \text{ WE}$$

maximal verlangt wurden. Darnach konnte auch die Kesselheizfläche nach den bisher gewonnenen Erfahrungen nicht beanstandet werden.

Die Heizkessel waren zuerst unsymmetrisch zum Fuchs, d. h. ähnlich wie die Kessel der Fig. 62 und 63, angeschlossen, wurden dann aber nach Fig. 57 und 58 geändert. Der Koksverbrauch nahm ab, wurde aber immer noch beanstandet, weil er bei — 5 bis — 10° C Außentemperaturen noch 33 hl pro Tag betrug.

Als Ursache des mangelhaften Heizeffektes und hohen Koksverbrauches ergab sich nach der Untersuchung der Kesselanlage die unsachgemäße Einstellung des Dampfdruckreglers; dadurch, daß der Schornsteinzug durch Einlaß von Nebenluft in den Abzugskanal weit vor der Erreichung eines Dampfdruckes von 0,1 Atm. aufgehoben wurde, reichte die im Dampf enthaltene Wärme wegen dessen frühzeitiger Kondensation in der Rohrleitung nicht aus, den Wärmebedarf zu decken. Dem Koksaufwand stand also kein Äquivalent gegenüber; denn es kostet, praktisch genommen, dasselbe, ob Dampf von 0,05 oder 0,1 Atm. Über-

3 „Strebel"-Kessel mit 49,5 qm Heizfläche.

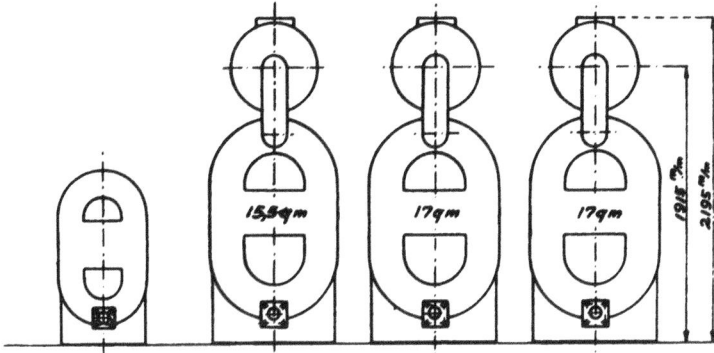

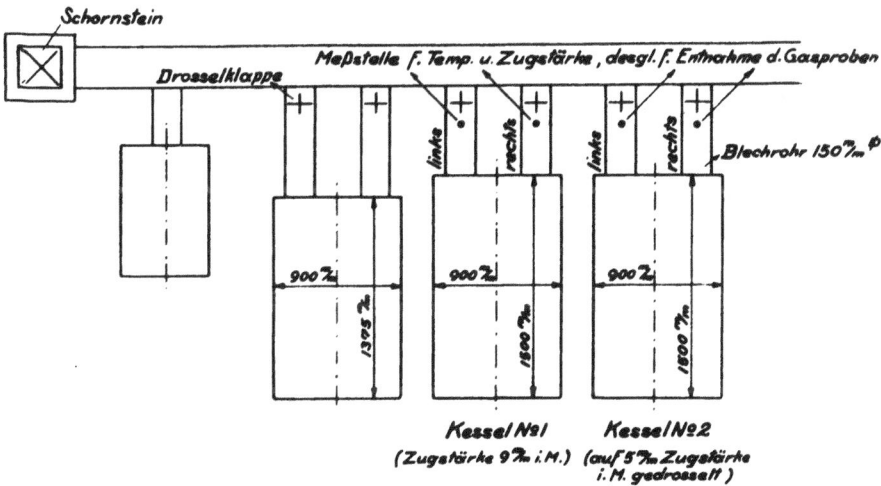

Fig. 57 und 58.

druck erzeugt wird. Nur genügt ersterer nicht für den Heizeffekt und führt daher zum unwirtschaftlichen Betrieb.

Für den Kaminverlust war die hohe Temperatur im Kesselhause günstig; sie betrug im Mittel 41° C.

Versuchsergebnisse.

Von den drei aufgestellten Strebelkesseln habe ich die beiden gleichen Kessel I und II bei einer Außentemperatur von wenigen

Graden Kälte (im Mittel — 3⁰ C) untersucht. Um den Einfluß des Schornsteinzuges auf den Nutzeffekt zu studieren, ließ ich

Kessel 1 mit ca. 9,0 mm Wassersäule,
Kessel II » » 5,5 mm   »

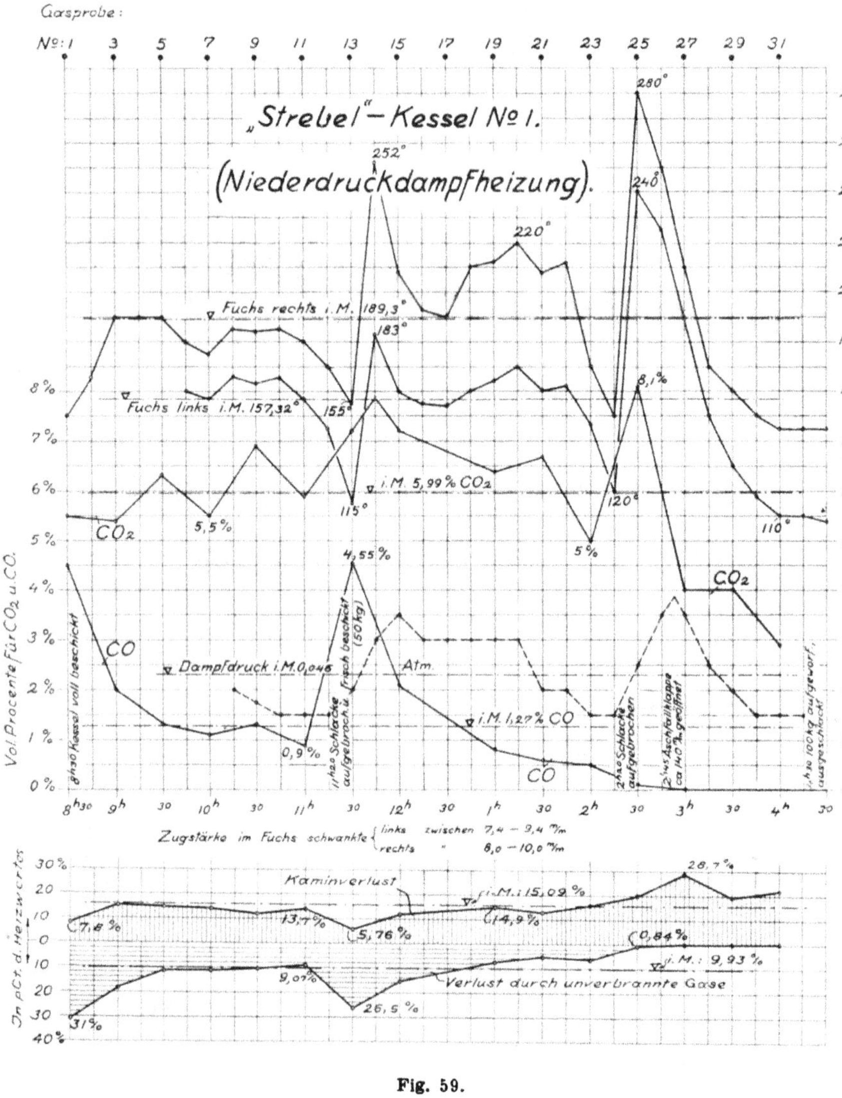

Fig. 59.

Zugstärke in den Abzugskanälen betreiben. Die Zugstärke kam indes wegen des vorhandenen Verbrennungsreglers nicht zur Wirkung, da der Schornsteinzug durch Einlaß von Luft in den Abzugskanal geschwächt wurde. Infolgedessen war auch der Koksverbrauch beider Kessel fast gleich. Es wurde in der Zeit von 8^{30} morgens bis 4^{30} nachmittags verbraucht:

bei Nr. I: 150 kg,
» Nr. II: 140 »

Die beobachteten Schwankungen der Zugstärken gehen aus der Tabelle der Einzelablesungen hervor.

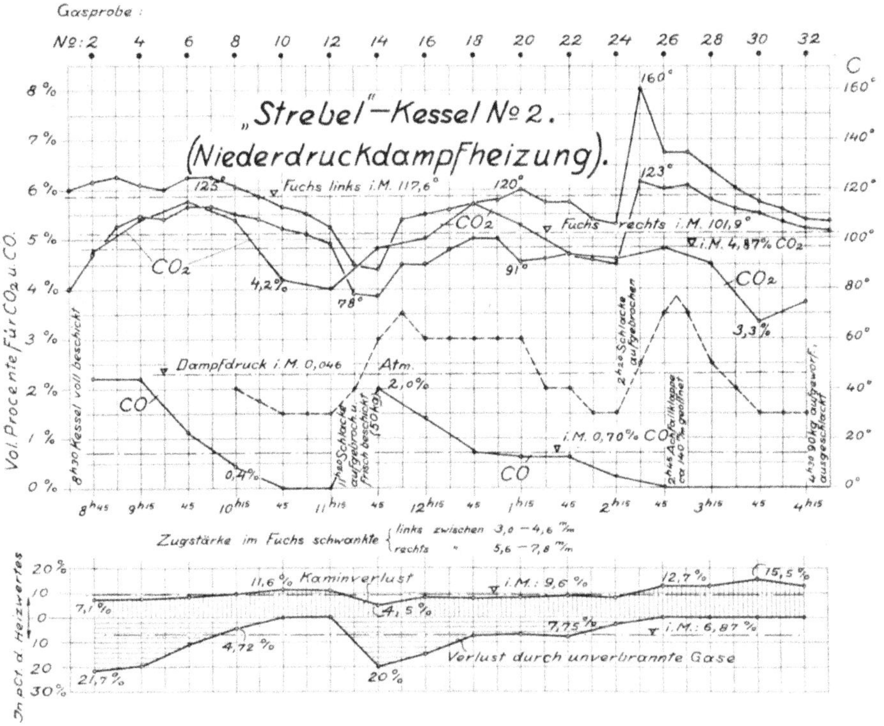

Fig. 60.

Der Dampfdruck betrug im Mittel 0,046 Atm., während der für die Anlage berechnete 0,1 Atm. sein mußte. Ein Blick auf die graphische Darstellung des Verbrennungsvorganges an Kessel I (Fig. 59) zeigt, daß der Verlauf der Abgangstemperaturen (Temperatur im Fuchs) jenem des Dampfdruckes vollends entspricht: Schloß die den Einlaß von Nebenluft beeinflussende Klappe ab, stieg sofort die Temperatur im Fuchs und damit auch gleichzeitig jene des Dampfdruckes; wurde die Klappe dagegen vom Dampfregler geöffnet, kam Luft in den Abzugskanal, verdünnte hier die Verbrennungsgase, so daß ihre Tempe-

ratur sofort wieder sank. Ein gleiches Verhalten zeigt in diesem Falle
der Dampfdruck, der zu sinken und unter Umständen erst nach einigen
Stunden wieder zu steigen begann.

Dem höheren CO_2-Gehalt entsprechen höhere Abgangstemperaturen. Wird der Schornsteinzug geschwächt, so nimmt CO zu.
Der Verminderung des Kaminverlustes (Verlust durch Abgase) entspricht demnach, wie dies aus der schraffierten Fläche (insbesondere
für Kessel I) hervorgeht, eine Vermehrung des Verlustes durch unverbranntes CO. Kaminverlust + Verlust durch unverbrannte Gase
(CO) bilden bei Kessel I fast einen gleichbleibenden Wert. H i e r a u s
e r g i b t s i c h d i e U n z u l ä s s i g k e i t , d e n D a m p f -
d r u c k d u r c h E i n l a ß v o n N e b e n l u f t i n d e n A b -
z u g s k a n a l z u r e g u l i e r e n , w e i l d a s C O i n d e n
K e s s e l r a u m u n d v o n h i e r a u s i n d i e W o h n r ä u m e
d r i n g e n k a n n .

Wärmeverluste in Prozenten des Heizwertes des Koks:

	Abgangswärme	durch unverbranntes CO
Kessel I	15,09 %	9,93 %
Kessel II	9,60 %	6,87 %

Insbesondere wurden am Kesselende folgende Schwankungen in der Zusammensetzung der Gase festgestellt:

Kessel I: 2,9 bis 8,1 % CO_2 Kessel II: 3,3 bis 5,7 % CO_2
           0 bis 4,55 % CO   0 bis 3,3 % CO
           10,5 bis 17,9 % O_2 13,8 bis 17,4 % O_2.

Den Verlauf der Fuchstemperaturen zeigen Fig. 59 und 60.

Nach den Versuchen, die von der Großh. Chemisch-Technischen
Prüfungs- und Versuchsanstalt in Karlsruhe i. B. an einem Strebel-
schen Heizkessel ausgeführt wurden[1]), habe ich aus den Ergebnissen
einen Restbetrag für Wärmeleitung und Strahlung von 1,67% vom
Heizwerte des Koks ermittelt. Nehme ich diesen Betrag auch für
die vorliegenden Kessel an, ergibt sich der Nutzeffekt

für Kessel I zu $(100 - [15,09 + 9,93 + 1,67]) = 73,31 \ (81,5)[2])\%$
für Kessel II zu $(100 - [\ 9,60 + 6,87 + 1,67]) = 81,86\%$

oder in anderen Worten ausgedrückt: 1 kg Koks wurde bei Kessel I
mit 5183 (5762)[2], bei Kessel II sogar mit 5787 WE ausgenutzt.

---

[1]) Vgl. Druckschrift »Strebels Original Gegenstrom-Glieder-Kessel (Liste
344, S. 9).

[2]) Vgl. Korrektur auf S. 136.

Tabelle XXVII. Einzelablesungen.
Strebelkessel (Niederdruckdampf).

	Kessel Nr. I				Für beide Kessel gültig				Kessel Nr. II				
Zeit	Temperatur der Abgase °C		Zugstärke vor dem Rauchschieb. mm WS		Rel.Luftfeuchtigkeit im Kesselhause %	Temp. im Kesselhause °C	Temp. im Freien °C	Dampfdruck in Atm. Überdruck	Zugstärke vor dem Rauchschieb. mm WS		Temperatur der Abgase °C		Zeit
	links	rechts	links	rechts					links	rechts	links	rechts	
8³⁰	—	150	7,7	8,0	24,0	42,0	—2.5	—	3,7	6,5	123	94	8⁴⁵
					23,5	40,2							
9⁰⁰	—	190	—	—	23,0	38,5	—	—	—	—	122	109	9¹⁵
					23,5	39,2							
9³⁰	—	190	8,8	9,1	24,0	40,0	—3,5	—	4,5	7,5	125	113	9⁴⁵
					24,5	40,3							
10⁰⁰	157	175	—	—	25,0	40,7	—	0,04	—	—	121	110	10¹⁵
					24,5	40,8							
10³⁰	163	184	9,0	9,4	24,0	40,9	—3,2	0,035	4,6	7,8	113	104	10⁴⁵
					24,0	40,7		0,03					
11⁰⁰	157	180	—	—	24,0	40,5	—	0,03	—	—	105	98	11¹⁵
					24,5	41,0		0,03					
11³⁰	115	155	7,5	8,2	25,0	41,5	—2,5	0,04	3,6	5,6	88	77	11⁴⁵
					24,0	40,3		0,06					
12⁰⁰	160	208	—	—	23,0	39,2	—	0,07	—	—	110	90	12¹⁵
					23,5	39,8		0,06					
12³⁰	154	190	9,4	9,8	24,0	40,5	—2,5	0,06	4,6	7,6	115	100	12⁴⁵
					23,5	41,0		0,06					
1⁰⁰	164	212	—	—	23,0	41,5	—	0,06	—	—	120	91	1¹⁵
					23,0	40,9		0,06					
1³⁰	160	208	9,2	9,8	23,0	40,3	—2,5	0,04	4,6	7,4	115	94	1⁴⁵
					23,0	40,5		0,04					
2⁰⁰	147	170	—	—	23,0	40,7	—	0,03	—	—	106	90	2¹⁵
					22,5	42,3		0,03					
2³⁰	240	280	9,4	10,0	22,0	44,0	—1,5	0,05	3,6	6,8	135	120	2⁴⁵
					22,0	43,2		0,07					
3⁰⁰	190	210	—	—	22,0	42,5	—	0,07	—	—	128	116	3¹⁵
					22,0	41,7		0,05					
3³⁰	131	160	9,4	10,0	22,0	41,0	—2,5	0,04	3,6	6,8	115	110	3⁴⁵
					22,0	40,7		0,03					
4⁰⁰	110	145	—	—	22,0	40,5	—	0,03	—	—	108	104	4¹⁵
					22,0	40,5		0,03					
4³⁰	108	145	7,4	8,0	22,0	40,5							

Tabelle XXVIII. Analysen der Verbrennungsgase.
Strebelkessel (Niederdruckdampf).

Zeit	Glas-ballon Nr.	CO₂ %	O₂ %	CO %	N₂ %	CO₂ %	O₂ %	CO %	N₂ %	Glas-ballon Nr.	Zeit
	Kessel Nr. I					Kessel Nr. II					
8^{30}	1	5,5	12,2	4,5	77,8	4,75	14,3	2,2	78,75	2	8^{45}
9^{00}	3	5,4	14,3	2,0	78,3	5,4	13,8	2,2	78,60	4	9^{15}
9^{30}	5	6,3	13,0	1,3	79,4	5,76	14,4	1,1	78,74	6	9^{45}
10^{00}	7	5,5	14,6	1,1	78,8	5,4	15,0	0,4	79,2	8	10^{15}
10^{30}	9	6,9	12,8	1,3	79,0	4,2	16,4	—	79,4	10	10^{45}
11^{00}	11	5,9	14,2	0,9	79,0	4,0	16,5	—	79,5	12	11^{15}
11^{30}	13	7,2	10,5	4,55	77,75	4,85	14,7	2,0	78,45	14	11^{45}
12^{00}	15	7,2	12,2	2,1	78,5	5,0	14,8	1,4	78,8	16	12^{15}
12^{30}	17	Ballon enthielt Luft				5,7	14,7	0,7	78,9	18	12^{45}
1^{00}	19	6,4	13,4	0,8	79,4	5,3	15,2	0,6	78,9	20	1^{15}
1^{30}	21	6,7	13,5	0,6	79,2	4,7	15,5	0,6	79,2	22	1^{45}
2^{00}	23	5,0	15,3	0,5	79,2	4,6	15,9	0,2	79,3	24	2^{15}
2^{30}	25	8,1	12,5	0,1	79,3	4,8	15,9	—	79,3	26	2^{45}
3^{00}	27	4,0	16,7	—	79,3	4,5	16,2	—	79,3	28	3^{15}
3^{30}	29	4,0	16,7	—	79,3	3,3	17,4	—	79,3	30	3^{45}
4^{00}	31	2,9	17,9	—	79,2	3,7	17,0	—	79,3	32	4^{15}

Tabelle XXIX. Verluste.
Strebelkessel (Niederdruckdampf).

Zeit	Verluste durch unverbrannte Gase v' %	Kaminverlust v'' %	Verluste durch unverbrannte Gase v' %	Kaminverlust v'' %	Zeit
	Kessel Nr. I		Kessel Nr. II		
8^{30}	31,0	7,8	21,7	7,1	8^{45}
9^{00}	18,5	15,0	19,8	7,3	9^{15}
9^{30}	11,7	14,4	10,95	8,3	9^{45}
10^{00}	11,4	13,8	4,72	9,4	10^{15}
10^{30}	10,87	11,7	—	11,6	10^{45}
11^{00}	9,07	13,7	—	10,8	11^{15}
11^{30}	26,5	5,76	20,0	4,5	11^{45}
12^{00}	15,5	11,4	14,98	8,1	12^{15}
12^{30}	Ballon enthielt Luft		7,49	7,5	12^{45}
1^{00}	7,6	14,9	7,0	8,0	1^{15}
1^{30}	5,63	12,7	7,75	8,7	1^{45}
2^{00}	6,5	15,5	2,85	8,4	2^{15}
2^{30}	0,84	19,4	—	12,7	2^{45}
3^{00}	—	28,7	—	12,8	3^{15}
3^{30}	—	18,9	—	15,5	3^{45}
4^{00}	—	21,7	—	12,8	4^{15}

Bei diesen Nutzeffekten ergaben sich die Leistungen pro qm Heizfläche

$$\text{bei Nr. I} = \frac{150 \cdot 5183}{8 \cdot 17} = 5700 \; (6350)^1) \; \text{WE}$$

$$\text{bei Nr. II} = \frac{140 \cdot 5787}{8 \cdot 17} = 5950 \; \text{WE}.$$

Die Anlage mußte sich als unzureichend erweisen, weil bei der vorhandenen Einstellung des Druckreglers die erforderliche Leistung von 7000 WE pro qm Heizfläche nicht erzielt werden konnte, Leistungen, die beim Anheizen unbedingt verlangt werden müssen, soll diese Zeit nicht auf Kosten des Brennstoffverbrauches stundenlang in die Länge gezogen werden. Mit der höheren Leistung sinkt natürlich wieder der Nutzeffekt. Aus diesem Grunde ist es wünschenswert, die Kesselanlage möglichst groß zu wählen, aber die Heizfläche auf mehrere Kessel zu verteilen, um ihre Regulierfähigkeit nicht zu beeinträchtigen.

XIX. Strebelkessel.
(Niederdruck-Warmwasserheizung.)
Bemerkungen zur Versuchsanlage.
(3 Heizkessel der Serie III »Gegenstrom« — Gaskoks.)

Diese Anlage befand sich in den besten Händen und funktionierte auch, vom praktischen Standpunkte aus betrachtet, seit Jahren zur Zufriedenheit. Wenn trotzdem Klagen über mangelhaftes Heizen hin und wieder laut wurden, so lag dies vielleicht in den ungerechtfertigten Ansprüchen der Mieter, die sich für berechtigt hielten, die weitgehendsten Forderungen zu stellen. Das mit drei Strebelkesseln à 14 qm beheizte Gebäude liegt in vornehmster Gegend Berlins und umfaßt 8 Wohnungen und 10 Läden. Ich hatte deshalb ein besonderes Interesse, gerade diese Anlage zu untersuchen, um den Nutzeffekt der Heizkessel bei Voraussetzung günstiger Verhältnisse festzustellen. Der Besitzer des Hauses nahm als gewandter Geschäftsmann jede Gelegenheit wahr, um den für die Anlage erforderlichen Koks billig einzukaufen, indes wählte er nur gesiebten guten Koks und machte hiermit dauernd Versuche, um das geeignetste Material festzustellen. So fand er beispielsweise, daß er mit Schmelzkoks viel teurer arbeitete als mit Gaskoks (M 137 gegenüber M 90) und bevorzugte bei Verwendung des letzteren wiederum Berliner Erzeugnisse, weil diese weniger als die Charlottenburger trotz der widersprechenden Analysen schlackten²).

---

¹) Vgl. Korrektur auf S. 136.
²) Eine Analyse ergab für Charlottenburger Koks 11 %, für Berliner Koks 13 % Asche.

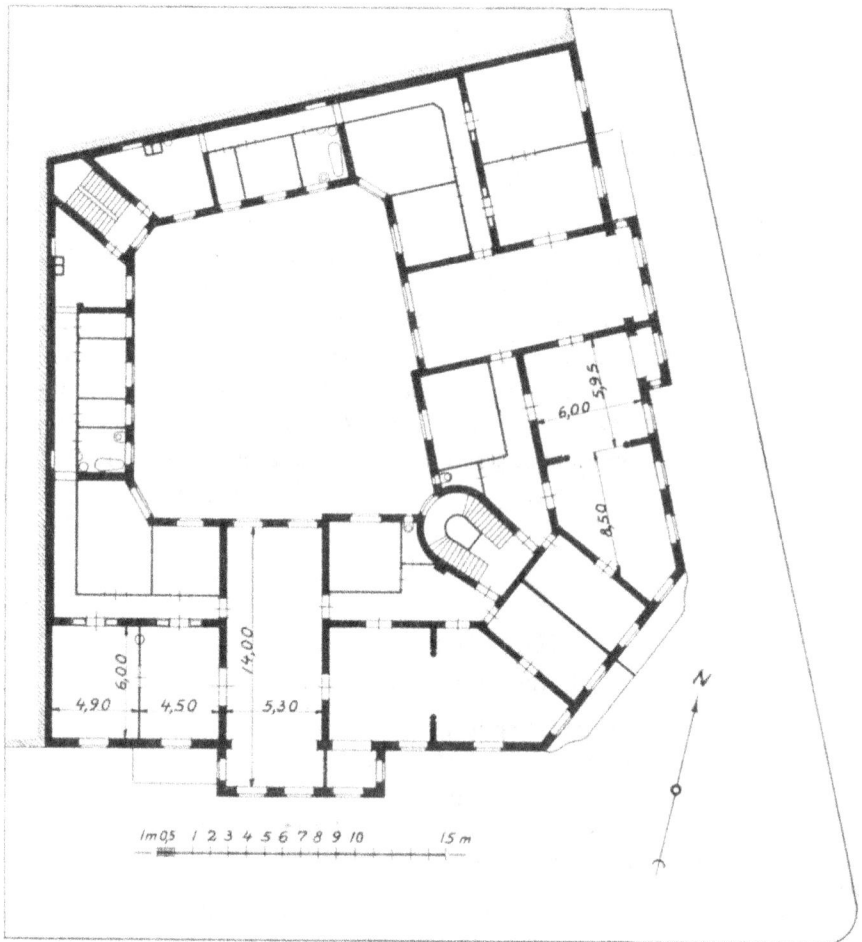

Fig. 61.

Da die Mieten hoch waren, gehörte dieses Gebäude zu den wenigen, bei denen die von der Steuerbehörde gewährten 8 % Vergütung für Heizung tatsächlich zur Deckung der Unkosten ausreichten. Die Kalkulation ergab folgende Ziffern:

Anlagekosten: M 24 000.

5 % Verzinsung . . . . M	1200
Koks . . . . »	2668
Bedienung . . . . »	250
Abfuhr der Schlacke . . . . »	50
Reparaturen im Mittel angenommen (z. B. Auswechseln von Kesselgliedern, die defekt waren) »	250
	M 4410

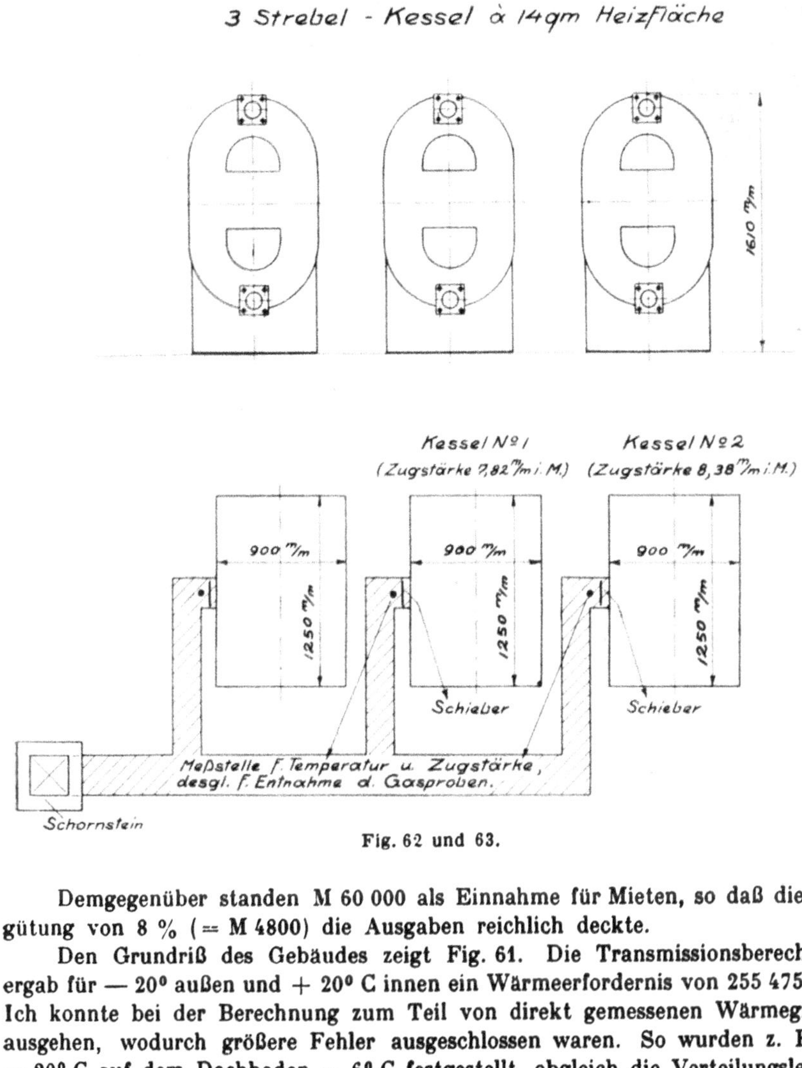

3 Strebel - Kessel à 14 qm Heizfläche

Fig. 62 und 63.

Demgegenüber standen M 60 000 als Einnahme für Mieten, so daß die Vergütung von 8 % (= M 4800) die Ausgaben reichlich deckte.

Den Grundriß des Gebäudes zeigt Fig. 61. Die Transmissionsberechnung ergab für — 20° außen und + 20° C innen ein Wärmeerfordernis von 255 475 WE. Ich konnte bei der Berechnung zum Teil von direkt gemessenen Wärmegraden ausgehen, wodurch größere Fehler ausgeschlossen waren. So wurden z. B. bei — 20° C auf dem Dachboden — 6° C festgestellt, obgleich die Verteilungsleitung sich hier befand und der Zustand des Daches vorzüglich war. Die übrigen Wärmegrade bei Aufstellung der Wärme-Transmission waren folgende:

Vorder-Eingang	+ 12° C
Treppenflur (geheizt) für I. bis IV. Stock	15° «
Hintertreppen unten	0° «
Vom II. Stock ab bis oben	+ 5° «
Keller	0° «
Korridore (vordere Zimmer)	+ 15° «
(hintere Zimmer)	+ 12° «
Küche, Mädchenstube	+ 15° «

Die drei aufgestellten Strebelkessel hatten je 14 qm Heizfläche; sie waren, wie Fig. 62 und 63 zeigt, einseitig an den Fuchs angeschlossen, wodurch die zeitweise festgestellten hohen Temperaturen am Kesselende ihre Erklärung finden. Nimmt man für die Wärmeverluste der Rohrleitung wieder 20% an, hätte die Heizfläche maximal

$$\frac{1,2 \cdot 255\,475}{42} = 7300 \text{ WE}$$

zu leisten, was bei unterbrochenem Betriebe schon zu viel ist.

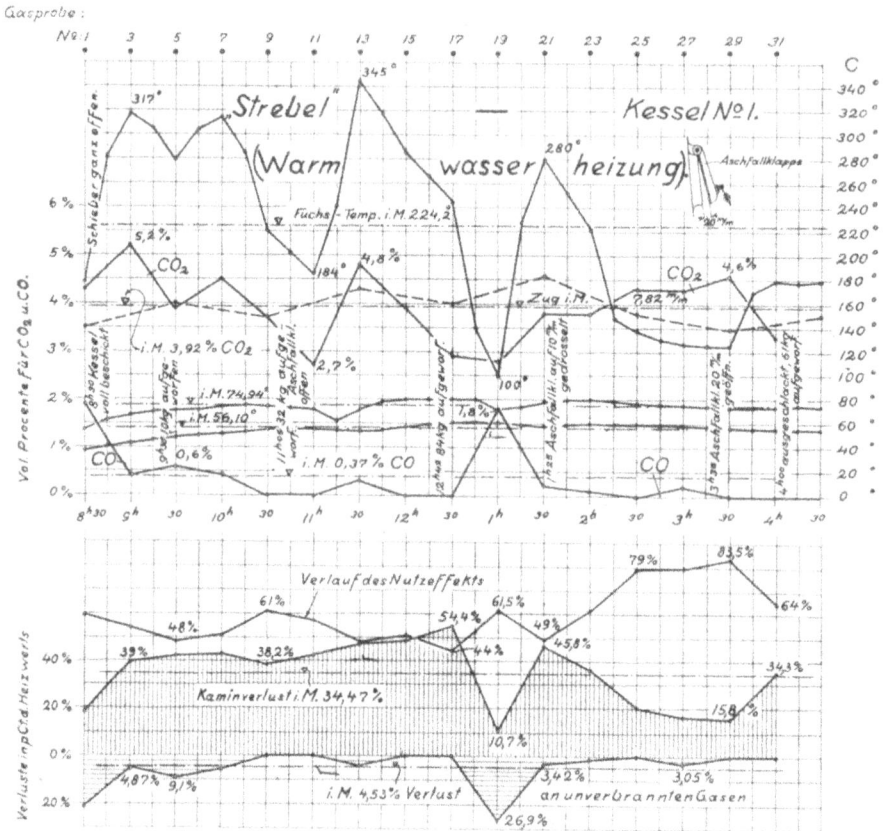

Fig. 64.

Da die Schieber dicht an den Kesseln lagen, war es nicht möglich, die Größe des Zuges zwischen Kessel und Schieber zu messen, so daß die eingetragenen Werte für die Zugstärken mit der Verbrennung selbst nichts zu tun haben, vielmehr müssen hierzu Schieber- und Aschfallstellungen herangezogen werden.

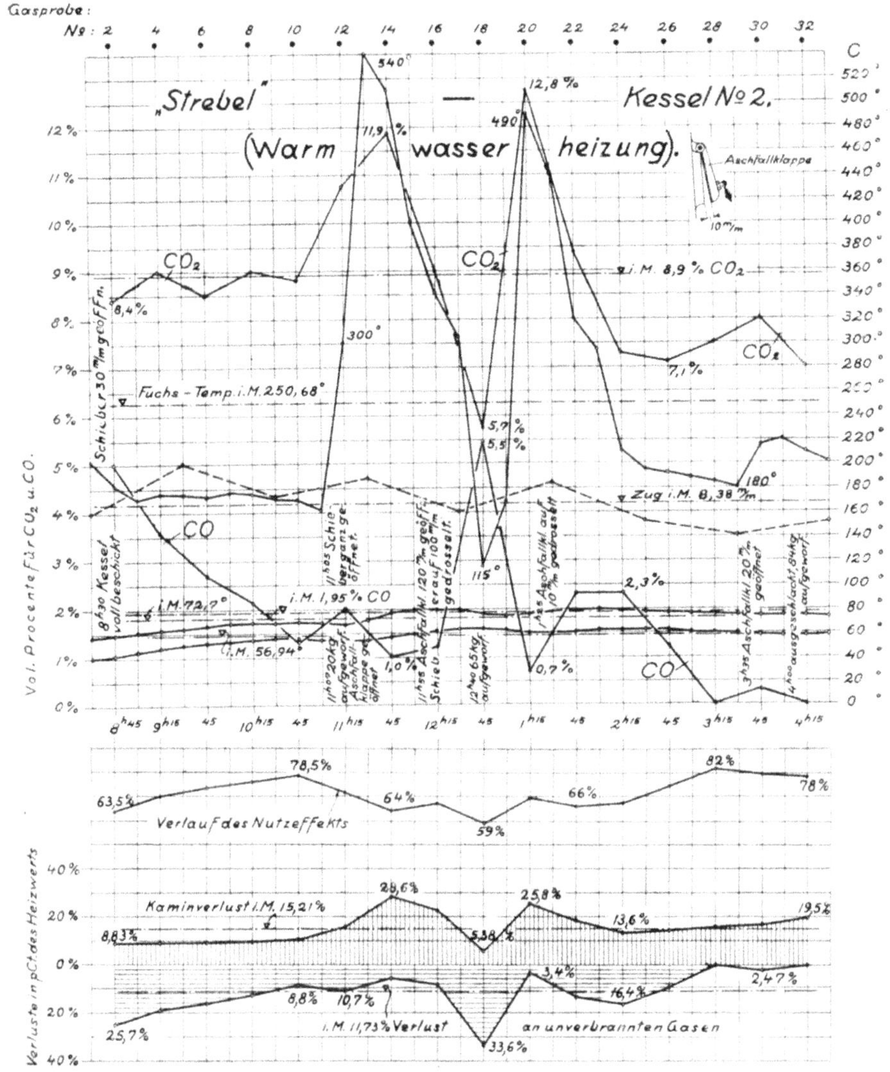

Fig. 65.

Versuchsergebnisse.

Ich habe die Heizkessel von drei verschiedenen Gesichtspunkten aus untersucht:

Kessel I a) bei ganz geöffnetem Schieber,

b) bei geschlossenem Schieber (50 mm Loch),

Kessel II c) bei nur teilweise geöffnetem Schieber (30 mm Öffnung).

9*

Dies Programm für a) und c) ließ sich am 7. April 1909 nicht ganz durchführen, was keineswegs zu bedauern ist, zumal neue Gesichtspunkte dadurch in die Erscheinung traten; Kessel II zeigte beispielsweise um 11 Uhr vormittags eine Steigetemperatur von 68,2⁰ C (vgl. Einzelablesungen Tabelle XXXI), die noch keine genügende Erwärmung der Räume erzielte, so daß die Mieter klageführend herunterschickten. Zur Erreichung höherer Steigetemperatur wurden darauf Schieber und Aschfallklappen gänzlich geöffnet und erst wieder gedrosselt (1 Uhr 55), sobald die gewünschte Temperatur erreicht war.

Der sich für gewisse Zeit hierdurch ergebende stark wechselnde Betrieb kennzeichnet sich am besten in den graphischen Darstellungen des Verbrennungsvorganges. Wir sehen die Temperaturen in ca. 1 Stunde (vgl. Kessel 2, Fig. 65) bis zu 540⁰ steigen und wieder bis 115⁰ fallen, Temperaturdifferenzen, die leicht zu Kesseldefekten Anlaß geben können. 12 Uhr 45 Min. ist der CO-Gehalt der Verbrennungsgase 5,5%, fast gleich dem CO_2-Gehalt. Die Wärmeverluste (Kaminverlust + Verlust durch CO) zeigen Schwankungen bis 50% und mehr. Die günstigsten Verhältnisse waren 3 Uhr 15 Min; der Kaminverlust betrug hier 15,55%, während 12 Uhr 45 Min. Gesamtverluste von 38,98% vom Heizwert des Koks zu verzeichnen waren. Ein Blick auf die graphische Darstellung der Wärmeverluste läßt deutlich erkennen, wie Kaminverlust und Verlust durch CO sich gegenseitig ergänzen. Bei Kessel II, der bis auf die erwähnten Ausnahmen mit geringerem Zug arbeitete, betrugen der Kaminverlust im Mittel 15,21, der Verlust durch unverbranntes CO 11,73% vom Heizwert des Koks. Kessel I (vgl. Fig. 64), der einem stärkeren Zug ausgesetzt war, zeigte dagegen hierfür Ziffern von 34,47 bzw. 4,53%. Kessel II war deshalb trotz der großen Verluste an CO bedeutend wirtschaftlicher als Kessel I[1]).

Um zu zeigen, welche Maximalwerte bezüglich des Nutzeffektes praktisch erreicht werden können, habe ich einen Versuch b) mit Kessel II am 7. April 1909 folgen lassen. Der Schieber war hierbei, wie bereits erwähnt, ganz geschlossen, hatte aber ein Loch von 50 mm

---

[1]) Man kann sich leicht vorstellen, daß bei höherer Beanspruchung des Kessels I, vorausgesetzt, daß dies die Zugmittel erlauben würden, der Verlust an CO weiter herabgedrückt, jener durch die Abwärme dagegen erhöht werden muß, während bei schwächerem Betriebe die Verhältnisse sich umkehren, d. h. der Verlust an unverbrannten Gasen u. U. höher als der Kaminverlust ausfällt.

Durchmesser, durch das die Abgase in den Fuchs abziehen konnten. Die vom Regler beeinflußte Klappe wurde dabei auf 25 mm Spaltenweite (unten gemessen) offen gelassen, um ein Ausgehen des Feuers zu verhüten. Dieser Betrieb sollte das vielfach in der Praxis beliebte »Reservefeuer« während der Nacht darstellen.

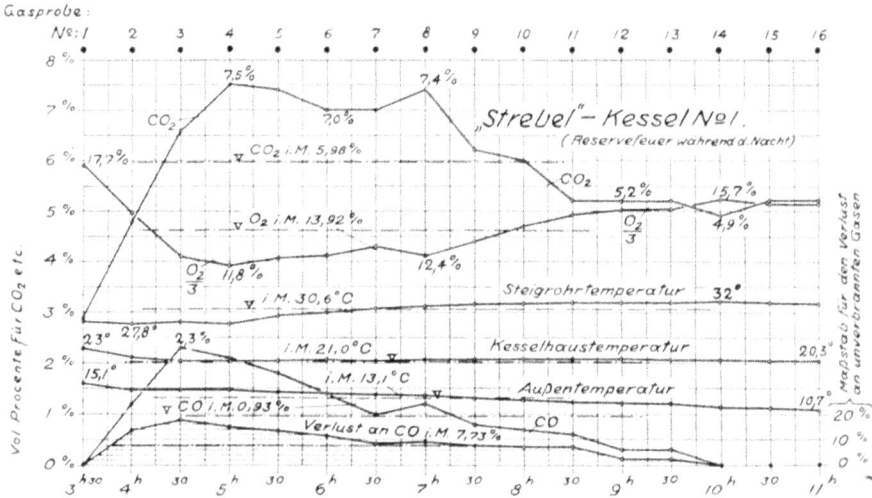

Fig. 66.

Wie aus der graphischen Darstellung (Fig. 66) zu ersehen ist, tritt CO während 6½ Stunden auf. Nach dem Beschicken des Rostes steigt es regelmäßig bis 2,3 Vol.-%, um von hier aus fast in gerader Linie bis auf 0 herabzufallen. Der CO₂-Gehalt verläuft ähnlich, was gegenüber den bisherigen Feststellungen auffällt. Sowohl Fig. 64 als auch 65 zeigen entgegengesetzt verlaufende Werte. Ich schließe deshalb aus dem Ergebnis des Versuches b), daß es sich bei einem solchen schwachen Feuer um keine eigentliche Verbrennung des Koks, sondern nur um dessen Abschwelen handelt. Tatsächlich kann auch mit einem solchen Betriebe nicht viel in wirtschaftlicher Beziehung gewonnen werden. Der Betrieb reichte gerade aus, um das gesamte Heizwasser auf einer Temperatur von 30° C zu erhalten, während ohne dieses »Reservefeuer« vielleicht 20° C als Endtemperatur am Morgen festgestellt worden wären. Die geringe Differenz von 10° wird aber beim Hochheizen sehr leicht mit gedeckt, zumal eine nennenswerte Wärmeabgabe der Heizkörper und Rohrleitung in dieser Temperaturlage noch nicht besteht.

Wegen der geringen Abgangstemperatur konnte ich die vorhandenen Quecksilber-Pyrometer nicht verwenden, deren Skalen erst mit 100° C beginnen; indes dürfte kein nennenswerter Fehler gemacht werden, wenn auf Grund einiger Stichproben mit kleineren Thermometern, die am Schieber heruntergelassen und aufgezogen wurden, eine mittlere Temperatur-Differenz zwischen den Abgasen und der Kesselhaustemperatur von ca. 30° C angenommen wird.

Stellen wir die Wärmeverluste der drei Versuche zusammen, so erhalten wir folgendes Ergebnis:

	a	b	c
Kaminverlust	34,47	3,23	15,21%
Verlust durch CO	4,53	9,21	11,73
Wärmeleitung und Strahlung und Verlust in den Herdrückständen	1,67	—[1]	1,67
In Sa.	40,67	12,44	28,61%
Nutzeffekt	59,33	87,56	71,39%
Ausnutzung des Koks	4195	6191	5047 WE

Die Leistungen ergaben sich zu:

$$\text{a)} \quad \frac{187 \cdot 4195}{14 \cdot 7,5} = 7460 \text{ WE}$$

$$\text{b)} \quad \frac{47 \cdot 6191}{14 \cdot 7,67} = 2710 \text{ «}$$

$$\text{c)} \quad \frac{169 \cdot 5047}{14 \cdot 7,5} = 8100 \text{ «}$$

Um den Verlauf der spezifischen Leistungen (in WE pro qm Heizfläche und Stunde) und der zugehörigen Nutzeffekte (in % des Heizwertes) für verschiedene Beanspruchungen graphisch zu veranschaulichen, gehe ich von der pro Stunde und qm Heizfläche verbrannten Koksmenge aus, für welche folgende Aufstellung gilt:

Tabelle XXX.

Versuche	Koksverbrauch in kg pro Std. u. qm Heizfläche	WE pro qm Heizfläche und Std.	Nutzeffekt in % des Heizwertes
Niederdruck-Dampfkessel I . .	1,103	5700 (6350)	73,31 (81,5)
» » II . .	1,03	5950	81,86
Niederdruck-Warmwasserkessel a	1,781	7460	59,33
» » b	0,4476	2710	87,56
» » c	1,609	8100	71,39

Ich habe absichtlich die Ergebnisse an den Niederdruck-Dampfkesseln mit hinzugezogen, weil ich dem Wärmeträger, sei es Dampf oder Wasser, keinen praktischen Einfluß auf den Nutzeffekt beilege. Die Verbrennungsverluste an CO, H_2 und unter Umständen auch CH_4 sind gänzlich unabhängig hiervon, und der Kaminverlust wird in erster Linie durch den CO_2-Gehalt der Verbrennungsgase

---

[1] Dieser Verlust ist bei diesem Versuch annähernd Null, weil sowohl die Temperaturdifferenz zwischen Raumluft und Kesseloberfläche als auch die Herdrückstände zu vernachlässigen sind.

bedingt, der durch die Wahl des Heizungssystems keine Änderung erfährt. Man könnte höchstens der Ansicht sein, daß bei der geringen mittleren Wassertemperatur gegenüber jener des Dampfes der Abwärmeverlust geringer ausfallen müßte; aber auch dieses trifft nicht zu, weil die Temperaturen der Verbrennungsgase mit zunehmender Heizfläche asymptotisch verlaufen, so daß Temperatur-Unterschiede von vielleicht 30° C zwischen dem Wärmeträger und den Heizgasen nicht in die Erscheinung treten können. Der Haupteinfluß liegt in den Zugverhältnissen, d. h. den pro qm Heizfläche und Stunde verbrannten Koksmengen, die wir als Abszisse aufzutragen haben. Dadurch, daß jedes Kesselglied im Verhältnis zu seiner Heizfläche mit Rost, Füllraum etc. ausgestattet ist, stoße ich mich auch nicht daran, beide Kesselarten für die graphische Darstellung zu benutzen.

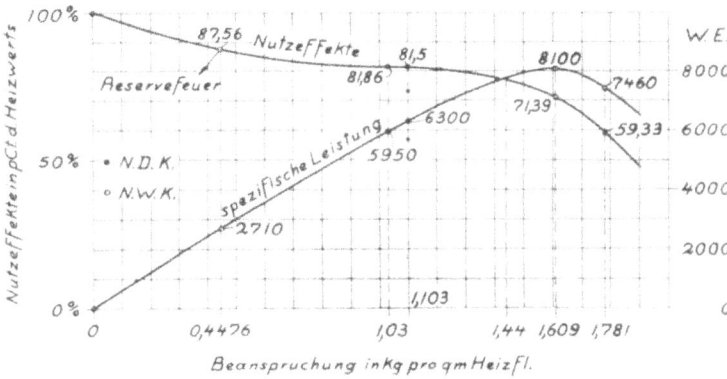

Fig. 67.

Fig. 67 veranschaulicht den Verlauf des Nutzeffektes und der Leistungen für Beanspruchungen von 0,4476 bis 1,781 kg Koks pro qm Heizfläche und Stunde. Der Nutzeffekt von 100% ergibt sich theoretisch für den Koordinatenanfangspunkt. Man sieht ganz deutlich, wie der Nutzeffekt mit der Steigerung der Beanspruchung über 1,609 kg fällt. Die Maximalleistung ist annähernd mit 8100 WE erreicht, während man weit höheren Angaben begegnet. Da, wo beide Kurven sich schneiden, haben wir eine Leistung von 7750 WE und einen Nutzeffekt von 77,5%. Jede Kesselanlage hat also, ähnlich wie eine Dampfmaschine, eine günstigste Arbeitsweise, wo Leistung und Nutzeffekt ein relatives Maximum erreichen. Wir nehmen hieraus für die Praxis die Lehre, die Wahl der Kesselheizflächen so zu treffen, daß Beanspruchungen über diese Grenze hinaus (hier ca. 1,44 kg = 7750 WE), auch beim Anheizen, nicht erforderlich werden dürfen. Der Heizer, der sich abmüht, durch Aufreißen von Aschfalltür- und

Schornsteinschieber, durch Schüren und Aufbrechen des Feuers den Bedarf an Wärme zu decken, weiß nicht, daß er damit sowohl die Leistung als auch den Nutzeffekt verringert. Kein Wunder, wenn überall, wo zu kleine Heizflächen vorgesehen sind, über enormen Koksverbrauch Klage geführt wird.

Der große Einfluß der Kesselheizfläche auf den Koksverbrauch und die Heizwirkung selbst ist durch Versuche, welche der Praxis nicht entsprachen, bisher vollkommen verkannt worden, so daß ein schleunigster Rückzug im Interesse aller Beteiligten nottut.

Die Darstellung in Fig. 67 lehrt ferner, daß die an Kessel I (Niederdruckdampfheizung) gewonnenen Ergebnisse durch den vom Regler bedingten Lufteinlaß beeinflußt worden sind und einer Korrektur bedürfen. Der CO_2-Gehalt der Verbrennungsgase war höher, als durch die Gasanalyse nachgewiesen werden konnte. Aus der Kurve ergibt sich der Nutzeffekt zu ca. 81,5% und hieraus der korrigierte Kaminverlust von 8,4%. Da 150 kg Koks in achtstündiger Versuchszeit verbrannt worden waren, berechnen wir die spezifische Leistung zu

$$\frac{150 \cdot 81,5 \cdot 7070}{8 \cdot 17} = \infty\; 6350 \text{ WE}$$

in Übereinstimmung mit der zweiten Kurve, ein Beweis dafür, daß Nutzeffekt und Leistung koordiniert sind.

Um den Verlauf des Nutzeffektes bei Kessel I und II (Niederdruck-Warmwasserheizung) zu zeigen, sind über den die Verbrennungsverluste darstellenden Flächen in Fig. 64 und 65 die Nutzeffekte durch Kurven angedeutet. Die großen Schwankungen rühren lediglich von den zu kleinen Kesselheizflächen her, die ein unruhiges Arbeiten des Heizers bedingen. Je größer die Kessel sind, desto ruhiger gestaltet sich der ganze Betrieb: Man wirft auf und läßt den Koks bei möglichst geschlossenem Schieber durchbrennen. Je weniger oft aufgeworfen zu werden braucht, desto besser ist die Verbrennung, desto höher der Nutzeffekt.

Bei der hier interessierenden Anlage belief sich der Koksverbrauch der Jahre 1902 bis 1907 auf

$$15\,703 \text{ hl à } 45 \text{ kg} = 706\,635 \text{ kg,}$$

oder

$$117\,772 \text{ kg pro Jahr,}$$

wofür im Mittel M 2525 bezahlt worden waren.

Bei 220 Heiztagen und einer mittleren Tagestemperatur von
+ 4,2° C — der Hausbesitzer war durch Gerichtsbeschluß gezwungen,
bei 12° Tagestemperatur zu heizen — würde sich der durchschnittliche Nutzeffekt der Kesselanlage aus folgendem ergeben:

Wärmeerfordernis bei 40° Temp.-Diff.: 1,2 · 255 475 == 306 570 WE,
Wärmeerfordernis bei 15,8° Temp.-Diff. == 121 095 WE,
In 24 · 220 = 5280 Stunden == 640 000 000 WE.

Diesem Wärmeerfordernis steht ein Koksverbrauch von 117 772 kg
gegenüber, der

$$\frac{117\,772 \cdot 7070 \cdot x}{100} \text{ WE}$$

entwickelt.

Aus der Beziehung

$$640\,000\,000 = \frac{117\,772 \cdot 7070 \cdot x}{100}$$

ergibt sich der Nutzeffekt x zu **54,5%**.

Ein Blick auf das Diagramm Fig. 67 zeigt uns, daß der niedrige
Nutzeffekt lediglich der u n n ü t z e n F o r c i e r u n g der Kesselanlage infolge zu geringer Heizfläche zugeschrieben werden muß.
Die zu dem Nutzeffekt 54,5% gehörige spezifische Leistung beträgt
7250 WE; sie hätte mit weit geringerem Koksverbrauch, nämlich
mit einem Nutzeffekt von **78%**, erzielt werden können. Für ersteren
Nutzeffekt haben wir nach dem Diagramm einen Koksverbrauch
von ca. 1,85 kg Koks pro qm Heizfläche und Stunde, für den letzteren
einen solchen von 1,325 kg. Nehmen wir beispielsweise einen 16-
stündigen Betrieb an, so muß für beide Fälle erfüllt sein:

$$1) \quad \frac{117\,772}{16 \cdot 220 \cdot H} = 1,85,$$

$$2) \quad \frac{117\,772}{16 \cdot 220 \cdot H_1} = 1,325.$$

Aus 1) erhalten wir $H \sim 18$ qm, aus 2) $H_1 \sim 25$ qm, d. h. es
sind im Mittel zur Deckung des Wärmeverlustes nur 18 qm Heizfläche im Betriebe gewesen. Die Leistung, welche erforderlich war,
konnte nur mit starkem Schornsteinzuge erzielt werden, denn sonst
konnten nicht 1,85 kg Koks pro Stunde und Heizfläche verbrannt
werden. Dieselbe Leistung wäre mit 7 qm mehr Heizfläche bei
schwächerem Schornsteinzuge möglich gewesen und damit eine außerordentlich hohe Ersparnis an Koks (23,5%!) eingetreten.

Tabelle XXXI. Einzelablesungen.
Strebelkessel (Warmwasserheizung).

Zeit	Kessel Nr. I				Für beide Kessel gültig			Kessel Nr. II				Zeit
	Temperatur der Abgase °C	Zugstärke vor dem Rauchschieber mmWS	Thermometer am Steigerohr °C	Thermometer am Rücklaufrohr °C	Rel. Luftfeuchtigkeit i. Kesselhause %	Temperatur im Kesselhause °C	Temperatur im Freien °C	Thermometer am Rücklaufrohr °C	Thermometer am Steigerohr °C	Zugstärke vor dem Rauchschieber mmWS	Temperatur der Abgase °C	
8³⁰	178	7	54,5¹)	37¹)	28	21,6	—4	40¹)	57,5¹)	8	203	8³⁰
8⁴⁵	282		62,5	40	27	21,5		42	59,5		183	8⁴⁵
9⁰⁰	317		67	43	26	21,5		45	61		170	9⁰⁰
9¹⁵	304		69,5	46	25,5	21,7		48	62,7		176	9¹⁵
9³⁰	277	8	70,5	48	25	22	—2,5	50	64,5	10	175	9³⁰
9⁴⁵	303		71	50	24,5	25,5		52	66		173	9⁴⁵
10⁰⁰	314		73,8	51,5	24	29		53	67,5		177	10⁰⁰
10¹⁵	285		75	53	24	28,8		54,7	68		175	10¹⁵
10³⁰	220	7,4	74	54	24	28,6	—1,5	56	68,5	8,6	171	10³⁰
10⁴⁵	202		72,3	54,5	24	28,8		55	68,7		170	10⁴⁵
11⁰⁰	184		71	54,5	24	29		54,6	68,2		162	11⁰⁰
11¹⁵	240		62,5	53,8	24	29		54	67,6		300	11¹⁵
11³⁰	345	8,6	72	53	24	29	0	54	71	9,4	540	11³⁰
11⁴⁵	318		78	54,5	24	30,5		56	76,5		510	11⁴⁵
12⁰⁰	285		80	57	24	32		59	79		400	12⁰⁰
12¹⁵	266		80,5	59,5	24	31,7		61	79		342	12¹⁵
12³⁰	244	8,0	80,5	61	24	31,5	+1,5	62,8	79	8	305	12³⁰
12⁴⁵	140		80	61	24	31,4		63	75		115	12⁴⁵
1⁰⁰	100		72,5	61	25	31,3		62	73,5		168	1⁰⁰
1¹⁵	227		74	59	25	31,6		60	75		490	1¹⁵
1³⁰	280	9,2	78,5	58	25	32	+2,2	59,5	77	9,2	440	1³⁰
1⁴⁵	252		80	59	25	32,3		60	78		320	1⁴⁵
2⁰⁰	222		80,5	60	25	32,7		61	78,5		295	2⁰⁰
2¹⁵	148		79	60	24,5	32,6		61,5	77,7		210	2¹⁵
2³⁰	138	7,6	77	60	24	32,5	+2,4	61,5	76,6	7,6	195	2³⁰
2⁴⁵	130		76,5	59,5	23,5	29,3		61	76		192	2⁴⁵
3⁰⁰	127		75,5	59	23	26,2		60	75,7		188	3⁰⁰
3¹⁵	125		75	58	23,5	25,8		59,5	75		185	3¹⁵
3³⁰	126	7	74	57,5	24	25,5	+2,9	59	74,5	7	180	3³⁰
3⁴⁵	170		74	56,7	24	25,2		58	74		215	3⁴⁵
4⁰⁰	180		75	56	24	25		57,5	74,5		220	4⁰⁰
4¹⁵	178		75,4	56	24,5	24,5	+2,9	57,5	74		210	4¹⁵
4³⁰	180	7,6	75,3	56	25	24		58	73,8	7,6	202	4³⁰

¹) Die wirkliche Temperatur ist ca. 5⁰ höher, da die Thermometer außen auf die Rohrleitung im Quecksilberbade aufgelegt waren.

Tabelle XXXII. Analysen der Verbrennungsgase.
Strebelkessel (Warmwasserheizung).

Zeit	Kessel Nr. I					Kessel Nr. II					Zeit
	Glasballon Nr.	CO_2 %	O_2 %	CO %	N_2 %	CO_2 %	O_2 %	CO %	N_2 %	Glasballon Nr.	
8³⁰	1	4,3	15,1	1,9	78,7	8,4	9,5	5,0	77,1	2	8⁴⁵
9⁰⁰	3	5,2	15,2	0,4	79,2	9,0	9,3	3,6	78,1	4	9¹⁵
9³⁰	5	3,9	16,5	0,6	79,0	8,5	10,6	2,7	78,2	6	9⁴⁵
10⁰⁰	7	4,5	15,8	0,4	79,3	9,0	10,2	2,1	78,7	8	10¹⁵
10³⁰	9	3,7	17,2	—	79,1	8,8	10,9	1,3	79,0	10	10⁴⁵
11⁰⁰	11	2,7	18,0	—	79,3	10,8	8,2	2,0	79,0	12	11¹⁵
11³⁰	13	4,8	15,5	0,3	79,4	11,9	7,9	1,0	79,2	14	11⁴⁵
12⁰⁰	15	3,9	16,5	—	79,6	9,0	10,5	1,2	79,3	16	12¹⁵
12³⁰	17	2,9	17,8	—	79,3	5,7	11,4	5,5	77,4	18	12⁴⁵
1⁰⁰	19	2,8	17,0	1,8	78,4	12,8	7,0	0,7	79,5	20	1¹⁵
1³⁰	21	3,8	16,6	0,2	79,4	9,4	9,6	2,3	78,7	22	1⁴⁵
2⁰⁰	23	3,8	16,6	0,1	79,5	7,3	11,8	2,3	78,6	24	2¹⁵
2³⁰	25	4,3	16,2	—	79,5	7,1	12,4	1,2	79,3	26	2⁴⁵
3⁰⁰	27	4,3	15,9	0,2	79,6	7,5	12,9	—	79,6	28	3¹⁵
3³⁰	29	4,6	16,0	—	79,4	8,0	12,2	0,3	79,5	30	3⁴⁵
4⁰⁰	31	3,3	17,5	—	79,2	7,0	13,4	—	79,6	32	4¹⁵

Tabelle XXXIII. Verluste.
Strebelkessel (Warmwasserheizung).

Zeit	Kessel Nr. I		Kessel Nr. II		Zeit
	Verluste durch unverbrannte Gase r %	Kaminverlust v'' %	Verluste durch unverbrannte Gase r %	Kaminverlust v'' %	
8³⁰	21,0	18,4	25,7	8,83	8⁴⁵
9⁰⁰	4,87	39,2	19,55	8,95	9¹⁵
9³⁰	9,1	42,0	16,5	9,21	9⁴⁵
10⁰⁰	5,58	43,0	12,96	9,64	10¹⁵
10³⁰	—	38,2	8,8	10,21	10⁴⁵
11⁰⁰	—	42,0	10,7	15,9	11¹⁵
11³⁰	4,0	46,4	5,3	28,6	11⁴⁵
12⁰⁰	—	48,1	8,05	22,6	12¹⁵
12³⁰	—	54,4	33,6	5,38	12⁴⁵
1⁰⁰	26,9	10,7	3,4	25,8	1¹⁵
1³⁰	3,42	45,8	13,45	18,4	1⁴⁵
2⁰⁰	1,75	35,8	16,4	13,6	2¹⁵
2³⁰	—	20,2	9,9	14,4	2⁴⁵
3⁰⁰	3,05	16,2	—	15,55	3¹⁵
3³⁰	—	15,8	2,47	16,8	3⁴⁵
4⁰⁰	—	34,3	—	19,5	4¹⁵

Tabelle XXXIV. Einzelablesungen.
Strebelkessel (Warmwasserheizung) — »Reservefeuer«.

Zeit	Zugstärke vor dem Rauchschieber mm WS	Rel. Luft-feuchtigkeit im Kesselhause °/₀	Temperatur im Kesselhause °C	Temperatur im Freien °C	Thermometer am Steigerohr °C
3³⁰	0,5	55	23	15,1	28,2[1])
4⁰⁰	0,5	54	21,2	14,8	27,8
4³⁰	0,5	56	20,5	14,8	28,1
5⁰⁰	0,5	58	20,5	14,8	27,8
5³⁰	0,5	59	20,5	14,4	29,3
6⁰⁰	0,5	60	20,7	14,1	30
6³⁰	0,5	60	20,5	13,9	30,9
7⁰⁰	0,5	60	20,9	13,6	31,2
7³⁰	0,5	60	20,7	13,1	31,6
8⁰⁰	0,5	60	20,9	12,8	31,7
8³⁰	0,5	61	20,7	12,3	31,9
9⁰⁰	0,5	59	20,7	12,1	31,9
9³⁰	0,5	58	20,6	12	31,9
10⁰⁰	0,5	59	20,6	11,3	32
10³⁰	0,5	59	20,4	11,1	31,8
11⁰⁰	0,5	59	20,3	10,7	31,5

[1]) Die wirkliche Temperatur ist ca. 5° höher, da die Thermometer außen auf die Rohrleitung im Quecksilberbade aufgelegt waren.

Tabelle XXXV. Analysen der Verbrennungsgase.
Strebelkessel (Warmwasserheizung) — »Reservefeuer«.

Zeit	Glas-ballon Nr.	CO₂ °/₀	CO °/₀	O₂ °/₀	N₂ °/₀	Verluste durch unverbrannte Gase ν °/₀
3³⁰	1	2,9	0	17,7	79,4	0
4⁰⁰	2	4,8	1,2	14,9	79,1	13,7
4³⁰	3	6,6	2,3	12,3	78,8	17,7
5⁰⁰	4	7,5	2,1	11,8	78,6	15,0
5³⁰	5	7,4	1,8	12,2	78,6	13,4
6⁰⁰	6	7,0	1,4	12,4	79,2	11,4
6³⁰	7	7,0	1,0	12,9	79,1	8,55
7⁰⁰	8	7,4	1,2	12,4	79,0	9,55
7³⁰	9	6,2	0,8	13,6	79,4	7,75
8⁰⁰	10	6,0	0,7	14,1	79,2	7,15
8³⁰	11	5,2	0,6	14,8	79,4	7,05
9⁰⁰	12	5,2	0,3	15,1	79,4	2,355
9³⁰	13	5,2	0,3	15,1	79,4	2,355
10⁰⁰	14	4,9	0	15,7	79,4	0
10³⁰	15	5,2	0	15,4	79,4	0
11⁰⁰	16	5,2	0	15,4	79,4	0

XX. Strebelkessel.
(Warmwasserbereitung.)

Bemerkungen zur Versuchsanlage.
(1 Strebelkessel Serie II, 5 qm Heizfläche.)

Die Anordnung des Heizkessels in Verbindung mit dem Boiler zeigen Fig. 68 bis 70.

Der Portier arbeitete fast nur mit geschlossenem Schieber, in dem ein Loch von 40 mm Durchmesser angebracht war. Der Verbrennungsregler war abgestellt und der Heizkessel Tag und Nacht im Betriebe.

Da die Größe der Heizschlange nicht ermittelt werden konnte, habe ich an dieser Anlage die Wärmeübertragung pro qm Rohrschlange nicht festgestellt, dagegen alle interessierenden Temperaturen (vgl. Tabelle XXXVI) vermerkt.

Versuchsergebnisse.

Der Heizkessel wurde 7 Uhr 30 Min. ausgeschlackt und vollbeschickt. Die Aufnotierungen begannen 8 Uhr. Die Beschickungen des Kessels fanden statt:

10 Uhr 20 Min.	10 kg Koks	
12 Uhr 30 Min.	20 »	»
3 Uhr 15 Min.	15 »	»
5 Uhr	15 »	»
in Sa.	60 kg in 9,5 Std.	

Demnach wurden pro qm Heizfläche und Stunde

$$\frac{60}{9,5 \cdot 5} = 1,26 \text{ kg}$$

verbrannt.

Ein Blick auf Tabelle XXXVII über die Gasanalysen zeigt einen sehr hohen Prozentsatz von unverbranntem Wasserstoff und Kohlenoxyd. Ich führe diese beim »Reservefeuer« mit breiterem, größerem Kessel nicht beobachtete Erscheinung auf den schmäleren Füllschacht des Versuchskessels zurück, dessen kleiner Rost dem glühenden Koks bei den geringen Zugverhältnissen keine genügende Basis gewährt; die Glut wird bei erneutem Beschicken teilweise erstickt und dadurch die Temperatur im Verbrennungsraume stark abgekühlt. Die graphische Darstellung (vgl. Fig. 71) veranschaulicht den Verlauf der beiden Kurven für H_2 und CO. Dem Maximum von CO entspricht ein Minimum von H_2, und umgekehrt nimmt H_2 mit abnehmendem CO zu.

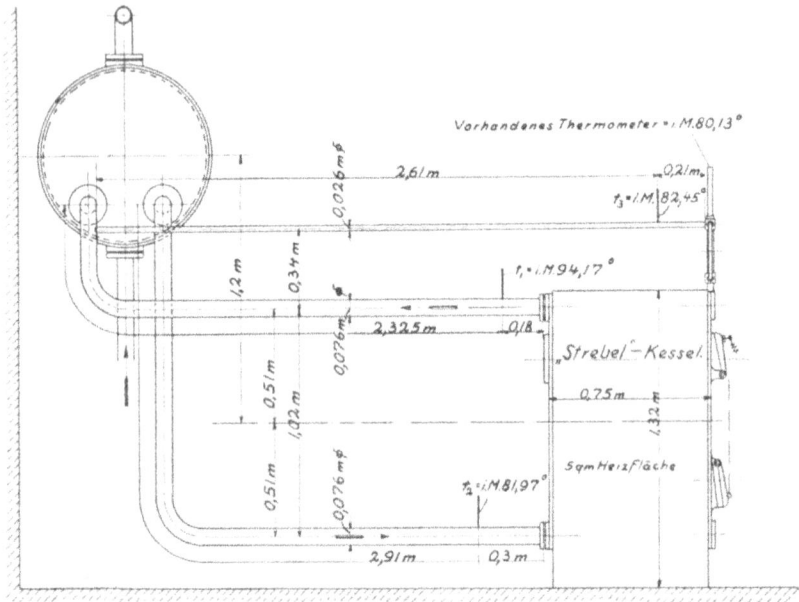

Fig. 68.

Jedenfalls zeigt dieser Versuch recht deutlich, welche Fehler gemacht werden können, wenn der Verlust durch unverbrannte Gase vernachlässigt wird[1]). Der Kaminverlust betrug 5,46%, der Verlust an unverbrannten Gasen *18,59%* vom Heizwert des Kokses! Legt man für den Verlust an Wärmestrahlung zuzüglich 1% für endothermische Reaktionen[2]) 3,79% zugrunde, ergibt sich der Nutzeffekt zu

$$100 - (5,46 + 18,59 + 3,79) = 72,16\%$$

oder mit anderen Worten: 1 kg Koks wurde mit 5101 WE ausgenutzt.

Die Leistung des Kessels pro Stunde und qm Heizfläche betrug 1,26 · 5101 = 7573 WE. Man sieht wiederum hieraus, wie außerordentlich gering die Zugstärke sein muß, um Leistung und Nutzeffekt möglichst gut zu gestalten.

Bei ungefähr gleichen Zugverhältnissen arbeitet der breitere Strebelkessel wirtschaftlicher als der schmälere, indes zeigt letzterer eine bedeutend größere Leistung. Ich halte es nicht für ausgeschlossen,

---

[1]) Ich habe hierauf bereits im Referat über Prof. Grambergs Leitfaden (Dinglers Polytechnisches Journal 1909) hingewiesen.

[2]) Vgl. VIII S. 45 u. 49 (Verlust *sd*).

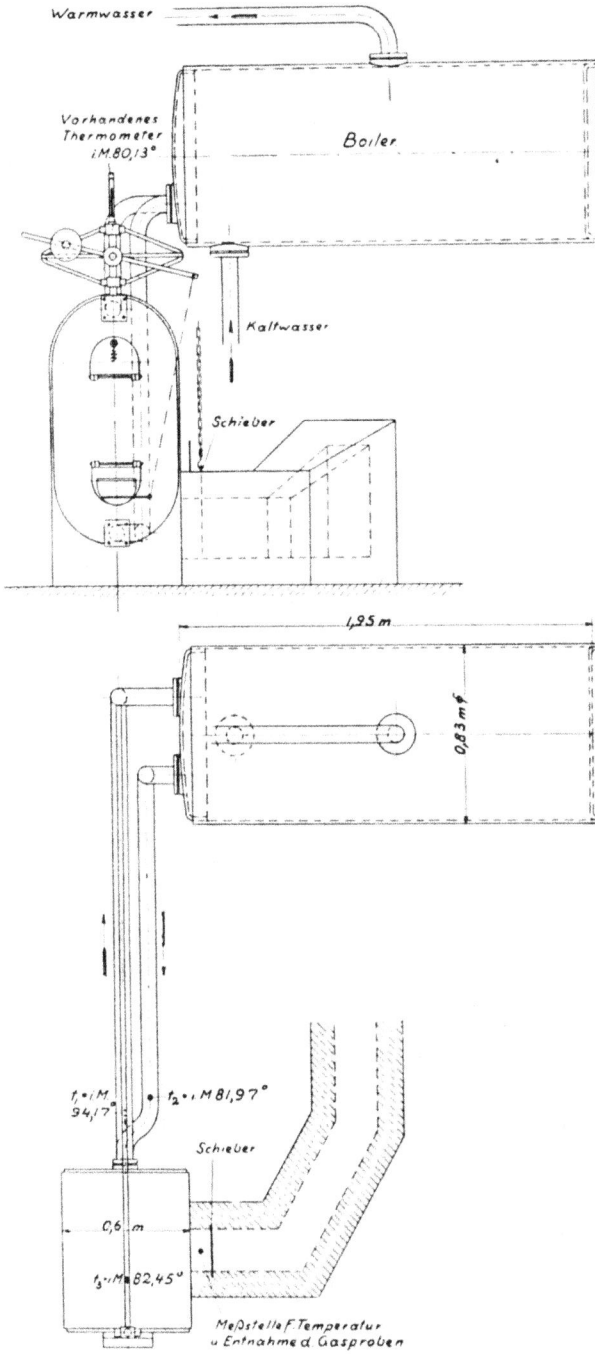

Fig. 69 und 70.

daß durch eine Zwischenstufe ein Kessel mit relativ günstigstem Nutzeffekt und ebensolcher Leistung erzielt werden kann.

Das Arbeiten mit geringen Zugverhältnissen bringt hauptsächlich bei schmälerem Kessel die Gefahr mit sich, daß die unverbrannten Gase in den Heizkeller und von hier in die Wohnräume dringen, wenn nicht für gute Entlüftung (womöglich Ventilation) des Heizkellers

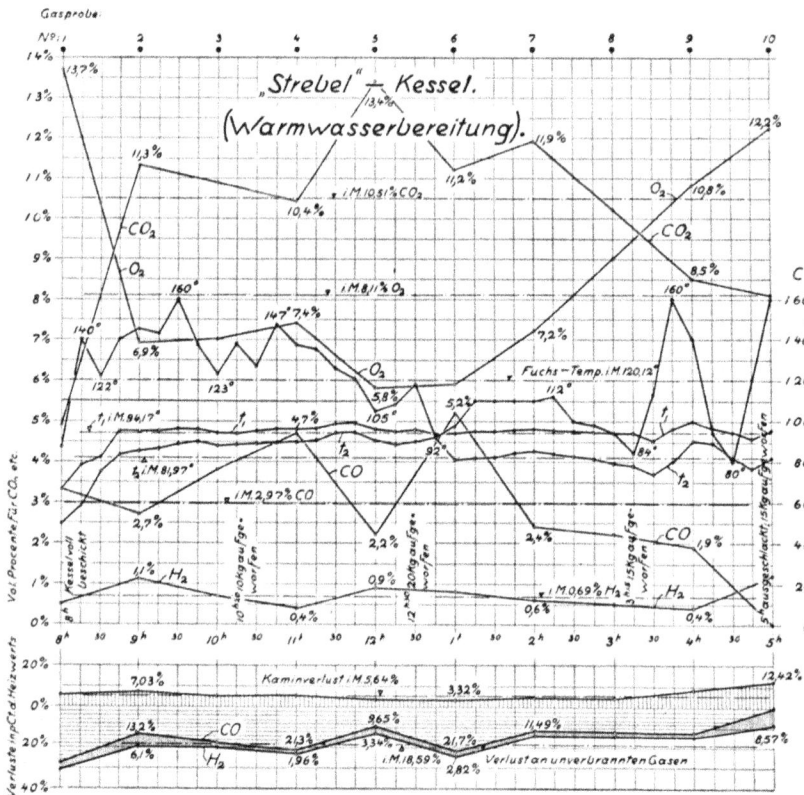

Fig. 71.

Sorge getragen wird. Des Überblicks wegen stelle ich die hier interessierenden Ergebnisse nochmals zusammen:

	Koks pro Std./qm Heizfläche	Kaminverlust	Verlust an unverbrannten Gasen	Leistung pro qm Heizfläche
Breiter Strebelkessel (vergl. S. 134)	0,4476 kg	3,23%	9,21%	2710 WE
Schmaler Strebelkessel	1,26 «	5,46 «	18,59 «	7573 «

Tabelle XXXVI. Einzelablesungen.

Strebelkessel (Warmwasserbereitung).

Zeit	Temperatur der Abgase °C	Temperatur im Steigerohr °C	Temperatur im Rücklaufrohr °C	Rel. Luftfeuchtigkeit im Kesselhause %	Temperatur im Kesselhause °C
8⁰⁰	87	66,5	49,5	68	21
8¹⁵	140	78	58	70	21
8³⁰	122	82	75	70	21
8⁴⁵	140	95	83,5	70	21
9⁰⁰	145	95	85	70	21
9¹⁵	143	95	86	69	20,5
9³⁰	160	95,8	88,6	68	20,8
9⁴⁵	137	95,8	90	67	21,2
10⁰⁰	123	94	87,8	67	21,2
10¹⁵	138	94,2	87,9	66	21,2
10³⁰	127	94,8	88,5	66	21,2
10⁴⁵	147	96	89,6	67	21,2
11⁰⁰	137	96	89,6	67	21,2
11¹⁵	135	96,5	90,5	67	21,3
11³⁰	126	98,7	94,3	67	21,4
11⁴⁵	121	99	94,6	67	21,8
12⁰⁰	105	96	90,5	68	21,8
12¹⁵	108	95	88,6	68	21,7
12³⁰	118	96	90	68	21,8
12⁴⁵	92	93,5	92,5	68	21,8
1⁰⁰	97	94	81	68	21,6
1¹⁵	110	95	81,5	68	22
1³⁰	110	95	82	68	22
1⁴⁵	110	95,5	84,5	69	22,1
2⁰⁰	110	96	85	69	22,1
2¹⁵	112	95,5	84	69	22
2³⁰	100	95	82,3	69	22
2⁴⁵	98	94,5	81,5	69	21,9
3⁰⁰	94	94,3	79	70	21,8
3¹⁵	84	93,8	77,5	70	21,8
3³⁰	113	90,5	73,5	70	22
3⁴⁵	160	96	80	70	21,6
4⁰⁰	140	99,5	90	70	21,6
4¹⁵	94	96,5	89	70	22
4³⁰	80	94	81	70	22
4⁴⁵	120	91	76,5	70	22
5⁰⁰	160	95	81	70	22

Tabelle XXXVII. Analysen der Verbrennungsgase.
Strebelkessel (Warmwasserbereitung).

Zeit	Glas-ballon Nr.	CO$_2$ %/$_0$	O$_2$ %/$_0$	CO %/$_0$	H$_2$ %/$_0$	N$_2$ %/$_0$
8^{00}	1	4,9	13,7	3,3	0,5	77,6
9^{00}	2	11,3	6,9	2,7	1,1	78,0
10^{00}	3	10,9	7,0	3,8	0,7	77,6
11^{00}	4	10,4	7,4	4,7	0,7	77,1
12^{00}	5	13,4	5,8	2,2	0,9	77 7
1^{00}	6	11 2	5,9	5,2	0,8	76,9
2^{00}	7	11,9	7,2	2,4	0,6	77,9
3^{00}	8	10,2	9,0	2,2	0,5	78,1
4^{00}	9	8,5	10,8	1,9	0,4	78,4
5^{00}	10	8,1	12,2	—	1,2	78,5

Tabelle XXXVIII. Verluste.
Strebelkessel (Warmwasserbereitung).

Zeit	Verluste durch unver-brannte Gase		Kamin-verlust
	d v' %/$_0$	h v' %/$_0$	v'' %/$_0$
8^{00}	27,54	3,53	5,80
9^{00}	13,20	6,10	7,03
10^{00}	17,69	2,75	5,02
11^{00}	21,30	1,96	5,57
12^{00}	9,65	3,34	3,85
1^{00}	21,70	2,82	3,32
2^{00}	11,49	2,43	4,50
3^{00}	12,14	2,33	4,20
4^{00}	12,50	2,22	8,27
5^{00}	—	8,57	12,42

XXI. Strebel-Kleinkessel.
(Warmwasserbereitung.)
Erfahrungen mit dem Kesselsystem.

Die an sich handlichen, gefälligen Kessel leiden an dem Übelstande, daß der Füllschacht verhältnismäßig wenig Fassungsraum hat und deshalb stark abkühlt. Die Kessel arbeiten deshalb dauernd mit Kohlenoxyd und Wasserstoffgas, so daß der Wärmeverlust an unverbrannten Gasen sehr hoch ausfällt (12 bis 13% vom Heizwert des Koks!). Der Umstand ferner, daß der Koks bei frisch beschicktem Kessel fast dicht an der Abzugsstelle zum Schornstein liegt, bringt außerdem hohen Kaminverlust mit sich, wenn man nicht den Kessel dauernd mit möglichst gedrosseltem Schieber brennen läßt. Man kann häufig beobachten, daß die Flamme direkt in den Schornstein schlägt, sobald die Kessel wegen geringer Heizfläche forciert werden.

Bei direkter Speisung des Kessels mit Frischwasser (Anlage ohne Rohrschlange) ist die Haltbarkeit des Kessels auf 1 bis 2 Jahre beschränkt, da sich Schlamm und Kesselstein zwischen den Wandungen des Kessels ansammeln kann, wodurch Wärmestauungen und schließlich Rissebildungen hervorgerufen werden. Vor solchen Anordnungen, insbesondere b e i s c h l e c h t e n W a s s e r v e r h ä l t n i s s e n , muß deshalb gewarnt werden. Aber auf die Zerstörung des Kessels arbeiten noch andere Umstände hin:

Nach Ansicht von Praktikern bleiben die gußeisernen Kessel infolge ihrer rapiden Zirkulation von Kesselstein frei; er lagert sich zum Teil im Boiler ab, zum Teil versetzt er die Zirkulationsleitung und auch die Zuleitung, so daß im Kessel Dampfbildung entsteht. In solchem Falle wird das Wasser durch den Rückgang herausgedrückt, der Kessel wird glühend und platzt, sobald das Wasser mit den glühenden Wandungen in Berührung tritt. Nichtsdestoweniger gibt es Sachverständige, die über alle Zweifel erhaben sind und nur Kesselstein als Ursache des Platzens ansehen. Das trifft keineswegs zu. Kessel von Wasserheizungen, bei denen Kesselsteinbildung ausgeschlossen ist, platzen erfahrungsgemäß nach mehrjährigem Betriebe. Sieht man von Konstruktionsfehlern ab, so muß die Ursache wo anders gesucht werden. Ich teile in dieser Beziehung die Ansicht der Heizungsfirma Janeck & Vetter, die die Kesseldefekte bei solchen Kesseln auf das Brüchigwerden des Materials, hervorgerufen durch die fortwährenden Bewegungen, die der Kessel mit-

10*

machen muß, zurückführt. Bei Warmwasserbereitungskesseln tritt
dieser Übelstand in mindestens doppeltem Maße auf, weil die Kessel
Sommer und Winter im Betriebe sind. Deshalb gibt man auch für
Warmwasserbereitungsanlagen meistens nur eine einjährige Garantie.

Eine große Rolle spielt die **Art der Wasserzufüh-
rung**. Man kann eine Warmwasserbereitung ohne Gefahr auch ohne
Schlange bauen, wenn man dafür sorgt, daß das nachfließende kalte
Wasser nicht direkt nach dem Kessel gelangt, sondern in den Boiler
oder das Reservoir (etwa in $1/3$ Höhe) eingeführt wird, so daß eine
Mischung des Wassers stattfindet, bevor es in die Kesselrückgangs-
leitung und durch diese in den Kessel gelangt.

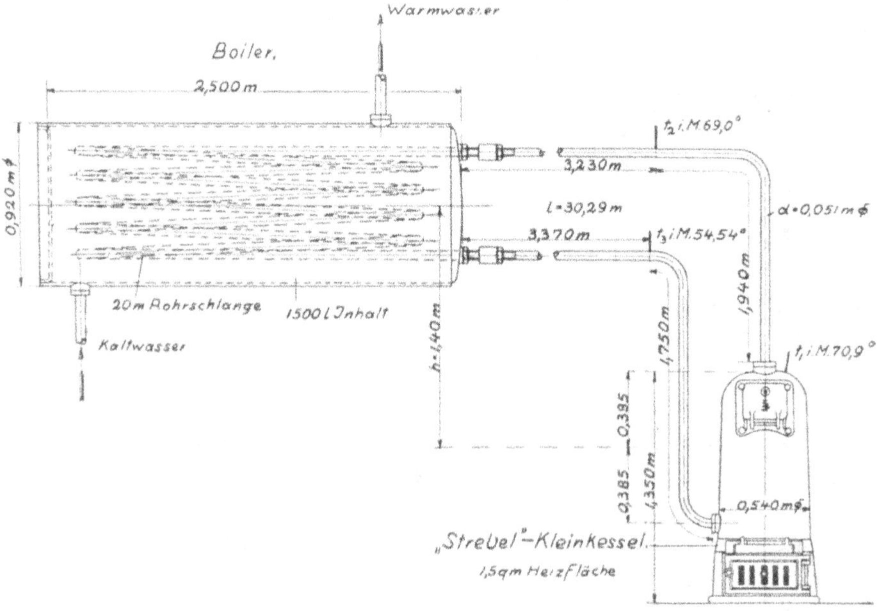

Fig. 72.

Bemerkungen zur Versuchsanlage.
(Kessel 1,5 qm Heizfläche.)

Die Verbindung des Kleinkessels zum Boiler zeigt Fig. 72. Da
diese Anordnung bei guten Anlagen allgemein gebräuchlich ist, habe
ich an dem Kessel zwei Versuche ausgeführt, um für die Ergebnisse
eine Kontrolle zu haben.

1. Versuch:

Die Ergebnisse sind in Fig. 73 graphisch aufgetragen und in den
Tabellen XXXIX und XLI zusammengestellt. Analog den Ana-

lysen aus dem Schüttrichter bildet sich schon während des Aufwerfens von Gaskoks CO und H_2. Die Entwicklung unverbrannter Gase findet während der ganzen Versuchsdauer statt. Der dadurch hervorgerufene Wärmeverlust schwankt durch die Entwicklung von

CO zwischen 2,10 bis 16,70% (vgl. »d« in Tabelle XLI)
H_2 » 1,71 bis 5,51% (vgl. »h« « « «)

und beträgt für beide zusammen im Mittel 12,27% vom Heizwert des Kokses.

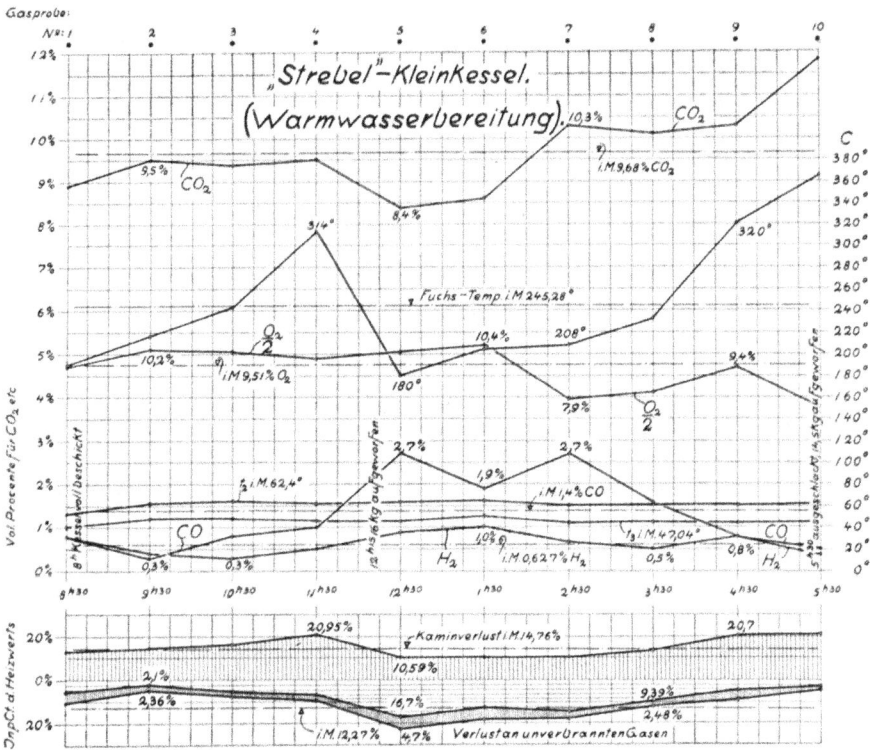

Fig. 73.

Der Kaminverlust erhält sein Maximum mit dem An- und Herunterbrennen der Koksschicht. Wir sehen beispielsweise die Abgangstemperaturen von 8 Uhr 30 Min. bis 11 Uhr 30 Min. allmählich bis 314° C steigen; während der Beschickung kühlt sich der Verbrennungsraum bis auf 180° C wieder ab (12 Uhr 30 Min.), um von hier ab bis 364° C und weiter zu steigen. Der Kaminverlust schwankt deshalb in den Grenzen von 10,06 bis 21% vom Heizwert des Kokses und beträgt

im Mittel 14,76%, d. h. der durch die Abgase hervorgerufene Wärmeverlust ist verhältnismäßig
nur wenig von jenem der unverbrannten Gase
verschieden!

Ein Blick auf die graphische Darstellung der Verbrennungsverluste läßt auch hier wieder einen gesetzmäßigen Vorgang erkennen,
nämlich daß bei einem im regelrechten Betriebe befindlichen Kessel
Kaminverlust und Verlust durch unverbrannte Gase konstant sind.

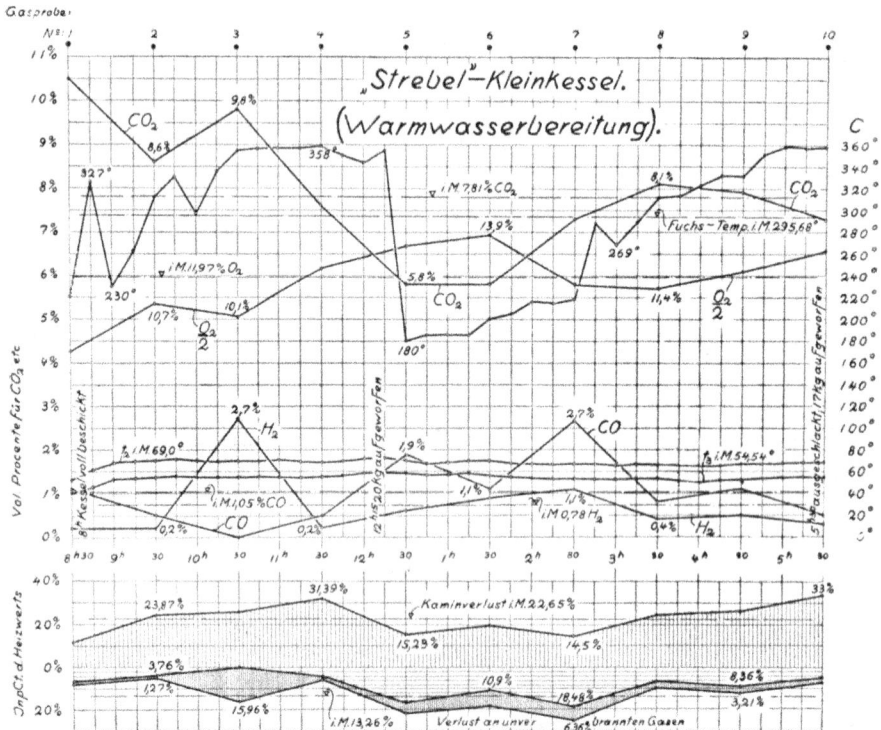

Fig. 74.

2. Versuch: (Kontrolle.) (Fig. 74 und Tabellen XL und XLI).

Zu diesem Versuch ist wenig zu sagen, da der Verbrennungsvorgang genau wie beim 1. Versuch verläuft. Einen scheinbaren Wider-
spruch zeigt der Verlauf von CO und H_2 um 10 Uhr 30 Min. Aber
dieser ist nur durch plötzliches Nachrutschen von Koks hervorgerufen; dem Maximum von CO_2 entspricht ein Maximum von CO
durch vorübergehenden Luftmangel; man sieht den Sauerstoffgehalt
an dieser Stelle etwas fallen.

Wenn man die Hauptergebnisse zusammenstellt, erhält man folgende Vergleichsziffern für die Durchschnittswerte:

	Volumen-Prozente			Abgangs-temperatur	In Prozenten des Heizwertes	
	CO	H₂	CO₂	°C	Kamin-verlust	Verlust durch unverbr. Gase
1. Versuch	1,4	0,627	9,68	245,28	14,76	12,27
2. Versuch (Kontrolle)	1,05	0,78	7,81	295,68	22,65	13,26

Diese Zusammenstellung lehrt, daß größere Zugstärke scheinbar günstiger auf die Vermeidung von CO (1,05 statt 1,4%) einwirkt, aber es darf nicht vergessen werden, daß der Wärmeverlust an unverbrannten Gasen mit abnehmendem Verhältnis $\frac{CO_2}{CO}$ wächst. Im ersten Falle waren hierfür $\frac{9,68}{1,4} = 6,9$, im zweiten Falle $\frac{7,81}{1,05} = 7,43$! Außerdem fiel beim Kontrollversuch der Wasserstoffgehalt eher etwas höher aus. Solche Kessel müssen also mit wenig Zug betrieben werden, um den Nutzeffekt möglichst hoch zu gestalten. Die Verluste durch die Verbrennung betrugen zusammen:

1. Versuch: 27,03% vom Heizwert des Kokses.
2. Versuch: (Kontrolle) 35,91% vom Heizwert des Kokses.

Tabelle XXXIX. Einzelablesungen.

Strebel-Kleinkessel.

1. Versuch.

Zeit	Temperatur der Abgase °C	Temperatur im Steigerohr °C	Temperatur im Rücklaufrohr °C	Rel. Luftfeuchtigkeit im Kesselhause %	Temperatur im Kesselhause °C
8³⁰	190	53	41,5	—	18,1
9³⁰	217	63	49	—	19
10³⁰	243	65	49	—	19,5
11³⁰	314	63	47	—	19,8
12³⁰	180	64,5	46,3	—	19,8
1³⁰	204	65	51	—	19,8
2³⁰	208	61,4	45	73	19,8
3³⁰	232	62,5	45,5	75	20
4³⁰	320	62	45	74	20
5³⁰	364	63,4	46	73	20,7

Tabelle XL. Einzelablesungen.
Strebel-Kleinkessel.
2. Versuch (Kontrolle).

Zeit	Temperatur der Abgase °C	Temperatur im Steigerohr °C	Temperatur im Rücklaufrohr °C	Rel. Luftfeuchtigkeit im Kesselhause %	Temperatur im Kesselhause °C
8³⁰	221	52	40,8	77	18.5
8⁴⁵	327	62,5	46	76	19,5
9⁰⁰	230	69	53	75	19,5
9¹⁵	263	70	54	75	19,6
9³⁰	311	71	55	73	19,8
9⁴⁵	329	72	56	72	20
10⁰⁰	296	71	55,5	71	20
10¹⁵	335	70	55	70	20
10³⁰	354	71	55,3	70	20,1
10⁴⁵	356	70,5	55,3	69	20,2
11⁰⁰	357	71,5	56	68	20,2
11¹⁵	356	70	54,6	68	20
11³⁰	358	69,6	54,8	68	20,5
11⁴⁵	350	71	56,5	68	20,5
12⁰⁰	343	73	59	68	20,6
12¹⁵	354	74	60	68	20,6
12³⁰	180	71	59	68	20
12⁴⁵	185	68	57,3	69	20
1⁰⁰	185	69,2	57,6	68	20
1¹⁵	185	71	58,7	68	20
1³⁰	200	71	57	68	20
1⁴⁵	205	69,2	55,5	68	20
2⁰⁰	216	68	54	68	20
2¹⁵	214	67	53	68	20
2³⁰	218	67	53	68	20
2⁴⁵	289	67,2	53	68	20
3⁰⁰	269	66,6	52,8	68	20,1
3¹⁵	289	67,2	53.4	68	20,3
3³⁰	312	67	53	68	20,2
3⁴⁵	313	65,5	51,4	68	20,6
4⁰⁰	323	64,8	50,8	68	20,6
4¹⁵	331	66	52	68	20,6
4³⁰	331	67,3	52,3	68	20,6
4⁴⁵	351	67,5	53,8	68	20,6
5⁰⁰	358	68	54,5	69	20,8
5¹⁵	357	69	55	69	20,9
5³⁰	358	69	55,5	70	21

Tabelle XLI. Analysen der Verbrennungsgase.

1. Versuch.

Zeit	Glas-ballon Nr.	CO_2	O_2	CO	H_2	N_2	Zeit	Verluste an unver-brannten Gasen r' in %		Kamin-verlust r'' in %
								d	h	
8^{30}	1	8,9	9,4	0,8	0,8	80,1	$8,^0$	5,65	4,78	13,01
9^{30}	2	9,5	10,2	0,3	0,4	79,6	9^{30}	2,10	2,36	14,89
10^{30}	3	9,4	10,1	0,8	0,3	79,4	10^{30}	5,38	1,71	16,24
11^{30}	4	9,5	9,8	1,0	0,5	79,2	11^{30}	6 52	2,75	20,95
12^{30}	5	8,4	10,1	2,7	0,9	77,9	12^{30}	16,70	4,70	10,59
1^{30}	6	8,6	10,4	1,9	1,0	78,1	1^{30}	12,39	5,51	10,06
2^{30}	7	10,3	7,9	2,7	0,7	78,4	2^{30}	14,22	3,12	10,64
3^{30}	8	10,1	8,2	1,6	0,5	79,6	3^{3c}	9,39	2,48	13,41
4^{30}	9	10,3	9,4	0,8	0,8	78,7	4^{30}	4,95	4,18	20,27
5^{30}	10	11,8	7,5	0,4	0,4	79,8	5^{30}	2 78	1 88	21 00

2. Versuch (Kontrolle).

Zeit	Glas-ballon Nr.	CO_2	O_2	CO	H_2	N_2	Zeit	d	h	Kamin-verlust r'' in %
8^{30}	1	10,5	8,5	1,1	0.2	79,7	8^{30}	6,51	1	11,47
9^{30}	2	8.6	10,7	0,5	0,2	80	9^{30}	3,76	1,27	23,87
10^{30}	3	9,8	10,1	—	2,7	77,4	10^{30}	—	15,96	25,66
11^{30}	4	7,6	12,3	0,5	0,2	79,4	11^{30}	4,23	1,43	31,99
12^{30}	5	5,8	13,4	1,9	0,6	78,3	12^{30}	16,92	4,51	15,23
1^{30}	6	5,8	13,9	1 1	0,9	78,3	1^{30}	10 90	7,54	19,13
2^{30}	7	7,3	11,6	2,7	1,1	77,3	2^{30}	18,48	6,36	14,57
3^{30}	8	8,1	11,4	0,8	0,4	79,3	3^{30}	6,15	2,60	24,45
4^{30}	9	7,9	12,2	1,1	0,5	78,3	4^{30}	8,36	3,21	25,82
5^{30}	10	7,3	13,1	0,5	0,3	78,8	5^{30}	4,40	2,23	33,00

Betrachtet man den Kessel als Heizkörper mit $k = 7$, gibt er entsprechend den Heizwassertemperaturen bei 2,45 qm Außenfläche an Wärme ab:

$$1)\quad 7 \cdot \left(\frac{62,4 + 47,04}{2} - 19,65\right) \cdot 2,45 = 600\ \text{WE},$$

$$2)\quad 7 \cdot \left(\frac{69\ + 54,54}{2} - 20,2\right) \cdot 2,45 = 713\ \bullet$$

Das ergibt, auf den stündlichen Koksverbrauch $\left(\frac{30,5}{9}\ \text{bzw.}\ \frac{37}{9}\ \text{kg}\right)$ bezogen:

$$1)\quad \frac{600 \cdot 100 \cdot 9}{30,5 \cdot 7070} = 2,5\ \%,$$

$$2)\quad \frac{713 \cdot 100 \cdot 9}{37 \cdot 7070} = 2,45\ \bullet$$

Der Nutzeffekt berechnet sich danach unter Berücksichtigung eines Fehlers von 1 % zu

1. **69,47** %.

2. **60,64** %.

Die Leistung des Kessels pro qm Heizfläche und Stunde ergab sich im ersten Falle zu 11 150 WE, im zweiten Falle zu 11 750 WE. Bei einer mittleren Temperatur des Heizwassers in der Rohrschlange von 67,3° C betrug die stündliche Wärmeübertragung eines Quadratmeters ä u ß e r e r (eiserner) Rohroberfläche 4325 WE, während in der Praxis viel höhere Werte angenommen werden. Danach beträgt der Wärmeübertragungskoeffizient im Mittel $k = 140$.

XXII. Rapidkessel.
[Niederrheinisches Eisenwerk Dülken.]
(Niederdruckdampf.)

Beschreibung.

Die Bauart der Kessel geht aus der Fig. 75 und 76 hervor. Neben einem gußeisernen Unterbau mit Aschfalltür und Stutzen für den Abzug der Verbrennungsgase sehen wir eine Anzahl »ring- bzw. scheibenförmiger« vertikaler Glieder zu einem Kesselsystem aneinander geschaltet. Der mit W a s s e r g e k ü h l t e R o s t erstreckt sich vom Vorderglied bis zum ersten Scheibenglied und erreicht selbst bei den größten Kesseln (ca. 50 qm) eine Länge von nur 1,7 m. Das Feuer b r e n n t n i c h t d u r c h d e n F ü l l s c h a c h t, sondern von unten durch seitliche Kanäle, denen gleichzeitig die Aufgabe zufallen soll, die sich aus dem Brennstoff entwickelnden Schwelgase (CO hauptsächlich) zu entzünden.

Erfahrungen mit dem Kesselsystem.

Der wassergekühlte, in seiner Länge begrenzte Rost bedeutet eine Erleichterung in der Bedienung, auch ist die Anordnung der seitlichen Kanäle zur Vermeidung eines Durchbrennens durch den Füllschacht für die Regulierfähigkeit des Kesselsystems als Vorzug anzusprechen. Die Entzündung der Schwelgase, unter denen CO und ev. H_2 zu verstehen ist, ist dagegen mit dieser Anordnung nicht erreicht. Soll sie ermöglicht werden, muß für ausreichende Temperatur über der Koksschicht Sorge getragen werden, da die Luftzuführung allein den erwünschten chemischen Vorgang, d. h. die nachträgliche Verbrennung von beispielsweise CO zu CO_2 nicht herbeiführt. Ich empfehle deshalb auch bei diesem Kesselsystem, den Füllschacht nicht vollständig mit Koks zuzuwerfen, sondern die Glut

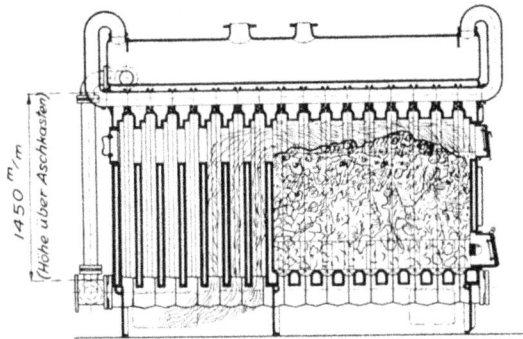

2 RAPID - KESSEL (DULKEN)

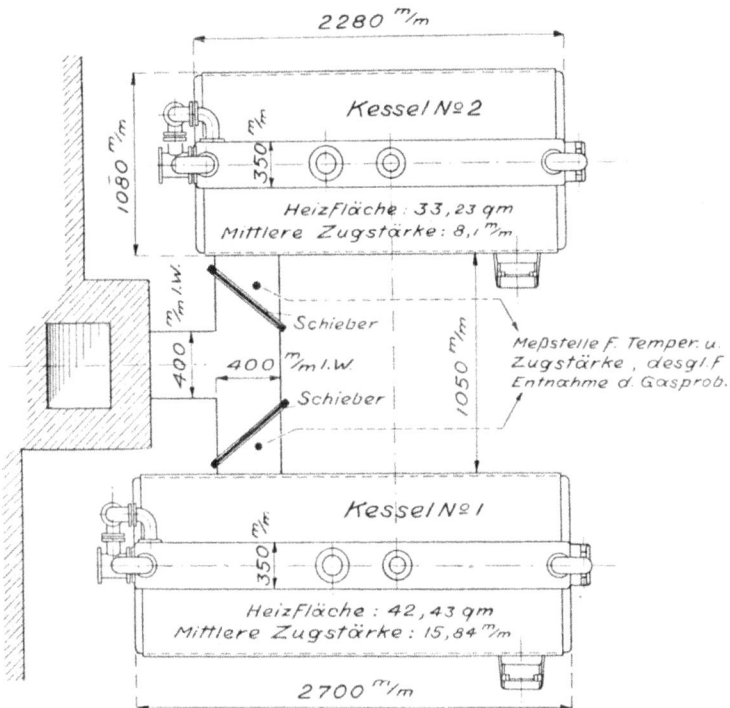

Fig. 75 und 76.

erst nach hinten (nach dem Heizerstande zu) zu ziehen und den frischen
Koks in den frei gewordenen Raum nach vorn zu werfen.

Dem Vorteil der seitlichen Kanäle in bezug auf die Feuerregelung
steht ein Nachteil gegenüber: die durch die Kanäle tretende Verbren-

nungsluft ruft einen Luftüberschuß hervor, der mit einer geringeren Ausnutzung des Brennstoffes identisch ist.

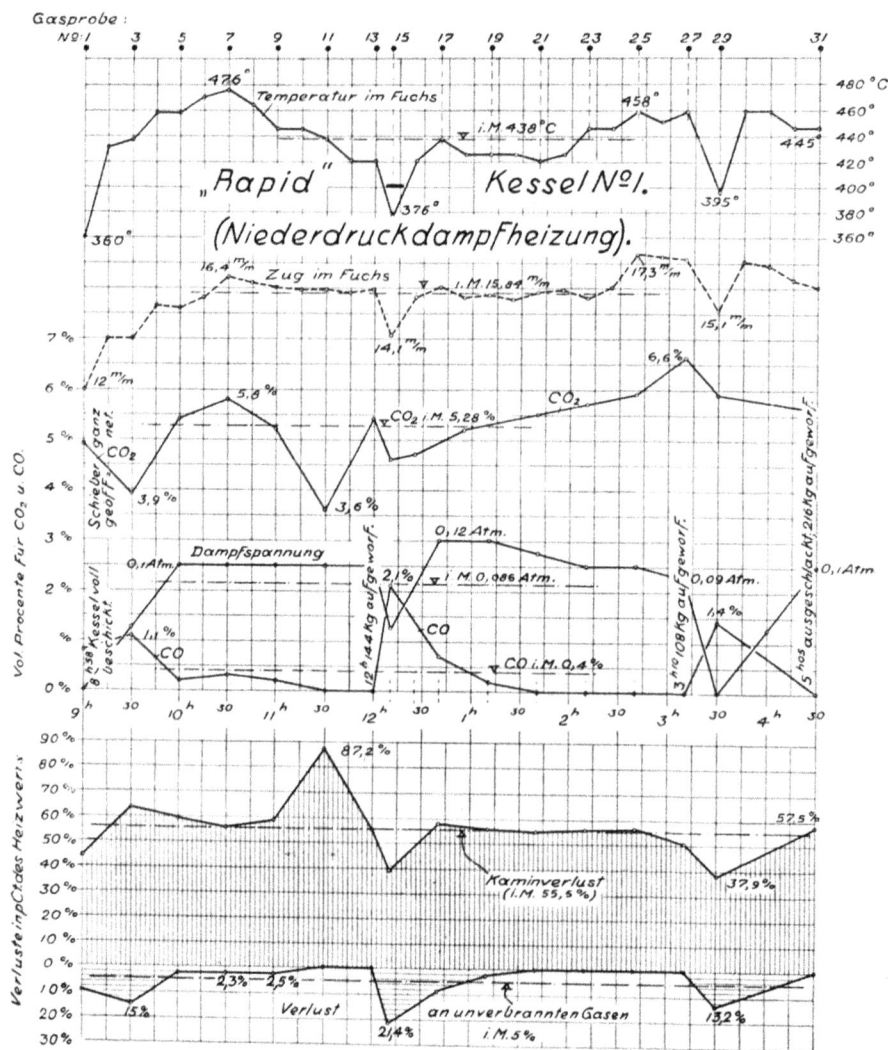

Fig. 77.

Aber das Kesselsystem hat noch einen zweiten Mangel; es fehlt ihm die zwangläufige Führung der Verbrennungsgase. Um die Heizfläche, welche rechnerisch gebraucht wird, zu erhalten, wird ein Scheibenglied nach dem andern aneinandergereiht, so daß für den Abzug der Verbrennungsgase bei größeren Kesseln ein großer Querschnitt erhalten wird, den die abziehenden Gase nicht ausfüllen können. Die Folge davon ist, daß, wie dies Fig. 75 andeutet, die Verbrennungsgase nur einen geringen Teil der durch die Scheibenglieder gebildeten Kammer durchziehen, den andern Teil der Heizfläche dagegen ausschalten. Der Verlust durch hohe Abgangstemperaturen ist deshalb bedeutend. Die Leistung der Kessel nimmt mit zunehmender Heizfläche ab.

Ich schlage vor, selbst bei günstigen Verhältnissen, d. h. mäßigen Beanspruchungen, nur eine Leistung von 6500 WE pro qm Heizfläche im Mittel zugrunde zu legen, bei großen Kesseln aber noch weiter herunterzugehen. (Näheres siehe Versuchsergebnisse.)

Bemerkungen zur Versuchsanlage.

Bei der Anlage, die ich wegen der mangelhaften Leistung der Heizkessel und des hohen Koksverbrauches einer eingehenden Untersuchung unterzog, war, wahrscheinlich aus Platzmangel, der größere Kessel (Nr. 1 vgl. Fig. 76) überdies noch so unglücklich auf den Fuchs gesetzt, daß die Verbrennungsgase gar nicht anders konnten, als vor Berührung des ungefähr letzten Drittels der Gesamtheizfläche abzubiegen. Die geringe Ausnutzung des Brennstoffes kennzeichnete sich schon äußerlich durch die in dem Fuchs sichtbaren Flammen, die es mir unmöglich machten, die Abgangstemperaturen mit den bis 550° C geeichten Quecksilberpyrometern zu messen; ich mußte deshalb zu Thermoelementen greifen, weil bei den Vorversuchen Temperaturen bis zu 600° C die Pyrometer zerstörten.

Da bei der fraglichen Anlage 542 000 WE zu leisten waren, konnte die aufgestellte Heizfläche (75,66 qm) den Wärmebedarf bei kälteren Witterungsverhältnissen nicht schaffen; der Heizer klagte, daß schon bei — 5° Außentemperatur der Dampfdruck von 0,1 Atm. dauernd nicht zu halten sei. Die Prüfung der Kesselanlage bestätigte dieses Ergebnis.

Versuchsergebnisse.

Um den Einfluß des Schornsteinzuges auf die Ausnutzung des Brennstoffes zu zeigen, habe ich, wie das der Heizer stets zu tun pflegte, Kessel I (42,43 qm Heizfläche) mit der größten zur Verfügung stehenden Zugstärke (im Mittel 15,84 mm) arbeiten lassen, während Kessel II (33,23 qm) etwa mit halber Zugkraft (im Mittel 8,1 mm) betrieben wurde. Wie die graphischen Darstellungen Fig. 77 u. 78 veranschaulichen, äußerte sich der Unterschied in der Zugstärke zunächst in den Abgangstemperaturen; sie schwankten bei

Kessel I zwischen 360° und 476° C[1]),
Kessel II » 155° » 380° C.

Näheres enthalten die Einzelablesungen.

----

[1]) Die Thermoelemente waren so in den Fuchs eingeführt, daß sie nicht direkt in die hin und wieder sichtbaren Flammen hineinragten.

Da der Kohlensäuregehalt allgemein mit der Zunahme der Temperaturen steigt, war dieser bei I etwas höher als bei II. Die Verbrennung erfolgte in beiden Fällen mit hohem Luftüberschuß bei Vorkommnis von CO. Ein Hinweis auf die Tabelle XLIII über die Analysen der Verbrennungsgase und die graphischen Darstellungen zeigt, daß das CO stets nach frischer Beschickung infolge Abkühlung des Füllschachtes entsteht und dann allmählich verschwindet. Die Luftzuführung durch die seitlichen Kanäle hat also trotz des überreichlichen Maßes auf die Nachverbrennung der »Schwelgase« keinen oder nur geringen Einfluß. Der höchste Volumen-Prozentsatz an CO betrug in beiden Fällen 2,1.

Bezieht man die durch das unverbrannte CO hervorgerufenen Wärmeverluste V' auf den Heizwert des Koks, ergeben sich Maximalwerte für

Kessel I zu 21,4 %,
Kessel II » 22,4 %,

während v', auf die Versuchsdauer verteilt, im Mittel 5 bzw. 5,37 % betrug.

Die Schwankungen in der Zusammensetzung der Verbrennungsgase sind durch die periodische Beschickung des Rostes und den jeweiligen Zustand der Brennschicht bedingt. Der Koks bildet Löcher, die einen Luftüberschuß und damit geringe Abgangstemperaturen nach sich ziehen. Durch Nachrutschen des Brennstoffes tritt sofort eine Änderung in dem Verbrennungsvorgange ein.

Wegen der hohen Abgangstemperaturen und des geringen CO_2-Gehalts der Verbrennungsgase fiel der Kaminverlust v'' sehr hoch aus. Er betrug im Mittel bei

Kessel I: 55,5% vom Heizwert des Kokses
Kessel II: 39,5% «   «   «   «

Der Verlauf der Verluste v' und v'' ist aus der besonderen Zusammenstellung und den graphischen Darstellungen klar ersichtlich.

Der Verlust an Wärmeleitung und Strahlung war wegen der guten Isolierung der Heizkessel sehr gering.

Der Wärmeverlust von Kessel I wurde zu 2230 WE pro Stunde ermittelt. Da in 8 Stunden und 7 Minuten 468 kg Koks mit einem Heizwert von im Mittel 7070 WE verbrannt wurden, betrug die pro Stunde auf den Rost erzeugte Wärmemenge

$$57{,}66 \cdot 7070 = 407\,656 \text{ WE,}$$

so daß an Wärmeleitung und Strahlung nur

$$\frac{2230 \cdot 100}{407\,656} = 0{,}55\,\text{\%}$$

verloren gingen.

Bei Kessel II betrug dieser Prozentsatz 0,56.

Für die A u s n u t z u n g d e s B r e n n s t o f f e s erhalten wir nach Ermittelung der Wärmeverluste für

Kessel I: 37,95% = 2683 WE,

Kessel II: 53,57% = 3787 WE.

Wärmeverteilung.

	Kessel I		Kessel II	
Heizfläche in qm	42,43		33,23	
Zugstärke in mm WS	15,84		8,1	
	WE	in % des Heizwertes	WE	in % des Heizwertes
Ausnutzung des Brennstoffes .	2683	37,95	3787	53,57
Verlust an CO	354	5,00	380	5,37
Verlust durch die Abgase . .	3924	55,50	2783	39,50
Leitung und Strahlung + 1%[1])	109	1,55	110	1,56

Nach Abzug der Zeit des Schlackens wurden im ganzen an Koks gebraucht:

bei Kessel I mit Rostgröße 1,2716 qm: 468 kg und pro Stunde 57,66 kg,

bei Kessel II »   »   1,04 qm: 366 kg »   »   »   49,0 kg.

Das gibt eine ungefähr gleiche Rostbeanspruchung pro Stunde von 45,4 bzw. 47,1 kg, die gegenüber der angewandten verschiedenen Zugstärken auffallend ist. Die Ursache liegt eben in den seitlichen Kanälen, die auf die Zugstärke im Füllraum des Kessels ausgleichend wirken. Da bei Kessel II weniger Koks zur Verbrennung gelangte als bei I, mußte der CO_2-Gehalt der Verbrennungsgase bei II niedriger ausfallen.

Die Leistung der Kessel ergibt sich aus der nutzbar gemachten Wärmemenge und dem stündlichen Koksverbrauch:

$$I: \frac{2683 \cdot 57,66}{42,43} = 3660 \text{ WE,}$$

$$II: \frac{3787 \cdot 49}{33,23} = 5580 \text{ WE.}$$

Die Leistung der Kessel, von der es im Prospekt heißt, daß sie nicht über 8000 WE pro qm gehen sollte, blieb demnach weit hinter dieser zurück, ohne daß

---

[1]) Verlust für unverbrannten Koks, der beim Beschicken des Rostes über das erste Scheibenglied hinweg in den Abzugskanal gelangt.

dadurch eine Wirtschaftlichkeit erzielt wurde. Beide Kessel würden im günstigsten Falle (wenn wir das Mittel der erzielten Leistungen nehmen)

$$75,66 \cdot \frac{3660 + 5580}{2} = 350\,000 \text{ WE}$$

oder nur 65 % von der geforderten Leistung hergeben.

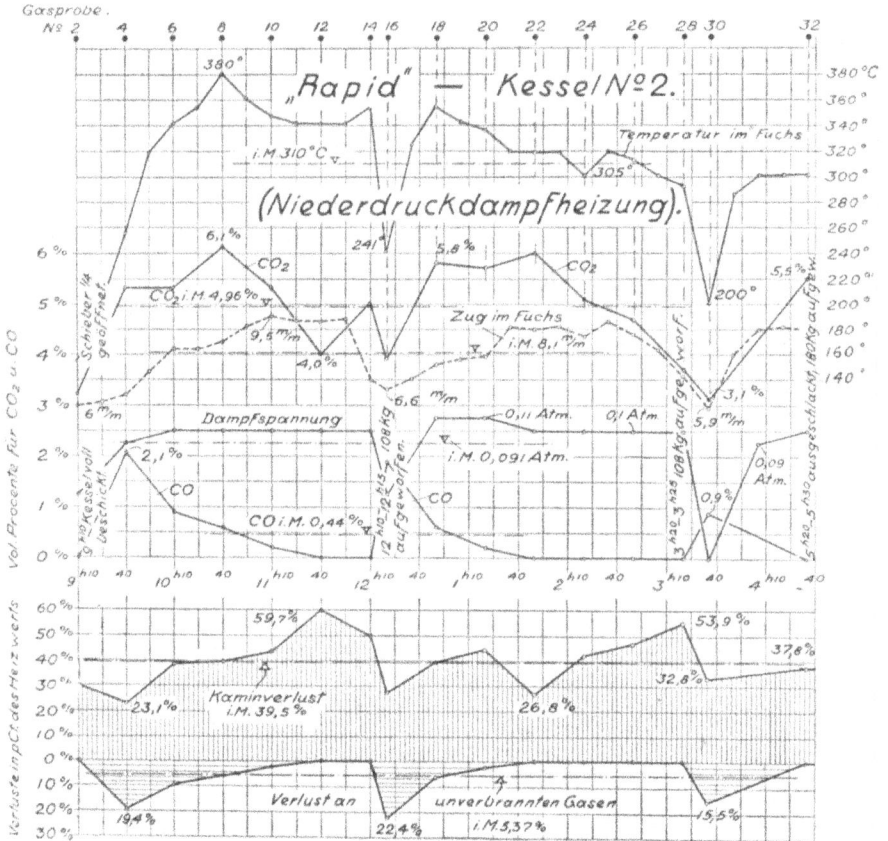

Fig. 78.

Trotz des geringen Koksverbrauches ist die Leistung des Kessels II größer gewesen als bei I; man lernt hieraus daß zu starker Schornsteinzug direkt schädlich ist. Die Ausprobierung der geeignetsten Zugstärke für jedes Kesselsystem ist also von größter Bedeutung für Leistung und Wirtschaftlichkeit.

Tabelle XLII. Einzelablesungen.
Rapidkessel.

| Zeit | Kessel I | | Für beide Kessel gültig | | | | | Kessel II | | Zeit |
	Temperatur der Abgase °C	Zugstärke vor dem Rauchschieber mmWS	Rel. Luftfeuchtigkeit im Kesselhause %	Temperatur im Kesselhause °C	Dampfdruck Atm. Überdruck	Temperatur im Freien °C	Temperatur der Kesselverschalung °C	Zugstärke vor dem Rauchschieber mmWS	Temperatur der Abgase °C	
9^{00}	360	12,0	27	—	0,0	1,0	28	—	—	9^{00}
9^{15}	431	14,0	—	22	—	—	—	6,0	155	9^{10}
9^{30}	437	14,0	35	—	0,05	1,3	28	6,1	200	9^{25}
9^{45}	458	15,3	—	—	—	—	—	6,4	255	9^{40}
10^{00}	458	15,2	31	22	0,1	1,3	31	7,3	319	9^{55}
10^{15}	470	15,6	—	—	—	—	—	8,2	341	10^{10}
10^{30}	476	16,4	30	—	0,1	2,0	32	8,2	354	10^{25}
10^{45}	464	16,2	—	22	—	—	—	8,5	380	10^{40}
11^{00}	445	16,0	30	—	0,1	1,8	32	9,1	360	10^{55}
11^{15}	445	15,9	—	—	—	—	—	9,5	347	11^{10}
11^{30}	437	15,9	30	22,5	0,1	1,8	32	9,3	341	11^{25}
11^{45}	420	15 8	—	—	—	—	—	9 3	341	11^{40}
12^{00}	420	15 9	29	—	0 1	2 2	31	9,4	341	11^{55}
12^{10}	376	14,1	31	22,5	0,05	—	31	7,0	354	12^{10}
12^{25}	420	15,6	—	—	—	—	—	6,6	241	12^{20}
12^{40}	437	16,0	31	21	0,12	2,4	31	7,0	325	12^{35}
12^{55}	425	15 6	—	—	—	—	—	7,6	354	12^{50}
1^{10}	425	15,7	30	·	0,12	2,4	31	7,8	341	1^{05}
1^{25}	425	15,5	—	—	—	—	—	7,9	336	1^{20}
1^{40}	420	15,8	27	21	0,11	2,3	31	9,1	319	1^{35}
1^{55}	425	15,9	—	—	—	—	—	9,0	319	1^{50}
2^{10}	445	15,6	27	20	0,1	2,3	31	9,1	319	2^{05}
2^{25}	445	16,0	—	—	—	—	—	8,7	305	2^{20}
2^{40}	458	17,3	26,5	—	0,1	3,2	30	9,3	319	2^{35}
2^{55}	451	17,2	—	—	—	—	—	8,8	312	2^{50}
3^{10}	458	17,1	31	—	0,09	3,2	31	8,2	305	3^{05}
3^{30}	395	15,1	33	21	0,0	—	31	7,2	292	3^{20}
4^{45}	458	17,0	—	—	—	—	—	5,9	200	3^{35}
4^{00}	458	16,8	32	—	0,05	3,3	31	8,0	286	3^{50}
4^{15}	445	16,3	—	—	—	—	—	9,0	305	4^{05}
4^{30}	445	16,0	29	—	0,1	3,3	31	9,1	305	4^{20}
4^{45}	437	16,0	—	21	—	—	—	9,0	305	4^{35}
5^{10}	437	16,3	—	—	0,1	3,3	31	9,0	305	4^{50}
								9,0	305	5^{05}

Tabelle XLHI. Analysen der Verbrennungsgase.
Rapidkessel.

Zeit	Kessel I					Kessel II					Zeit
	Glasballon Nr.	CO_2 %	O_2 %	CO %	N_2 %	CO_2 %	O_2 %	CO %	N_2 %	Glasballon Nr.	
9^{00}	1	4,9	15,4	0,8	78,9	3,2	17,4	—	79,4	2	9^{10}
9^{30}	3	3,9	16,2	1,1	78,8	5,3	14.1	2,1	78,5	4	9^{40}
10^{00}	5	5,4	14,8	0,2	79,6	5,3	14,3	0,9	19,5	6	10^{10}
10^{30}	7	5,8	14,6	0 3	79,3	6,1	14,1	0,6	79,2	8	10^{40}
11^{00}	9	5,2	15,2	0,2	79,4	5,3	15,0	0,2	79,5	10	11^{10}
11^{30}	11	3 6	17,0	—	79,4	4,0	16,8	—	79,2	12	11^{40}
12^{00}	13	5,4	15,1	—	79,5	5,0	15,7	—	79,3	14	12^{10}
12^{10}	15	4,6	14,2	2,1	79,1	3,9	15,1	1,9	79,1	16	12^{20}
12^{40}	17	4,8	15,5	0,7	79,0	5,8	14,0	0,6	79,6	18	12^{50}
1^{10}	19	5,2	15,2	0,2	79,4	5,7	14,8	0,2	79,3	20	1^{20}
1^{40}	21	5,5	15,0	—	79,5	6,0	14,4	—	79,6	22	1^{50}
2^{10}	23	5,7	14,7	—	79,6	5,1	15,6	—	79,3	24	2^{20}
2^{40}	25	5,9	14,6	—	79,5	4,7	15,9	—-	79 4	26	2^{50}
3^{10}	27	6,6	14,0	—	79,4	3,7	16,9	—	79,4	28	3^{40}
3^{30}	29	5,9	13.9	1,4	78,8	3,1	16,7	0,9	79,3	30	3^{35}
4^{30}	31	5,6	15,0	—-	79,4	5,5	15,0	—	79,5	32	4^{30}

Tabelle XLIV. Verluste.
Rapidkessel.

Zeit	Kessel I		Kessel II		Zeit
	Verluste durch unverbrannte Gase r' %	Kaminverlust r'' %	Verluste durch unverbrannte Gase r' %	Kaminverlust v'' %	
9^{00}	9,6	44 2	—	30 2	9^{10}
9^{30}	15,0	63,4	19,4	23,1	9^{40}
10^{00}	2.4	59,4	9.9	38,3	10^{10}
10^{30}	2,3	55,8	6,1	39,6	10^{40}
11^{00}	2,5	59,0	2,5	43,5	11^{10}
11^{30}	—	87,2	—.	59,7	11^{40}
12^{00}	—	55,2	—-	50,0	12^{10}
12^{10}	21,4	39,2	22,4	27,6	12^{20}
12^{40}	8,8	58,1	6,4	39,1	12^{50}
1^{10}	2,5	56,3	2,3	44,0	1^{20}
1^{40}	—	55,2	—	26,8	1^{50}
2^{10}	—	56,1	—	41,7	2^{20}
2^{40}	—	56,4	—	45,7	2^{50}
3^{10}	—	50,5	—	53,9	3^{20}
3^{20}	13,2	37,9	15 5	32,8	3^{35}
4^{30}	—	57,5	—	37.8	4^{35}

XXIII. Lollarkessel.

[Buderussche Eisenwerke, Wetzlar.]

(Warmwasserheizung.)

Erfahrungen mit dem Kesselsystem.

Der »Lollar«-Heizkessel hat sich, soweit meine Erfahrungen in
Betracht kommen, gut bewährt. Diese Ansicht wird durch die Tatsache erhärtet, daß das Kesselsystem bereits in mehr als 12 000 Exem-
plaren im Betriebe ist, aus dem eine große Anzahl von Anerkennungen
vorliegen. Der Heizkessel hat zwei nicht gering zu schätzende Vor-
züge: Die zwangläufige Führung der Feuergase zur Seite mit dem
gemeinschaftlichen Abzugskanal (vgl. Fig. 79 bis 81) und die große

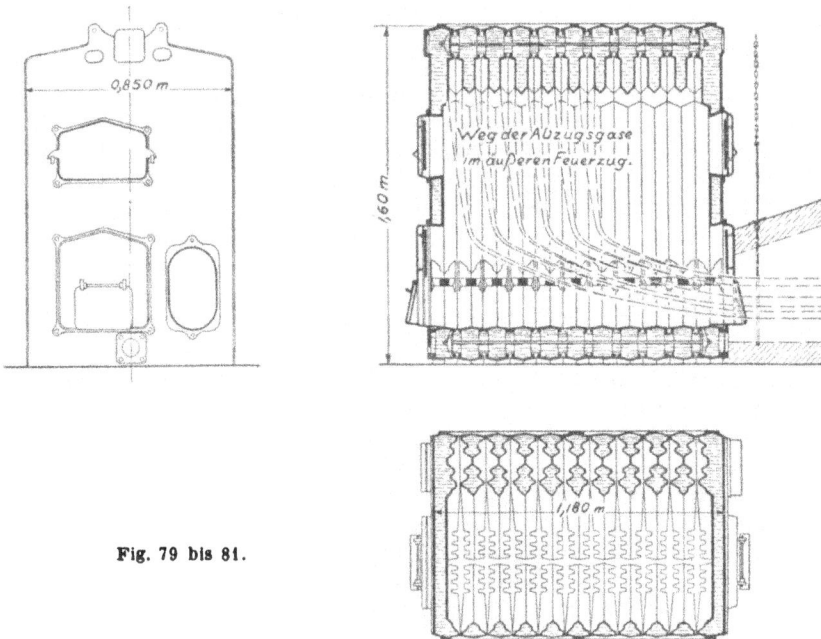

Fig. 79 bis 81.

Leistungsfähigkeit, die dieses Kesselsystem vor andern ähnlichen
Konstruktionen auszeichnet. Die Heizflächen selbst sind durch die
eigenartige eckige Ausbildung außerordentlich hochwertig; die poly-
gonische Gestaltung der Feuerzugquerschnitte bedingt eine innigere
Berührung der Verbrennungsgase mit den Heizflächen, als dies bei
gleichmäßig gestalteten Kanälen möglich ist. Die Kanalquerschnitte
im Lollar-Heizkessel scheinen mir günstig gewählt zu sein; selbst
bei matter Verbrennung, also geringerer Gasbildung, treffen die nach

11*

dem Fuchs abziehenden Gase immer noch genügende Heizfläche bei
direkter Berührung, so daß ich in Spezialfällen unter ungünstigen
Verhältnissen eine noch hinreichende Ausnutzung des seitlichen Feuerzuges, wie skizzenmäßig angedeutet, feststellen konnte. Bei 5 mm
Schornsteinzug betrug die Leistung des Heizkessels ∿ 6200 WE, bei
10,6 mm Zugstärke ∿ 9700 WE bei noch gutem Nutzeffekt, während
bei den andern gußeisernen Kesseltypen mit wachsendem Schornsteinzug meistens Leistung und Nutzeffekt nachließen.

Bemerkungen zur Versuchsanlage.
(2 Heizkessel à 17 qm. Schmelzkoks.)

Die Heizungsanlage wurde von dem Hauswirt wegen mangelhafter Wirkung
beanstandet und die Zahlung verweigert. Die Heizungsfirma stellte den langen
f r e i e n G i e b e l als die Ursache der fehlenden Heizwirkung hin, zumal bei der
Aufstellung der Wärmetransmission der Giebel als bebaut angenommen war.
Nach Erledigung dieser Beweisfrage wurde seitens des Besitzers die Heizfläche
der aufgestellten Rippenheizkörper und Radiatoren bemängelt und endlich die
Kesselheizfläche für zu klein erachtet. Nach Klärung der Sachlage, wozu Jahre
erforderlich waren — so beanstandete wiederum die Heizungsfirma die Heizkörperverkleidungen, nachträgliche bauliche Veränderungen etc. —, konnte ich
als gerichtlich bestellter Sachverständiger an die Untersuchung der Heizkessel
herantreten, die nach Ansicht des Hausbesitzers nicht annähernd die dem Ver-
trage zugrunde gelegte Leistung aufwiesen und zu anormalem Koksverbrauch Anlaß
gaben (beispielsweise 200 Ztr. in ca. 8 Tagen bei — 7,5° C Außentemperatur).

Die Anordnung der Heizkesselanlage veranschaulicht Fig. 82 u. 83.

Die Untersuchung ergab, daß der Hausbesitzer nicht genügend lange und
intensiv heizen ließ; der Portier war angewiesen, nur so und so viel Koks zu verbrennen; was darüber war, war von Übel. Außerdem zeigte ein Kesselthermometer wegen einer Luftblase im Quecksilberfaden ca. 10° C mehr als das andere
an, so daß der Heizer nicht recht wußte, welcher Angabe er folgen sollte. Er
fand schließlich merkwürdigerweise heraus, daß das weniger anzeigende Thermometer falsch war, und richtete sich deshalb nur nach den höheren Temperatur-
angaben, die in Wirklichkeit gar nicht vorhanden waren. Durch die Probeheizung,
welche ich ca. 1 Jahr vor der Kesselprüfung veranlaßt hatte, war bereits der Beweis erbracht, daß die Zimmer gut durchwärmt werden konnten, wenn für genügende Heizkesseltemperaturen gesorgt wurde; es blieb demnach nur noch
übrig, die Leistung der Kessel zu bestimmen.

Wie aus den Versuchsergebnissen hervorgeht, betrug die Maximalleistung
der Heizkessel 330 000 WE, während zur Deckung der Wärmetransmission
268 700 WE erforderlich waren. Ich selbst hatte bei der Rechnung nach den
bisherigen Erfahrungen an anderen gußeisernen Heizkesseltypen die Kesselheizfläche bei weitem für zu gering gehalten, da sich pro qm Heizfläche und Stunde

$$\frac{1,1 \cdot 268\,700}{34} = \sim 8700 \text{ WE}$$

ergaben; nichtsdestoweniger machte ich das Endurteil von der praktischen Untersuchung abhängig, die mich eines Besseren belehrte.

2 „Lollar"-Kessel à 17 qm Heizfläche.

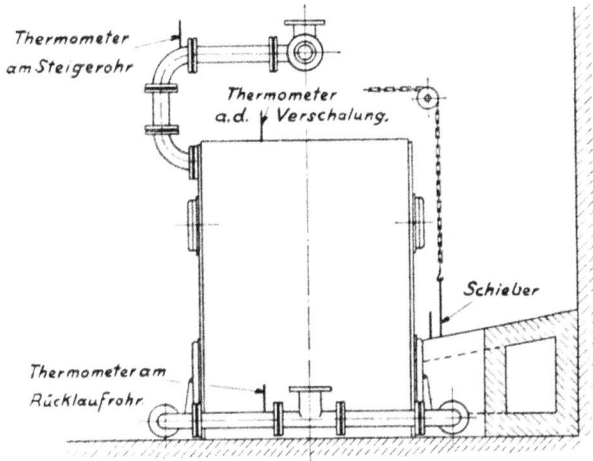

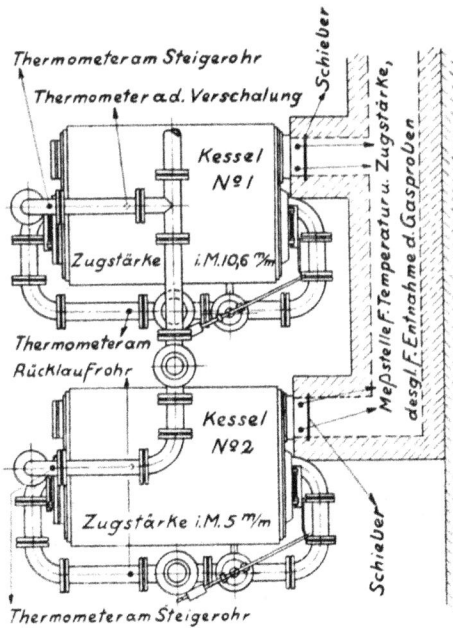

Thermometer
am Steigerohr

Thermometer
a.d. Verschalung.

Schieber

Thermometer am
Rücklaufrohr

Thermometer am Steigerohr

Thermometer a.d. Verschalung

Schieber

Kessel
N° 1

Zugstärke i.M. 10,6 ᵐ/m

Thermometer am
Rücklaufrohr

Meßstelle f. Temperatur u. Zugstärke,
desgl. f. Entnahme d. Gasproben

Kessel
N° 2

Zugstärke i.M. 5 ᵐ/m

Schieber

Thermometer am Steigerohr

Fig. 82 und 83.

Versuchsergebnisse.

Die Versuchsergebnisse sind durch die Tabellen XLV bis XLVII und die beiden graphischen Darstellungen Nr. 84 und 85 veranschaulicht. Kessel I wurde mit einem durchschnittlichen Schornsteinzuge von 10,6 mm, Kessel II mit 5 mm betrieben. Die Ergebnisse

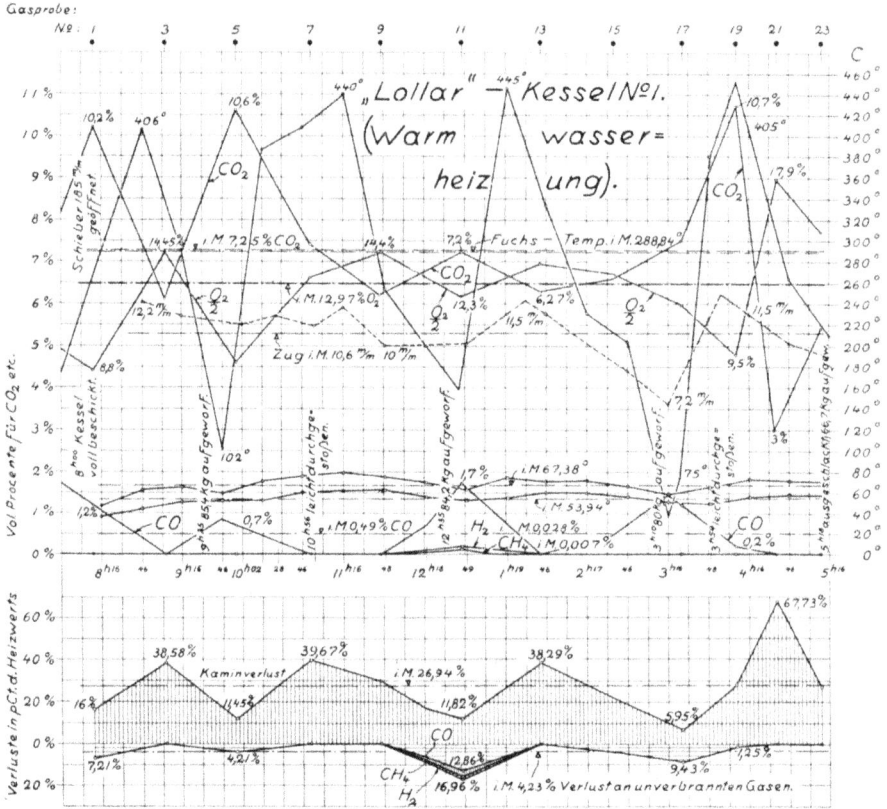

Fig. 84.

bestätigen das bereits früher Gefundene: Mit der Größe der Zugstärke wächst der Kaminverlust, während der Verlust an unverbrannten Gasen abnimmt. Bei diesem Kesselsystem tritt neben CO auch etwas Wasserstoff (H_2) und Methan (CH_4) auf, was jedoch nicht erheblich ist; auf die Versuchsdauer verteilt, erhalten wir folgende Volumenprozente:

	CO	H_2	CH_4
Kessel I	0,49	0,028	0,007
Kessel II	0,55	0,123	0,153

Der Kaminverlust schwankte bei

Kessel I   zwischen 5,95 und 67,73%

Kessel II   «   6,76   «   39,04%

vom Heizwert des Koks.

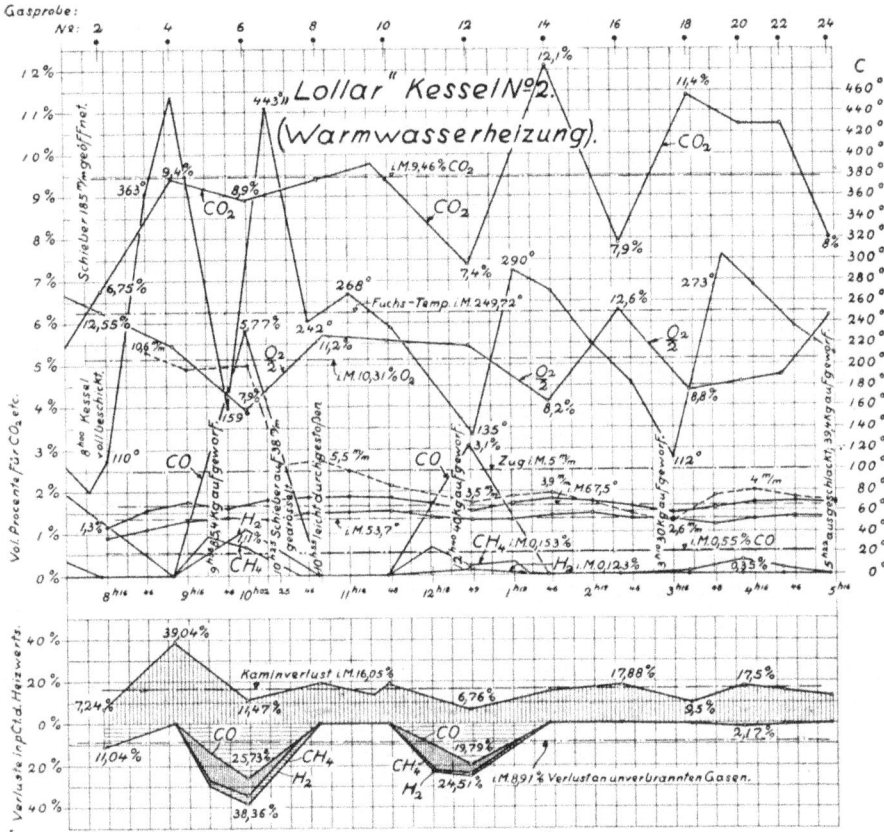

Fig. 85.

Die hohen Werte rühren vom Abbrennen der Koksschicht im Füllschacht her, wodurch ein großer Luftüberschuß eintritt (vgl. die Kurve für $\frac{O_2}{2}$ und CO_2). Aus diesem Grunde muß die Zugstärke möglichst niedrig gehalten werden, sonst ziehen Fehler in der Beschickung zu hohe Verbrennungsverluste nach sich. Ich habe absichtlich auf den Heizer nicht einwirken lassen, um tatsächliche Betriebsergebnisse zu erhalten. Nichtsdestoweniger darf man annehmen, daß die Verhältnisse in Wirklichkeit eher noch schlechter ausfallen; denn als

Heizer fungieren gewöhnlich Portiers, die die Heizungsanlage wegen ihres anderweitigen Gewerbes nicht mit jener Sorgfalt bedienen können, die man vorauszusetzen geneigt ist; an den Versuchstagen trieb sie dagegen die Neugierde zum längeren Aufenthalt in den Heizkeller, so daß die Kessel im allgemeinen mehr Berücksichtigung fanden.

Der Verlust an unverbrannten Gasen erreichte bei Kessel I mit 16,96%, bei Kessel II mit 38,36% sein Maximum. Um ihn einzuschränken, müßte schon dafür gesorgt werden, daß öfter beschickt oder der glühende Koks zur Seite geschoben wird, sonst kühlt sich der Füllschacht zu sehr ab, und die trockene Destillation des Brennstoffes wird zeitlich in die Länge gezogen.

Mit dem Beschicken der Heizkessel findet deutlich eine Abkühlung der Heizwassertemperaturen, nach ihm eine bedeutende Steigerung der Abgangstemperaturen (Fuchs-) statt. Bei niedriger Zugstärke nehmen die Schwankungen in den Fuchstemperaturen ab. Die graphische Darstellung für Kessel II läßt deutlich erkennen, daß dem Verlauf der Temperatur auch der CO_2-Gehalt der Gase entspricht. Im Mittel ergaben sich für

	Zugstärke	CO_2	Fuchstemperatur	Kaminverlust
Kessel I	10,6 mm	7,25 %	288,84°	26,94 %
Kessel II	~5 mm	9,46 %	249,72°	16,05 %

Unvernünftiges Aufreißen des Schornsteinschiebers rächt sich also auch hier durch höheren Kaminverlust!

Der Koksverbrauch betrug während der Versuchszeit von 9 Stunden bei Kessel I 316 kg, bei Kessel II 195 kg, oder pro Stunde und qm Heizfläche

$$\text{I.} \quad \frac{316}{9 \cdot 17} = 2{,}065 \text{ kg}, \qquad \text{II.} \quad \frac{195}{9 \cdot 17} = 1{,}274 \text{ kg}.$$

Für Wärmestrahlung stellte ich pro Stunde bei

$$\text{I. 2630 WE} \qquad\qquad \text{II. 3840 WE}$$

oder in Prozenten des Heizwertes des Kokses

$$\text{I.} \quad \frac{2630 \cdot 9 \cdot 100}{316 \cdot 7070} = 1{,}06\%, \qquad \text{II.} \quad \frac{3840 \cdot 9 \cdot 109}{195 \cdot 7070} = 2{,}50\%$$

fest. Die Ursache des Unterschiedes lag in der besseren Isolierung des Kessels I begründet; bei Kessel II war die Deckenisolierung etwas defekt.

Danach ergibt sich die Wärmebilanz wie folgt:

	Kessel I	Kessel II	
Kaminverlust	26,94	16,05	
Verlust an unverbrannten Gasen .	4,23	8,91	In Prozenten
Verlust durch Strahlung (zuzügl. 1%) [1]	2,06	3,50	des Heizwertes
Nutzeffekt	66,77	71,54	des Kokses
Demnach Ausnutzung des Brennstoffes mit	4720 WE	5058 WE	

[1] Für Verluste durch endothermische Reaktionen!

Die Leistung der Kessel betrug

$$\text{I.} \quad \frac{35,1 \cdot 4720}{100} = 165\,670 \text{ WE,}$$

$$\text{II.} \quad \frac{21,6 \cdot 5058}{100} = 109\,250 \text{ WE,}$$

in Sa. 274 920 WE,

d. h. schon soviel, um die Maximalleistung zu decken. Würde man Kessel II wie I forcieren, hätte man noch eine Reserve fürs Anheizen. Die Kessel zeigen deshalb eine Leistungsfähigkeit, die von den anderen untersuchten gußeisernen Heizkesseln nicht erreicht wurde.

Am Versuchstage betrug die Außentemperatur

morgens 7½ Uhr . . . . — 1,5° C
9½ » . . . . + 0,5° C
nachm. 3 » . . . . + 3,0° C

oder im Mittel für die neunstündige Versuchszeit + 1,5° C.

Die spezifische Leistung der Kessel (pro qm und Stunde) ergibt sich

bei Kessel I . . . . zu 9745 WE,
bei Kessel II . . . . zu 6425 WE.

Bei der Steigerung der Leistung von 6425 auf 9745 WE verschlechterte sich der Wirkungsgrad um einen Unterschied von nur ca. 5%; wäre die Isolierung bei Kessel II ebenso günstig als bei Kessel I gewesen, würde der Unterschied in dem Nutzeffekt ca. 6% betragen haben.

Zur Kontrolle des angeblich »anormalen« Koksverbrauches diene folgende Überlegung:

Bei 40° Temp.-Diff. erforderl. stündliche Wärmemenge . . 268 700 WE,

$$\text{27,5° (— 7,5° Außentemperatur)} \qquad \text{»} \quad \cdot \quad \frac{27,5 \cdot 268\,700}{40} \text{ WE,}$$

$$\text{in 8 · 24 Stunden} \quad . \quad . \quad . \quad . \quad . \quad \frac{8 \cdot 24 \cdot 27,5 \cdot 268\,700}{40} \text{ WE.}$$

Erforderlicher Brennstoff:

1. im ungünstigsten Falle

$$\frac{8 \cdot 24 \cdot 37,5 \cdot 268\,700}{40 \cdot 4720} \sim 7510 \text{ kg oder 150 Ztr.,}$$

2. im günstigsten Falle . . . . . . 140 Ztr.

(Die verlangte Leistung würde mit einer Nutzbarmachung von 4900 WE pro kg Brennstoff möglich sein!)

Wenn tatsächlich mehr verbraucht worden ist, lag dies an den ungenügenden Heizwassertemperaturen. Sind theoretisch beispielsweise 70° C erforderlich, kann man nicht mit 60° C auskommen, selbst wenn Tag und Nacht geheizt wird. Will man den Nachtbetrieb wegen Ersparnis an Bedienung einstellen, muß man in der kürzeren Tagesbetriebszeit für einen Wärmevorrat durch Halten höherer Temperaturen Sorge tragen, sonst zieht man wieder die Anheizperiode zu sehr in die Länge und trägt damit zum Nichtfunktionieren der Anlage bei[1]). Zu geringe Heizwassertemperaturen bedeuten also ebenfalls eine Koksverschwendung!

Tabelle XLV. Einzelablesungen.

Lollarkessel.

Zeit	Linker Kessel Nr. I					Für beide Kessel gültig			Rechter Kessel Nr. II					Zeit
	Temperatur der Abgase °C	Zugstärke vor dem Rauchschieber mm WS	Temperatur im Steigerohr °C	Temperatur im Rücklaufrohr °C	Temperatur der Kesselverschalung °C	Rel. Luftfeuchtigkeit i. Kesselhause %	Temperatur im Kesselhause °C	Temperatur im Freien °C	Temperatur der Kesselverschalung °C	Temperatur im Rücklaufrohr °C	Temperatur im Steigerohr °C	Zugstärke vor dem Rauchschieber mm WS	Temperatur der Abgase °C	
8^{16}	290	—	47,4	37,0		42	22,6	−0,8		35,9	45,6	—	110	8^{16}
8^{46}	406	12,2	62,2	43,9		41	23,4	0		43,8	62,4	10,6	363	8^{46}
9^{16}	290	11,4	65,4	50,8		40	24,6	+0,3		52,7	70,3	9,8	378	9^{16}
9^{46}	102	—	59,9	52,2		39	24,0	+0,5		55,1	64,4	—	159	9^{46}
10^{2}	—	11,0	—	—		—	—	—		—	—	10,0	—	10^{2}
10^{16}	386	—	70,0	52,2		38	25,2	+0,8		54,0	72,6	—	443	10^{16}
10^{28}	—	11,4	—	—		—	—	—		—	—	5,3	—	10^{25}
10^{44}	407	—	75,3	58,7	49,3	38	26,5	+0,9	77,5	60,3	75,5	—	242	10^{44}
10^{55}	—	10,9	—	—	—	—	—	—	—	—	—	5,5	—	10^{55}
11^{16}	440	11,8	78,2	61,5	51,9	38	26,9	+1,2	78,0	60,5	75,7	5,0	268	11^{16}
11^{48}	253	10,0	75,3	62,2	50,0	37	27,2	+1,4	74,0	61,1	74,5	4,3	235	11^{48}
12^{18}	200	—	68,8	58,0	47,0	37	26,3	+1,8	64,0	56,8	69,2	—	187	12^{18}
12^{49}	202	10,1	61,6	52,3	41,0	38	25,4	+2,0	55,0	52,8	61,8	3,5	135	12^{49}
1^{19}	445	11,5	72,8	53,7	50,8	37	26,0	+2,2	68,3	52,8	69,5	3,8	290	1^{19}
1^{46}	334	11,5	74,9	59,5	52,0	37	26,2	+2,4	73,0	57,3	72,6	3,9	270	1^{46}
2^{17}	230	—	71,3	58,7	58,8	37	27,0	+2,6	68,5	56,9	70,1	—	220	2^{17}
2^{46}	203	8,8	66,2	55,2	46,2	37	26,6	+2,8	60,0	54,2	65,6	2,9	183	2^{46}
3^{16}	—	7,2	58,5	51,5	42,5	37	26,3	+3,0	53,8	51,6	59,4	2,6	112	3^{16}
3^{48}	380	11,2	64,2	47,8	42,4	37	26,1	+3,0	61,0	48,4	63,9	3,8	273	3^{48}
4^{16}	405	11,5	72,3	54,2	50,5	36	27,0	+3,0	71,5	53,3	69,0	4,0	275	4^{16}
4^{46}	263	10,1	72,1	57,3	49,0	36	27,2	+2,8	69,9	55,7	70,3	3,7	236	4^{46}
5^{16}	210	9,5	68,9	56,7	46,5	36	26,8	+2,5	65,0	55,2	68,2	3,5	210	5^{16}

[1]) Vgl. de Grahl, »Die Wärmeaufnahme der Umfassungswände«. Festnummer des »Ges.-Ing.« 1907.

Tabelle XLVI. Analysen der Verbrennungsgase.

Lollarkessel.

Zeit	Glasballon Nr.	Linker Kessel Nr. I						Rechter Kessel Nr. II						Glasballon Nr.	Zeit
		CO_2 %	O_2 %	CO %	H_2 %	CH_4 %	N_2 %	CO_2 %	O_2 %	CO %	H_2 %	CH_4 %	N_2 %		
8¹⁰	1	10,2	8,8	1,2	—	—	79,8	6,75	12,55	1,3	—	—	79,4	2	8¹²
9³	3	6,1	14,45	—	—	—	79,45	9,4	10,9	—	—	—	79,7	4	9⁵
9⁵⁷	5	10,6	9,2	0,7	—	—	79,5	8,9	7,9	5,77	1,11	0,68	75,64	6	10⁰⁰
10⁵²	7	7,4	13,2	—	—	—	79,4	9,4	11,2	—	—	—	79,4	8	10⁵³
11⁴⁴	9	6,2	14,4	—	—	—	79,4	9,4	11,2	—	—	—	79,4	10	11⁴⁵
12⁴⁵	11	7,2	12,3	1,7	0,18	0,14	78,48	7,4	10,9	3,1	0,15	0,22	78,23	12	12⁴⁶
1⁴³	13	6,27	13,77	—	—	—	79,96	12,1	8,2	—	—	—	79,7	14	1⁴⁴
2³⁵	15	—	—	—	—	—	—	7,9	12,6	—	—	—	79,5	16	2³⁶
3²⁷	17	7,5	11,9	1,2	—	—	79,4	11,4	8,8	0,1	—	—	79,7	18	3²⁸
4⁶	19	10,7	9,5	0,2	—	—	79,6	10,7	9,2	0,35	—	—	79,75	20	4⁷
4³⁶	21	3,0	17,9	—	—	—	79,1	10,7	9,5	0,15	—	—	79,65	22	4³⁷
5¹⁰	23	5,4	15,4	—	—	—	79,2	8,0	12,3	—	—	—	79,7	24	5¹²

Tabelle XLVII. Verluste.

Lollarkessel.

Zeit	Linker Kessel Nr. I					Rechter Kessel Nr. II				Zeit
	Verluste durch unverbrannte Gase r' in %			Kaminverlust r'' in %	Kaminverlust v'' in %	Verluste durch unverbrannte Gase v' in %			
	d	m	h			d	m	h	
8¹⁰	7,21	—	—	16	7,24	11,04	—	—	8¹²
9³	—	—	—	38,58	39,04	—	—	—	9⁵
9⁵⁷	4,21	—	—	11,45	11,47	25,73	8,45	4,18	10⁰⁰
10⁵²	—	—	—	39,67	19,46	—	—	—	10⁵³
11⁴⁴	—	—	—	29,57	18,59	—	—	—	11⁴⁵
12⁴⁵	12,86	2,95	1,15	11,82	6,76	19,79	3,91	0,81	12⁴⁶
1⁴³	—	—	—	38,29	15,06	—	—	—	1⁴⁴
2³⁵	4,37	—	—	21,89	17,88	—	—	—	2³⁶
3²⁷	9,43	—	—	5,95	9,50	0,59	—	—	3²⁸
4⁶	1,25	—	—	27,67	17,50	2,17	—	—	4⁷
4³⁶	—	—	—	67,73	15,03	0,95	—	—	4³⁷
5¹⁰	—	—	—	26,58	12,46	—	—	—	5¹²

XXIV. Zusammenstellung der Versuchsergebnisse.

In folgender Tabelle habe ich die Ergebnisse der Kesseluntersuchungen zusammengestellt, damit sie der Praxis dienen können. Ich ging dabei nicht von den Zugverhältnissen im Schornstein, sondern von der pro Stunde und Heizfläche verbrannten Koksmenge aus, weil diese Grundlage sicherer ist. Es macht keine Schwierigkeiten, bei Abgabe von Garantien vorzuschreiben, daß die angegebenen Leistungen und Nutzeffekte nur dann erreichbar sind, wenn der Koksverbrauch pro Stunde nicht so und so viel kg überschreitet. Nichtsdestoweniger würde ich empfehlen, in den Schornstein einen zweiten Schieber einzubauen, der nur beim Anheizen ganz geöffnet wird, für gewöhnlich aber seine fixierte Stellung beibehält.

Tabelle XLVIII.

	Koksverbrauch pro Std. u. Heizfläche in kg	WE pro Stunde und qm Heizfläche	Nutzeffekt in %
Stehender Heizröhrenkessel . .	0,64	2570	56,94
	0,88	3860	61,80
Sattelkessel	1,35	5500	59,30
	1,22	6500	70,00
Flammrohrkessel mit Quersieder	2,26	9450	84,00
	1,48	6420	88,00
	0,45	2710	87,56
	1,03	5960	81,86
Strebelkessel, 900 mm breit . .	1,10	6300	81,50
	1,61	8100	71,39
	1,78	7460	59,33
Strebelkessel, 600 mm breit . .	1,26	7573	72,16
Strebel-Kleinkessel	2,26	11150	69,47
	2,73	11750	60,64
Rapidkessel	1,36	3660	37,95
	1,48	5580	53,57
Lollarkessel	1,27	6425	71,54
	2,07	9745	66,77

Die Zusammenstellung lehrt, daß der Rapidkessel, der bei mäßiger Beanspruchung gute Leistungen aufweist, keine Forcierung verträgt; bei einem Koksverbrauch von 1,48 pro Std. und Heizfläche sinkt der Nutzeffekt schon auf 53,57%, während der Flammrohrkessel 88%

zeigt. Dieses Kesselsystem ist in wärmetechnischer Hinsicht unzweifelhaft das beste. Der Lollarkessel übertrifft ihn zwar an Leistung,
liefert aber dann bedeutend geringere Nutzeffekte. Wegen der Kontaktheizfläche zeigt der Strebel-Kleinkessel die größte spezifische
Leistung. Der 900 mm breite Strebelkessel erreicht mit 8100 WE
sein Maximum; er hat hierbei einen Nutzeffekt von 71,39%, während
das 600 mm breite Modell bei einem Nutzeffekt von 72,16% nur 7573 WE
pro qm Heizfläche und Stunde entwickelt.

Die Ergebnisse sind für die Praxis von außerordentlicher Wich-
tigkeit; sie zeigen ohne weiteres, was schon durch Wahl des Kesselsystems gespart werden kann, in zweiter Linie aber, welche Beanspruchungen wir überhaupt zugrunde legen dürfen. Ich habe während
meiner achtjährigen Tätigkeit als Sachverständiger bei den Berliner
Gerichten vielleicht 90% sämtlicher Klagen über mangelhaften Heizeffekt auf die fehlende Kesselheizfläche zurückführen können und mich
dabei mit anderen Sachverständigen häufig in eine nicht gerade an-
genehme Kontroverse gesetzt. Die Bestimmung der »zuverlässigen«
Leistungsfähigkeit der Heizkessel bildete stets einen Punkt der Tages-
ordnung auf den Jahresversammlungen amerikanischer Heizungsingenieure, und in England wurde 1908[1]) diese wichtige Frage durch
Walter Jones von neuem mit allem Nachdruck auf der Sommerver-
sammlung des Vereins englischer Heizungs- und Lüftungsingenieure
aufgeworfen. In Deutschland sind seit Jahren zur Feststellung der
Kesselleistungen Versuche von den Dampfkessel-Revisionsvereinen
und Vertretern der Wissenschaft ausgeführt und die Ergebnisse den
Prospekten zugrunde gelegt worden. Aber die hier angeführten
Maximalleistungen von 12 000 WE sind Trugschlüsse, die auf falscher
Basis gewonnen sind. Ich habe den Beweis erbracht, daß die Durchflußversuche zur Bestimmung der Kesselleistungen ungeeignet sind.

---

[1]) »Haustechn. Rundschau« 1908, Nr. 3.

XXV. Wärmeaufnahme und -abgabe der Umfassungswände.

In seinem interessanten Aufsatze »Über Abkühlung und Erwärmung geschlossener Räume«[1]) hat Herr Prof. Dr. Recknagel zum ersten Male die Aufgabe behandelt: den Abkühlungs- und Erwärmungsvorgang geschlossener Räume der Rechnung zu unterziehen, um auf diese Weise zu ermitteln, welchen Einfluß die Eigentümlichkeiten der Begrenzung und der Heizkörper auf den Verlauf jener Vorgänge ausüben. Seine Theorie baut sich zur Vereinfachung der Rechnung auf den Voraussetzungen auf,

1. daß von Veränderungen der Temperatur J der Raumluft durch kapillare Luftströmungen oder mangelhafte Mischung abgesehen wird, während die Masse der Luft als unveränderlich gedacht ist;

2. daß der Raum nur eine fensterlose homogene Wand von gleichmäßiger Dicke δ als Abkühlungsfläche aufweist, wobei die Temperatur A der Außenluft als unveränderlich vorausgesetzt ist;

3. daß der Abkühlungsvorgang des geschlossenen Raumes derart gedacht ist, daß von innen nach außen durch die Mauer hindurch ein stetiger Temperaturfall besteht. Es muß also die Temperatur J der Innenluft höher als jene der Innenwand T_i und demnach auch die Temperatur T_a der Außenwand höher als die Temperatur A der Außenluft sein (vgl. Fig. 86).

Ich habe diese Abhandlung mit großer Aufmerksamkeit studiert und versucht, die Recknagelsche Theorie auf die Praxis zu übertragen, indes ohne wesentlichen Erfolg, weil die zu 1 bis 3 gemachten Voraussetzungen von den für unsere Wohnräume gegebenen Verhältnissen zu sehr abweichen.

Für den Beharrungszustand findet Recknagel die Beziehung

$$h_1 (J - T_i) = \lambda \frac{(T_i - T_a)}{\delta} = h_2 (T_a - A) \quad . \quad . \quad . \ 77)$$

(vgl. Fig. 86), woraus sich

$$(T_a - A) h_2 = (J - A) p \quad . \quad . \quad . \quad . \quad . \ 78)$$

ergibt. Hierin bedeutet h_1 das innere, h_2 das äußere Leitvermögen, p den Wärmetransmissions- und λ den Überleitungskoeffizienten für die gedachte Wand. Die rechte Seite der Gleichung 78) ist jedem Heizungstechniker geläufig, denn sie bedeutet die Wärmetransmission der Außenwand für 1° Temperaturdifferenz und 1 qm Fläche. T_a läßt

---

[1]) Zeitschrift des Vereins deutscher Ingenieure 1901, Nr. 51, S. 1801.

sich also unter Umständen für den Beharrungszustand berechnen, wenn h_2 je nach der Windstärke gewählt wird.

Bei Anwendung der Theorie auf die Praxis stößt man indes auf Schwierigkeiten, weil es für die zu beheizenden Wohnräume kein gemeinschaftliches p gibt. Man kann wohl für e i n e aus Fenstern und verschieden starken Mauern bestehende Umfassungswand e i n e homogene Wandfläche von bestimmter Stärke und ein hierfür passendes p setzen, dagegen lassen sich die Wärmeverluste eines Raumes, die sich aus mehreren Faktoren zusammensetzen (wie Korridorwände, Fußboden oder Decken usw.), nicht auf die gemeinschaftliche Form $(J — A)\,p$ bringen.

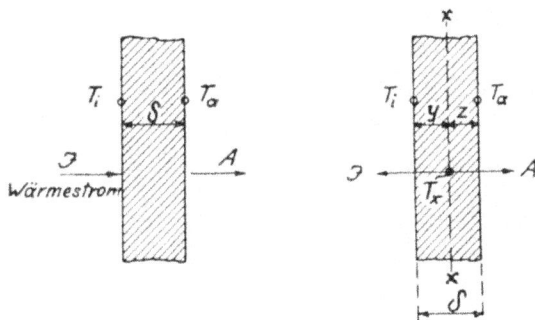

Fig. 86.   Fig. 87.

Ich muß ferner einschalten, daß die Temperatur der Innenwände von der l o k a l e n   A u f s t e l l u n g   d e r   H e i z k ö r p e r beeinflußt wird[1]).

---

[1]) Versuche, die ich zur Feststellung dieses Einflusses an einer mit Fenstern versehenen Außenwand anstellte, ergaben folgende bemerkenswerte Ergebnisse:

1. Temperatur der Raumluft 19,8° C,
2. Temperatur der Außenluft — 0,9° C,
3. Innentemperatur der 33 cm starken Mauer (unterhalb der Fenster, im halben Abstand vom Fußboden gemessen) 12,2° C,
4. Innentemperatur der 51 cm starken Mauer zwischen den Fenstern (in einer Höhe wie 3.) gemessen 14,7° C,
5. Desgl. in Kopfhöhe gemessen 16,3° C,
6. Innentemperatur des einfachen Fensters, unter dem kein Heizkörper stand (in Kopfhöhe gemessen) 9,5° C,
7. Desgl. bei einfachem Fenster, unter dem ein N. D. Heizkörper stand (Latteibrett 300 mm breit) 23,5° C.

Die Fenster hatten keine Gardinen. In Wohnräumen, wo solche, meist noch mit Portieren zusammen, angebracht sind, muß der Einfluß der Heizkörper auf die Innentemperatur der Fenster wegen der teilweise von der Raumluft abgeschlossenen Luftbewegung noch bedeutender sein. Es dürfte deshalb angebracht sein, bei der Wärmetransmissionsberechnung entsprechende Zuschläge zu machen.

Erlischt die Wärmequelle im Innern, so ist folgendes zu beobachten.

Der in 77) bestehende Wärmestrom bleibt jedenfalls vermöge des Gesetzes der Beharrung, wenn auch nur kurze Zeit, noch erhalten. Die in der Raumluft aufgespeicherte Wärmemenge ist gegenüber jener in den Umfassungswänden sehr gering. J fällt deshalb nach Abstellen der Heizung plötzlich, bis es gleich T_i ist. Von diesem Moment kann, wenigstens auf eine gewisse Zeitdauer, dennoch ein Beharrungszustand erhalten werden, wenn gleichzeitig $T_a = A$ wird. Hierzu ist nur nötig, daß die Außentemperatur A gelinder wird (z. B. durch Einwirkung von Sonnenschein) oder der Windanfall nachläßt oder endlich bei bleibendem Windanfall die Temperatur der Außenwand T_a durch Regen abgekühlt wird (Verdunsten der Feuchtigkeit). Die Raumtemperatur ändert sich nicht, wenn

$$h_1 (J - T_i) = h_2 (T_a - A) = 0$$

erfüllt wird. Aus 77) ergibt sich für diesen Fall auch

$$\lambda \frac{(T_i - T_v)}{\delta} = 0.$$

Daß diese Verhältnisse in der Praxis sehr häufig beobachtet werden, ist durch Temperaturmessungen leicht zu beweisen.

Beim Lüften des Raumes sinkt J unter T_i, so daß z. B. nach Schluß der Fenster die Innenwand T_i Wärme nach dem Innern ausstrahlt. Der Einfluß der in den Umfassungswänden aufgespeicherten Wärme äußert sich demnach in der raschen Wiedererwärmung der Raumluft, so daß die durch Lüften beabsichtigte Abkühlung nur vorübergehend erzielt wird. Gestaltet sich während dieses Vorganges noch die Außentemperatur A niedriger, so geben die Umfassungswände sowohl nach innen wie nach außen Wärme ab, wie dies in Fig. 87 angedeutet ist. In der Umfassungswand kann man sich eine indifferente Zone x vorstellen, der eine Temperatur T innewohnt. Es bestehen dann die Beziehungen:

$$\lambda \frac{(T_x - T_i)}{\delta - z} = h_1 (T_i - J) \ . \ . \ . \ . \ . \ 79)$$

$$\lambda \frac{(T_x - T_a)}{\delta - y} = h_2 T_a - A) \ . \ . \ . \ . \ . \ 80)$$

Die Fälle 79) und 80) sind in der Praxis wohl die am meisten vorkommenden. Es lassen sich natürlich noch eine ganze Reihe von Fällen aus den angeführten Beziehungen herleiten, die die Berechnung nur noch komplizierter gestalten würden. Ich gebe es deshalb auf, den Abkühlungs- und Erwärmungsvorgang geschlossener Räume wegen der kaum lösbaren Differentialgleichungen analytisch zu behandeln. Die von Recknagel aufgestellten Gleichungen ergeben zu starke Abkühlung der Räume, die in der Praxis nicht beobachtet ist, desgleichen geht auch die nach der Theorie eintretende Erwärmung abgekühlter Räume zu schnell vor sich[1]).

In der Festnummer des »Gesundheits-Ingenieurs« 1907 habe ich eine Methode bekannt gegeben, die die von den Umfassungswänden aufgenommene oder abgegebene Wärme zu bestimmen ermöglicht. Wegen des beschränkten Raumes, der mir zur Verfügung steht, möchte ich nur das Allernotwendigste über die angestellten Versuche berichten, weil sonst das Nachfolgende unverständlich bleiben könnte. Ein a n e i n e r A u ß e n w a n d aufgestellter Kachelofen diente als Wärmeerzeuger, so daß die Ergebnisse auch für die moderne Heizungstechnik ohne weiteres Gültigkeit haben. Der Ofen hat gegenüber den Heizkörpern den Vorzug, daß seine Wärmeabgabe unmittelbar erfolgt und deshalb mit Sicherheit an Hand von Analysen und Temperaturmessungen bestimmt werden kann. Bei den Heizkörpern ist die Feststellung der Wärmeabgabe nicht ganz so einfach, oder man müßte die Verluste der Rohrleitung durch getrennte Versuche a priori auszuschalten suchen.

Durch Verfolgung des Verbrennungsprozesses habe ich die von Stunde zu Stunde vom Ofen abgegebene Wärmemenge kontrolliert (vgl. Kurve E in Fig. 88) und hiermit die jeweilige Wärmetransmission der Umfassungswände (Kurve D) in Vergleich gezogen. Wie aus der graphischen Darstellung hervorgeht, schneidet Kurve E zweimal Kurve D, d. h. e s i s t a l s o b e d e u t e n d m e h r W ä r m e , a l s z u r D e c k u n g d e r W ä r m e v e r l u s t e d e s R a u m e s e r f o r d e r l i c h i s t , v o n d e m O f e n a b g e g e b e n w o r d e n. Da die nach außen gekehrten Umfassungswände durchweg abgekühlt waren, so nahmen sie diesen Überschuß an Wärme vermöge ihres inneren Leitvermögens auf (vgl. den schraffierten Teil). Hierdurch wird die Innentemperatur T_i der Außenwände erhöht, bis sie gleich J wird (z. B. links nach 12 Uhr nachts). Von diesem Zeitpunkt ab genügt die weitere Wärmezufuhr vom Ofen nicht mehr, um die Wärmever-

---

[1]) Ein Bureauraum, der eine Raumtemperatur von 16,5° C bei einer Größe von 10 × 6 × 3,7 m hatte, zeigte bei — 2,8° C mittlerer Außentemperatur eine Abkühlungskurve, die für eine Beobachtungszeit von 37 Stunden asymptotisch nur auf 10,9° fiel!

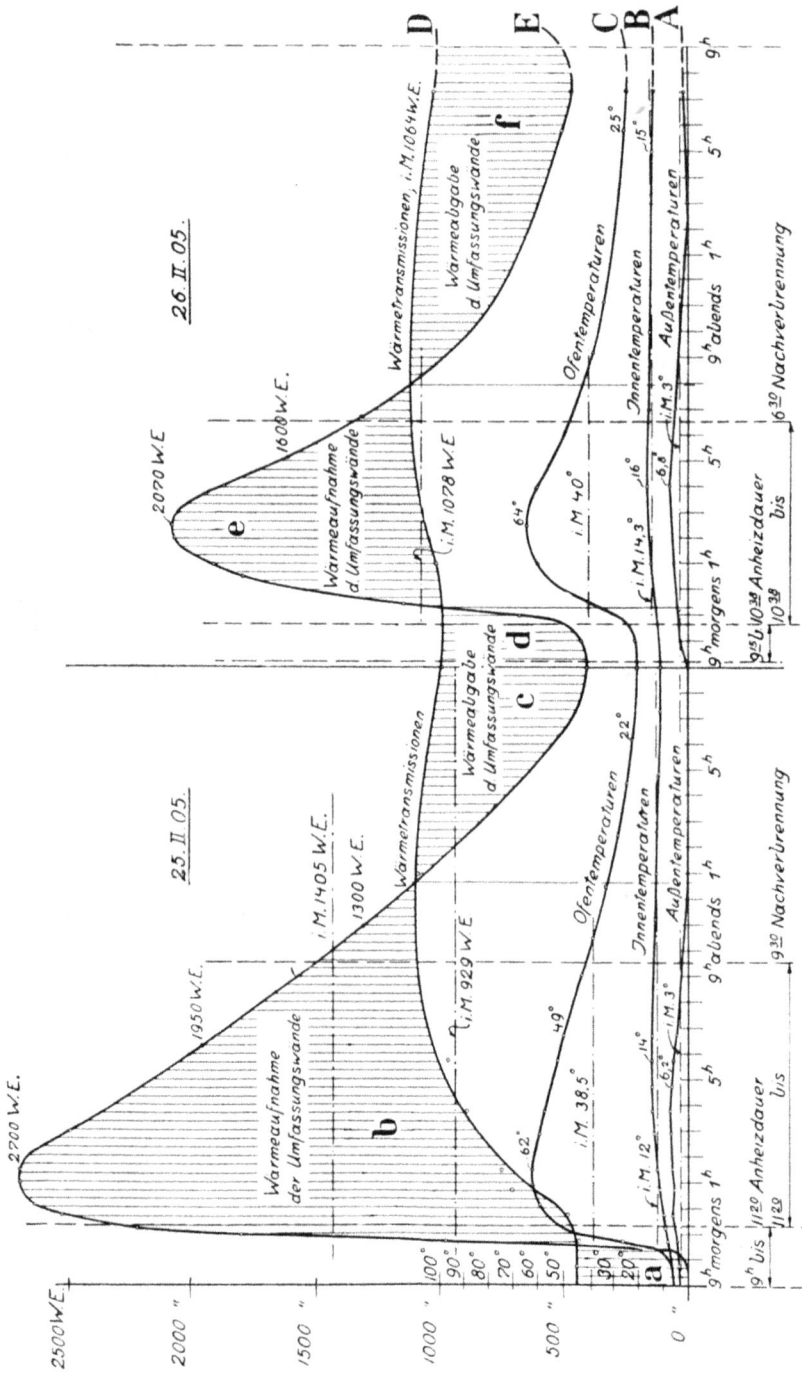

Fig. 88.

luste des Raumes zu decken, und es beginnt ein Sinken der Temperatur J der Innenluft. Da dadurch $J < T_i$ wird, kehrt sich der Wärmestrom der Gleichung 77) teilweise um, d. h. es geben jetzt, in Übereinstimmung mit 79) (Fig. 87), die Umfassungswände wieder einen Teil der vorher absorbierten Wärmemenge ab, was bis zum erneuten Anheizen andauert. Am zweiten Tage (26. Februar 1905) sind die Umfassungswände schon vorgewärmt; ich konnte deshalb statt 20 Briketts nur 15 verfeuern lassen. Die Wände nehmen wiederum einen Teil der Wärme auf, um ihn später von 8 Uhr abends ab zur Erhaltung eines Beharrungszustandes pflichtmäßig zur Verfügung zu stellen.

Planimetriert man die einzelnen Flächen, so erhält man ihre Mittelordinaten und durch deren Multiplikation mit der Stundenzahl folgende Werte für die Wärmeaufnahme und -abgabe der Umfassungswände:

Fläche	Wärmeaufnahme	Wärmeabgabe
a	—	675 WE
b	14 840 WE	—
c	—	3170 WE
d	—	1080 WE
e	5325 WE	—
f	—	5320 WE

Da die Außentemperatur im Laufe des vorangegangenen Tages teilweise höher war als die Innentemperatur, so erklärt sich die noch vor und bei dem Anheizen auftretende Wärmezufuhr a, entsprechend der Umkehr der Gleichung 77).

Am 25. Februar 1905, wo die Umfassungswände noch durchweg kalt waren, wurde die vom Ofen in der Zeit von 10^{40} bis 12^{40} abgegebene Wärme verwandt:

1. zur Deckung der Wärmetransmission ($= 44{,}5\%$),
2. zur Erwärmung der Umfassungswände ($b = 55{,}5\%$).

Da die Umfassungswände in der Zeit von 12^{40} bis 9^{00} die Wärmemenge ($c + d = 24{,}7\%$) wieder abgaben, verblieben in ihnen noch $30{,}8\%$ der vom Ofen erzeugten Wärmemenge. Diese Wärmemenge ist für das erneute Anheizen von großem Wert. Die zunächst geopferte Wärmemenge e ist, wie der Vergleich der schraffierten Fläche in Fig. 88 veranschaulicht, schon bedeutend kleiner als b. Wir erhalten für den 26. Februar 1905:

1. zur Deckung der Wärmetransmission $= 64\%$,
2. zur Erwärmung der Umfassungswände nur noch 36% ($= e$).

Die durch die Fläche e dargestellte, in die Umfassungswände übergegangene Wärmemenge (5325 WE) wird in der Zeit von 7^{55} bis 9^{00} (27. Febr. 1907) wieder vollends nutzbar gemacht (Fläche f = 5320 WE). Die Wärmeaufnahme der Umfassungswände ist daher an diesem Tage gleich ihrer Wärmeabgabe, vorausgesetzt, daß am 27. Februar nicht später und nicht früher als um 9 Uhr morgens angeheizt wird. Je weniger die Kurve D der Wärmetransmission schwankt, desto eher tritt der Beharrungszustand ein. Wir sehen, daß am dritten Tage Kurve D beim Beginn des Anheizens schon höher liegt als zur Zeit des Anheizens am 26. Februar 1905, dem zweiten Versuchstage. Rechtzeitiges Anheizen mit der gleichen Brennstoffmenge würde am dritten Tage den Beharrungszustand in der Erwärmung des Raumes herbeigeführt haben. Am zweiten Tage betrug die Abkühlung des Raumes von 7^{00} bis 7^{20}, d. h. in einer Zeit von über 12 Stunden, nur 3,4° C.

Das Verhalten der Kachelofentemperaturen deckt sich im Prinzip mit jenen der Warmwasserheizungen. Hierin liegt die große Annehmlichkeit begründet, die sich in den Wohnräumen durch die gleichmäßige und andauernde Heizwirkung ergibt. Bei Niederdruckdampfheizungen ist mehr oder weniger mit einem plötzlichen Abschneiden der Wärmezufuhr zu rechnen, so daß für das Anheizen bedeutend größere Zuschläge zu wählen sind, als bei der Warmwasserheizung erforderlich werden. Im allgemeinen können wir aus den Versuchsergebnissen die Folgerung ziehen, daß die in den unteren Stockwerken gelegenen Räume wegen ihrer stärkeren Umfassungswände sich schwerer anheizen lassen als jene der oberen Stockwerke, wo die Mauerstärken abnehmen. Erstere halten dafür länger die Temperatur, während die anderen schneller abkühlen[1].

---

[1] Das Anheizen von Wohnräumen, die durch längeren Stillstand abgekühlt sind oder sich in Neubauten befinden, kann nur bei geringerer Außentemperatur Erfolg haben; denn wie das Beispiel gezeigt hat, werden in den ersten 14 Stunden ca. 125 % der bestehenden Wärmetransmission für die Erwärmung der Umfassungswände verwendet. Wenn auch von diesem Wärmebedarf ein Teil später wieder gewonnen wird, so verbleiben in den Umfassungswänden nach 24 Stunden dennoch ca. 30 % der gesamten aufgewandten Wärme. Ist also eine Heizungsanlage für eine Temperaturdifferenz von 40° berechnet, könnte beispielsweise bei — 8° C außen (d. s. 30 % weniger) nur durch dauernde Maximalleistung der Anlage das Anheizen erzielt werden. Bei größerer Kälte würde selbst die beste Heizungsanlage versagen müssen. In diesem Falle genügen auch nicht die in dem Vertragsmuster für Lieferung heiztechnischer Anlagen für die Probeheizung gegebenenfalls vorgesehenen drei Heiztage. Diese Erkenntnis ist wichtig genug, um Berücksichtigung zu verdienen, da sie in vielen Fällen eine Erklärung für teilweises Versagen der Heizungsanlagen in den erwähnten Fällen gibt.

XXVI. Verlauf der Erwärmung und Abkühlung in den Umfassungswänden.

Um den Verlauf der Abkühlung innerhalb des Mauerwerks nach einer Betriebsunterbrechung kennen zu lernen und daraus weiter auf die Größe der zum Anheizen der Umfassungswände erforderlichen Wärmemenge folgern zu können, bediente ich mich folgender Methode: Einige Mauersteine, welche mit ganz geringer Fugenstärke der Länge nach zusammengefügt waren, trugen in Entfernungen von 80 zu 80 mm eingebohrte Vertiefungen, die, mit Quecksilber gefüllt, zur Aufnahme von Thermometern dienten. Der Schamottebalken wurde an einem Ende durch einen größeren Bunsenbrenner glühend gemacht und der Stand der Thermometer während ca. 12 Stunden abgelesen. Die Versuche

Tabelle IL. Erwärmung.

Zeit	Meßpunkt								Raum-lufttemp.
	1	2	3	4	5	6	7	8	
7⁰⁰	16,8⁰	16,8⁰	16,8⁰	16,8⁰	16,8⁰	16,8⁰	16,8⁰	16,8⁰	17⁰
7³⁰	257,0	86,0	23,5	19,1	18,2	17,6	17,3	17,2	18,2
8⁰⁰	322,3	124,0	32,4	22,1	19,9	18,3	18,2	18,0	18,6
8³⁰	346,2	146,5	39,4	25,0	21,2	19,1	18,7	18,5	18,9
9⁰⁰	349,2	157,5	44,5	27,4	22,4	19,9	19,3	19,1	19,7
9³⁰	386,3	161,0	47,4	29,0	23,5	20,5	20,0	19,7	19,9
10⁰⁰	403,0	162,5	49,2	30,2	24,1	21,1	20,2	20,0	20,0
10³⁰	415,4	165,0	50,1	31,1	25,0	21,5	20,7	20,4	20,2
11⁰⁰	428,4	167,4	51,1	31,8	25,4	21,9	21,0	20,7	20,6
11³⁰	435,0	167,8	51,4	32,1	25,9	22,3	21,4	21,0	20,8
12⁰⁰	436,1	168,0	52,1	32,4	26,1	22,5	21,8	21,3	20,9
12³⁰	436,1	170,1	52,2	32,8	26,4	22,8	22,0	21,6	20,9
1⁰⁰	436,3	170,1	53,0	33,3	26,7	23,0	22,1	21,7	21,0
1³⁰	436,2	170,0	53,1	33,5	27,0	23,2	22,5	22,0	21,5
2⁰⁰	436,2	170,0	53,3	33,6	27,2	23,4	22,7	22,3	21,9
2³⁰	435,2	170,1	53,3	33,7	27,4	23,7	22,9	22,6	22,2
3⁰⁰	435,6	170,0	53,3	34,1	27,6	24,0	23,1	22,8	22,6
3³⁰	436,0	170,1	53,5	34,3	28,0	24,3	23,3	23,0	22,8
4⁰⁰	436,0	170,1	53,8	34,4	28,1	24,5	23,6	23,2	22,7
4³⁰	436 1	170,1	54,0	34,7	28,3	24,7	24,0	23,4	23,2
5⁰⁰	436,5	170,1	54,0	34,9	28,4	24,9	24,0	23,6	23,3
5³⁰	437,0	170,1	54,0	35,0	28,6	25,1	24,2	23,9	23,4
6⁰⁰	437,0	170,1	54,0	35,1	29,0	25,2	24,3	24,0	23,4
6³⁰	437,0	170,1	54,0	35,1	29,0	25,3	24,4	24,2	23,4
7⁰⁰	437,1	170,1	54,0	35,2	29,1	25,4	24,6	24,3	23,5

gliederten sich in zwei Reihen: in der Beobachtung des Temperatur-
gefälles bei der Erwärmung der Steine, desgleichen bei deren Abkühlung.

Tabelle IL enthält das Ergebnis der von Stunde zu Stunde er-
folgten Ablesungen bei der Erwärmung der Steine, Fig. 89 den Verlauf

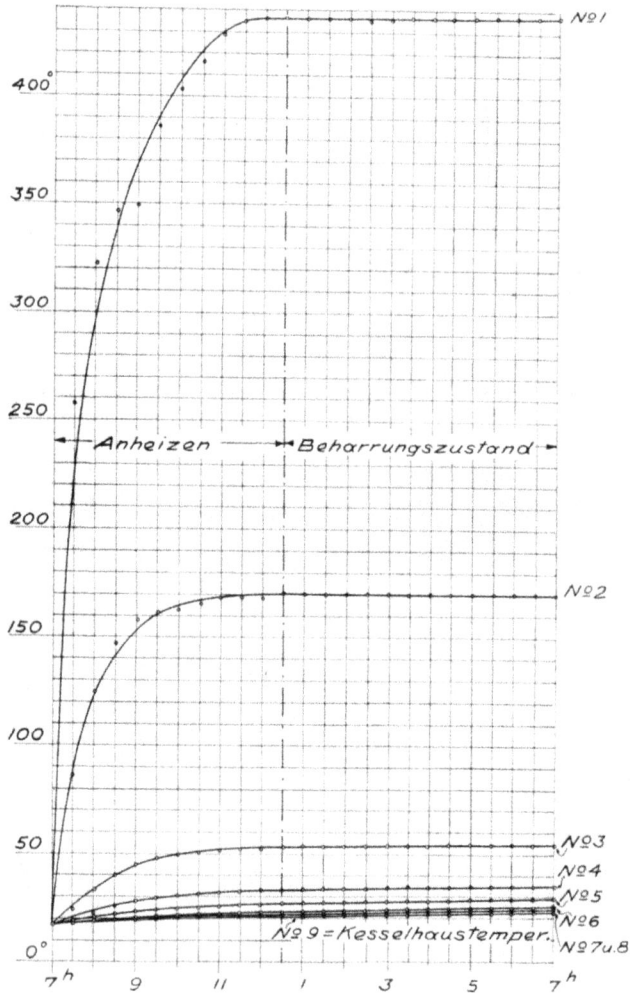

Fig. 89.

der Temperaturen für die einzelnen Meßpunkte. Das Ergebnis bleibt
dasselbe, ob es sich um Kalksandsteine oder Rathenower Steine handelt,
ob sie trocken sind oder angefeuchtet werden. Letz-
teres ist besonders hervorzuheben, weil man allgemein der Meinung

ist, daß ein neu errichtetes Gebäude wegen der vorhandenen Feuchtigkeit mehr Wärme erfordert als ein ausgeheiztes trockenes Haus. Der Grund für den Mehrverbrauch an Brennstoff liegt nicht an der Feuchtigkeit der Baumaterialien, sondern a n d e r z u e r w ä r m e n den großen Steinmasse, die erst in einen Beharrungszustand gelangen muß. Denselben Vorgang zeigt uns Fig. 89. Es müssen erst ca. sechs Stunden vergehen, bis der Beharrungszustand bei dem einfachen Steinbalken eintritt! Der Be-

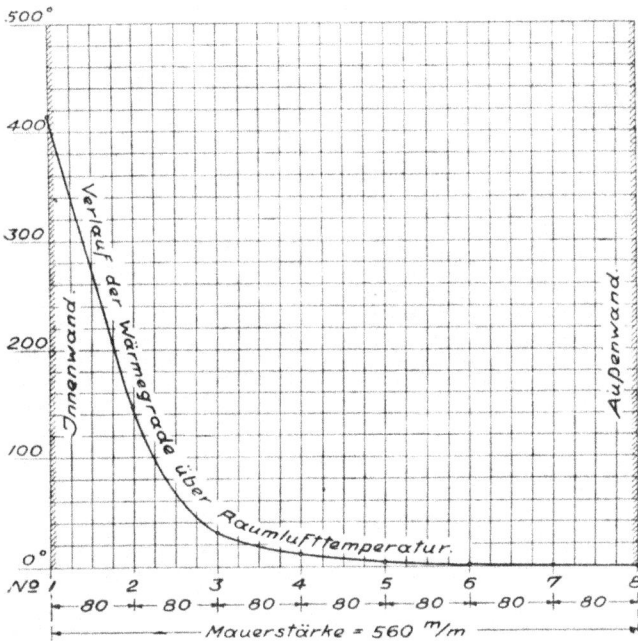

Fig. 90.

harrungszustand tritt bei allen Meßpunkten, wie Fig. 89 erkennen läßt, z u g l e i c h e r Z e i t ein. Die während dieses Zustandes abgelesenen Temperaturen in den einzelnen Zonen des Mauerwerks waren über Raumluft (vgl. Fig. 90) im Mittel folgende:

Tabelle L.

	1	2	3	4	5	6	7	8
Wärmegrad über Raumlufttemperatur . .	413,9	147,46	30,96	11,67	5,33	1,63	0,844	0,463

Fig. 91 führt den Verlauf der Temperaturen im Mauerwerk bei dessen Abkühlung, d. h. nach Entfernung der Wärmequelle, vor Augen. Tabelle LI stellt die Einzelablesungen zusammen.

Tabelle LI. Abkühlung.

Zeit	Meßpunkt								Raum-lufttemp.
	1	2	3	4	5	6	7	8	
7^{00}	437,1°	170,1°	54°	35,2°	29,1°	25,8°	25,6°	24,6°	23,5°
7^{30}	232,0	131,1	49	33,6	28,6	25,6	25,2	24,5	23,1
8^{00}	131,2	88,3	43,8	31,3	27,3	25,0	24,6	24,2	22,5
8^{30}	81,6	63,0	38,1	29,5	26,2	24,4	24	23,7	22,1
9^{00}	57,0	47,3	33,5	27,9	25,2	23,8	23,4	23,2	22,1
9^{30}	43,2	37,8	30,1	26,2	24,5	23,3	23,1	23,0	22,0
10^{00}	35,4	32,2	27,4	25,0	24,0	23,0	22,8	22,7	22,1
10^{30}	30,2	28,7	25,9	24,2	23,3	22,8	22,6	22,5	22,0
11^{00}	27,4	26,3	24,8	23,5	23,1	22,5	22,4	22,4	22,1
11^{30}	25,2	24,9	24,2	23,2	23,0	22,4	22,3	22,3	22,3
12^{00}	24,4	24,0	23,4	23,0	22,8	22,3	22,3	22,2	22,4
12^{30}	23,8	23,4	23 0	22,6	22,6	22,2	22,1	22,2	22,2
1^{00}	23,2	23,0	22,9	22,5	22,5	22,2	22.1	22,1	22,4
1^{30}	23,0	22,8	22,7	22,4	22 4	22,1	22,1	22,1	22,4
2^{00}	22,8	22.6	22,5	22,4	22,3	22,1	22.1	22,1	22,6
2^{30}	22,5	22,4	22,4	22,3	22,2	22,1	22,1	22,1	22,3
3^{00}	22,3	22,2	22 2	22,2	22,2	22,1	22,0	22,0	22,1
3^{30}	22,2	22,1	22,1	22,1	22,1	22,0	22,0	22,0	22,0
4^{00}	22,1	22,0	22,0	22,0	22,0	21,9	21,9	22,0	21,8
4^{30}	22 1	22,0	22,0	22,0	22,0	21,9	21,9	21,9	21,9
5^{00}	22,1	21,9	22,0	22,0	22,0	21,8	21,8	21,9	21,9

Bezeichnet man die Mauerstärke in Fig. 90 allgemein mit x, die Temperaturen mit y, so gilt für den Verlauf der Temperaturen innerhalb einer Umfassungswand

$$y \cdot A^x = \text{const.} \quad \ldots \ldots \ldots 81)$$

Die anfängliche Vermutung, daß A konstant sei, hat sich nicht bestätigt; A ist vielmehr nach der Versuchskurve variabel. Fig. 92 zeigt den Verlauf von A für verschiedene Mauerstärken x, beginnend mit $A = 1$ für $x = 0$. Die anderen Werte sind aus Tabelle LII ersichtlich. Wir sind demnach in der Lage, den Verlauf der Temperaturen innerhalb einer Umfassungswand zu bestimmen. Von der Annahme ausgehend, daß die Innenfläche der Wand beispielsweise

eine Temperatur von 19° habe, erhalten wir für jeden anderen, innerhalb der Wand liegenden Punkt eine Temperatur

$$y = \frac{19}{A^x}. \quad \ldots \ldots \ldots \quad 82)$$

Für $x = 0{,}08$ (vgl. Fig. 93) z. B. $y = 6{,}9°$ usw.

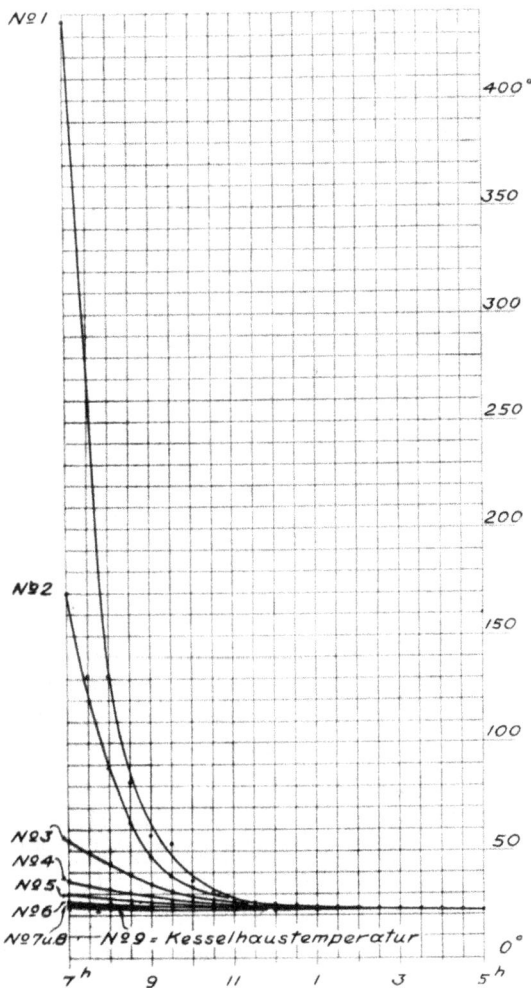

Fig. 91.

Beträgt die Abkühlung der Innenwand kurz vor dem Anheizen
9,5° C, so beträgt die Temperatur in einer Tiefe von $x = 8$ cm nur
noch 3,45° C. Hiernach kann man also sowohl für den Beharrungs-

zustand (mit 19° C beginnend) als auch nach der Abkühlung der Innenwand den Verlauf der beiden Temperaturkurven darstellen.

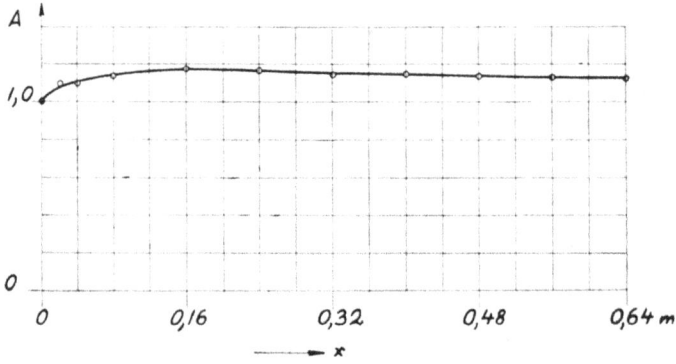

Fig. 92.

Beide müssen indes in die Temperaturkurven verlaufen, welche von der Oberfläche der Außenwand ausgeht. Ich habe in den Fig. 93 bis 95

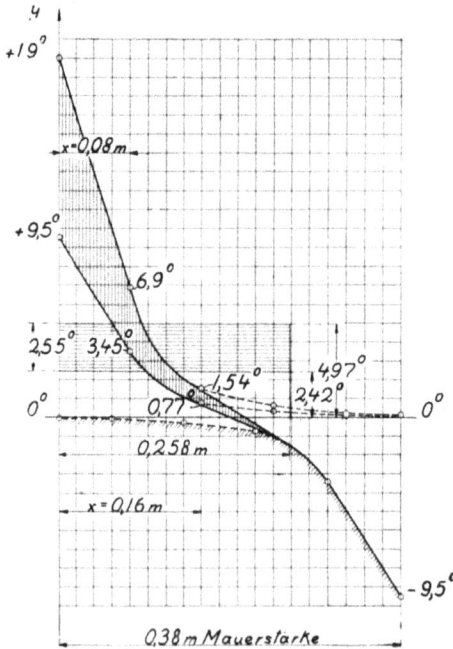

Fig. 93.

angenommen, daß die Temperatur im Freien — 10° C und die der Außenfläche — 9,5° beträgt. Da die Wärmeabgabe der Umfassungswand bei entsprechendem Hochheizen gleich der Wärmeaufnahme sein wird, ist es nicht schwer, den schraffierten Teil zwischen den Kurven planimetrisch zu bestimmen; die aufzuwendende Wärmemenge stellt sich bei der als Beispiel gewählten Wandstärke von 0,38 m als Rechteck dar von der Größe 2,55 · 0,258 m. Bei einer Wandstärke von 0,51 und 0,64 (vgl. Fig. 94 und 95) ergeben sich bei gleichen Voraussetzungen annähernd gleiche Werte.

Um die Anwendung dieser Ergebnisse zu zeigen, wähle ich als Beispiel die auf S. 127 beschriebene Anlage. Rechnet man das Gewicht eines Kubikmeters Mauerwerk zu 1400 kg und dessen spez. Wärme zu 0,2, so ergeben sich folgende Beträge:

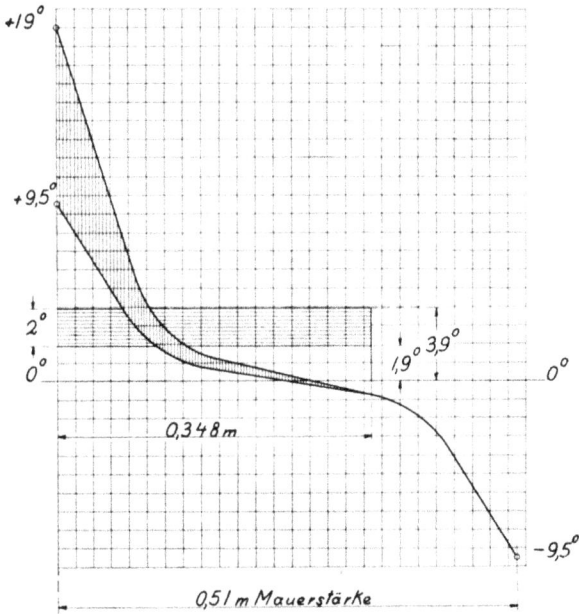

Fig. 94.

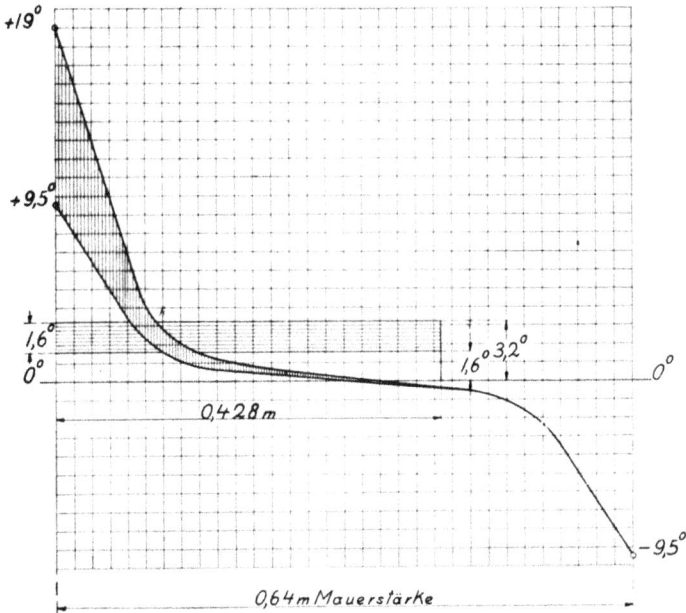

Fig. 95.

Mauer- $\begin{cases} 0{,}38 \text{ m } (816 \text{ qm}) : 0{,}258 \cdot 816 \cdot 2{,}55 \cdot 0{,}2 \cdot 1400 = 150\,318 \text{ WE} \\ 0{,}51 \text{ » } (484 \text{ » }) : 0{,}348 \cdot 484 \cdot 2 \quad \cdot 0{,}2 \cdot 1400 = 119\,520 \text{ »} \\ 0{,}64 \text{ » } (224 \text{ » }) : 0{,}420 \cdot 224 \cdot 1{,}6 \cdot 0{,}2 \cdot 1400 = 42\,148 \text{ »} \end{cases}$
stärke

Und für die Decken (wenn ein ähnliches Verhalten

zugrunde gelegt wird) : $0{,}25 \quad \cdot 600 \cdot 2{,}69 \cdot 0{,}2 \cdot 1400 = 112\,980$ »

$$\text{In Sa. } \infty \; 425\,000 \text{ WE}$$

Dieses Ergebnis deckt sich mit dem des vorangegangenen Abschnitts. Hiernach entfielen am zweiten Versuchstage, d. h. nachdem das Mauerwerk schon einmal angeheizt war, auf dessen weiteres Anwärmen 36%, während nach Seite 191 hierfür 32% von der erzeugten Wärmemenge in Anspruch genommen wurden. Bei unterbrochenem Heizbetriebe muß deshalb für das Anheizen des Mauerwerks allein s c h o n m i t e i n e r M e h r l e i s t u n g d e r H e i z k e s s e l v o n m i n d e s t e n s 30% g e r e c h n e t w e r d e n, wenn die Anheizperiode nicht stundenlang in die Länge gezogen werden soll.

Die schwierige Aufgabe über die Größenverhältnisse der Wärmeaufnahme und -abgabe der Umfassungswände betrachte ich auf Grund der mitgeteilten Ergebnisse als gelöst.

Tabelle LII.

x	A (Kurvenwerte)	A^x	$\dfrac{1}{A^x}$	$t = 19^0$ y in ^{0}C	$t' = 9{,}5^0$ y in ^{0}C
0	1	1	1	19	9,5
0,08 m	1,135	2,754	0,3631	6,9	3,45
0,16 »	1,170	12,332	0,0811	1,54	0,77
0,24 »	1,162	36,732	0,0272	0,51	0,255
0,25 »	1,160	40,879	0,0245	0,46	0,23
0,32 »	1,155	100,590	0,0099	0,19	0,095
0,38 »	1,145	171,700	0,0058	0,11	0,055
0,40 »	1,140	188,800	0,0053	0,099	0,049
0,48 »	1,138	495,30	0,0020	0,038	0,019
0,51 »	1,135	638,27	0,0016	0,03	0,015
0,56 »	1,125	731,82	0,0014	0,027	0,013
0,64 »	1,120	1412,80	0,0007	0,013	0,006

XXVII. Dauer- oder unterbrochener Heizbetrieb?

Nach dem Vorangegangenen ist es außer Zweifel, daß die Umfassungswände während des Heizens eine große Menge Wärme in sich aufspeichern, diese aber wieder bei nachlassendem oder gar unterbrochenem Heizbetriebe für die Erwärmung der Raumluft leihweise zur Verfügung stellen. In solchem Falle kann man die Beobachtung

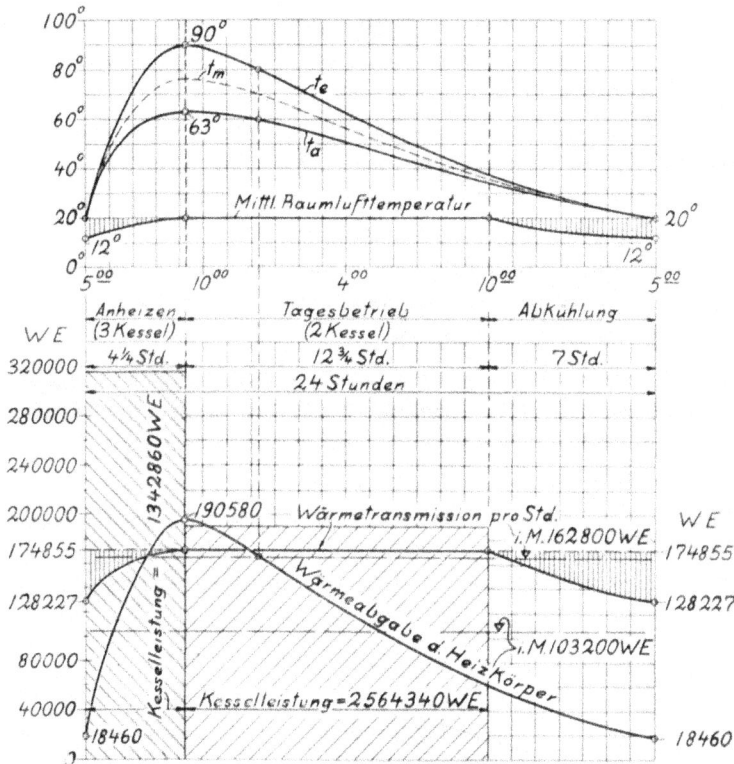

Fig. 96.

machen, daß die Raumlufttemperatur trotz nachlassender oder aufhörender Wärmeabgabe der Heizkörper sich verhältnismäßig lange in fast gleichmäßiger Höhe hält und auch durch vorübergehendes Lüften vermittelst Öffnens der Fenster keine nennenswerte Einbuße erleidet. Je länger der Betrieb unterbrochen ist, desto länger dauert auch die Anheizperiode, denn die Umfassungswände drängen rücksichtslos auf das Zurückzahlen des geliehenen Wärmekapitals oder entziehen der Raumluft jeden weiteren Kredit.

Vergegenwärtigt man sich den Verlauf der Raumlufttemperatur innerhalb 24 Stunden, so findet man beispielsweise bei — 10° Außentemperatur (vgl. oberes Diagramm Fig. 96) die Kurve morgens um 5 Uhr mit 12° C ansteigend, um 10 Uhr vormittags erreicht sie die Temperatur von 20°, um nach 12 Stunden (von 10 Uhr ab) allmählich bis auf 12° wieder zu fallen. Da die Wärmetransmission mit der Differenz der inneren und äußeren Temperaturen variiert, erscheint es auf den ersten Blick, als ob der unterbrochene Heizbetrieb sparsamer als der Dauerbetrieb sein müßte; denn die senkrecht schraffierten Flächen über der Kurve geben auch für die Wärmetransmission entsprechend geringere Werte.

In dem unteren Diagramm der Fig. 96 habe ich wie in dem oberen die Anlage S. 127 zugrunde gelegt, um den Einfluß der Abkühlungen an einem praktischen Beispiel zu zeigen. Der unterbrochene Heizbetrieb ergibt eine stündliche Wärmetransmission von 162 800 WE, während bei Dauerheizung diese Ziffer höher ausfallen muß. Diesem scheinbaren Gewinn steht aber in der Regel ein weit größeres Verlustkonto, wie wir sehen werden, gegenüber.

Die Unterbrechung des Heizbetriebes bringt eine Abkühlung des ganzen Systems mit sich. Hierzu dürfen wir nicht allein das Eisen- und Wassergewicht der gesamten Heizanlage rechnen, sondern auch die mit der fallenden Raumlufttemperatur erfolgende Abkühlung der Umfassungswände und sämtliche in den beheizten Räumen stehenden Gegenstände, wie Möbel, Portieren usw., berücksichtigen. Lassen wir einmal letztere wegen der Unkontrollierbarkeit außer acht, so fungieren folgende Kontis bei der Rechnung:

1. Anwärmen des Wassers,
2.   »   » Eisens,
3.   »   » Luftvolumens,
4.   »   » Mauerwerks.

Es ist klar, daß die Heizwassertemperatur erst dann steigen wird, wenn das Eisen seinen Anteil an der Erwärmung erhalten haben wird. Aus diesem Grunde erklärt sich die Beobachtung, daß das Hochheizen trotz größter Forcierung der Heizkessel nur langsam vor sich geht, d. h. die Wassertemperatur im Steigerohr erst nach mehrstündigem Verlauf die Höhe von 90° erreicht. Bei der als Beispiel herangezogenen Anlage waren für das Hochheizen 4¼ Stunden erforderlich, obgleich sämtliche drei Strebelkessel im vollsten Betriebe waren. Das Ansteigen der Heizwassertemperatur ist aus dem oberen Teil der Fig. 96

ersichtlich. Nach Erreichung von 90° wurde ein Kessel abgestellt, worauf t_e allmählich zu fallen beginnt. Um 10 Uhr abends wurden auch die beiden andern Kessel abgestellt; um 5 Uhr morgens ist $t_e = t_a = 20°$ C.

Zwischen t_e und t_a liegt die mittlere Heizwassertemperatur t_m, die für die Wärmeabgabe der Heizkörper und das Anwärmen des Eisen- und Wassergewichtes maßgebend ist. Letzteres betrug 3100 kg. Seine Erwärmung von 20° auf $\dfrac{90 + 63}{2}$ (d. h. um 56,5°) erheischt 175 000 WE. Berücksichtigt man ferner, daß das Eisengewicht der Heizungsanlage ca. 25 000 kg betrug und das Luftvolumen der Räume ∼ 11 000 cbm umfaßte, so ergibt sich die Leistung der Heizkessel für die Anheizperiode aus folgender Aufstellung:

1. $3100 \cdot 56,5 = $ . . . . 175 000 WE $=$ 13,2%
2. $25\,000 \cdot 0,114 \cdot 56,5 = $ . . . . . . 162 000 » $=$ 12,2%
3. $11\,000 \cdot 0,3 \cdot (20 - 12) = $ . . . . 26 400 » $=$ 1,98%
4. Anwärmen des Mauerwerks nach S. 188 425 000 » $=$ 31,92%
5. Wärmetransmission für eine mittlere

Temp.-Diff. v. 26°: $4,25 \dfrac{26}{40} \cdot 233140 = $ 543 470 » $=$ 40,90%

in Sa. 1 331 870 WE $=$ 100%

Aus dieser Aufstellung ist der Anteil des Wärmebedarfs der einzelnen Posten beim Hochheizen ersichtlich. Letzteres erheischt also bei unterbrochenem Heizbetriebe rd. 145% m e h r K e s s e l h e i z - f l ä c h e , als für die Wärmetransmission ausreichend ist. Die erwähnte Wärmemenge erforderte eine Leistung pro qm Kesselheizfläche und Stunde von

$$\frac{1\,331\,870}{4,25 \cdot 42} = 7400 \text{ WE.}$$

Das Hochheizen verlangt also die äußerste Anstrengung der drei aufgestellten Heizkessel. Dieses Ergebnis lehrt, daß dem unterbrochenen Heizbetriebe an sich eine Grenze gezogen ist; fällt die Außentemperatur noch weiter unter −10° C, muß man schon zur Dauerheizung greifen. Für den Fall, daß nur zwei Kessel »zwecks Ersparnis an Koks« in Betrieb genommen werden sollten, würde die Anheizperiode nicht 4½ Stunden, sondern schon 6,4 Stunden währen.

Die viel verbreitete Ansicht, für Geschäftsräume die Niederdruckdampfheizung zu bevorzugen, weil sie die Anheizperiode wesentlich abkürzt, ist ein Trugschluß; 42 qm Niederdruckdampfkessel-

Heizfläche können, um beim gleichen Beispiel zu bleiben, auch nicht mehr Wärme als 1 331 870 WE in 4¼ Stunden erzeugen. Soll die Anheizdauer abgekürzt werden, muß die Heizfläche im umgekehrten Verhältnis der Dauer, also beispielsweise bei zwei Stunden, um $\dfrac{4,25}{2}$ vermehrt werden.

In der zu geringen Bemessung der Kesselheiz- flächen liegt die Koksverschwendung begründet. Ich habe S. 135 nachgewiesen, daß mit zunehmender Beanspruchung der Heizkessel nicht nur der Nutzeffekt, sondern auch die Leistung der Kessel geringer wird. Es ist deshalb ein Trugschluß, durch Aufreissen des Schiebers, d. h. durch vermehrte Brenngeschwindigkeit auf dem Rost die Leistung steigern zu wollen; das Gegenteil tritt ein. Es kommt also in erster Linie darauf an, die Heizkessel mög- lichst schwach zu beanspruchen, um den Nutzeffekt zu steigern. Diese Betrachtung ist für die Frage bezüglich Dauer- oder unterbrochenem Heizbetrieb von Bedeutung, weshalb ich die hier interessierenden Punkte nochmals gegenüberstellen möchte.

Unterbrochener Heizbetrieb.

Hochheizen (1 bis 4) = ...   788 400 WE
Wärmetransmission während des 4¼ stündigen
Anheizens = (5) . . . .   543 470 »

in Sa. 1 331 870 WE.

Leistung der drei Heizkessel pro Stunde und qm: 7 400 WE.

Nach Abstellung eines Kessels:
Gesamte Wärmetransmission weniger 543 470 =   3 363 730 WE
Hiervon durch Aufspeicherung gedeckt (1 bis 4)   788 400 »

2 575 330 WE

Leistung der zwei Heizkessel pro Stunde und qm: 7 250 »
Hochheizen und Tagesbetrieb = ...   3 907 200 »

Dauerbetrieb.
(Mit etwas schwächerem Betrieb des Nachts.)

Wärmetransmission liegt zwischen den beiden Extremen $24 \cdot 162 800$ und $\frac{3}{4}$ 233 140 WE, d. h. im Mittel = 4 051 860 WE. Leistung zweier Heizkessel pro Stunde und qm 6000 WE.

Selbst unter der Voraussetzung, daß bei unterbrochenem Betriebe die Brenngeschwindigkeit gerade so getroffen ist, daß ein günstigster Nutzeffekt herausschaut, würde der unterbrochene Betrieb der Dauerheizung in wirtschaftlicher Beziehung nichts voraushaben:

Aus dem Diagramm Fig. 67 erhalten wir den Koksverbrauch bei einer Leistung von

7400 WE und einem Nutzeffekt von 79,6 % zu 1,34 kg pro qm Heizfl. u. Std.
7250 WE   »   »   »   » 80,2 % zu 1,30 kg »   »   »   » » »
6000 WE   »   »   »   » 82 %   zu 1,04 kg »   »   »   » » »

und daher

$$\left.\begin{array}{l} \text{bei unterbrochenem Heizbetriebe: } 4{,}25 \cdot 1{,}34 \cdot 42 = 239 \\ \phantom{\text{bei unterbrochenem Heizbetriebe: }} 12{,}75 \cdot 1{,}30 \cdot 28 = 464 \end{array}\right\} \begin{array}{l} 703 \text{ kg Koks} \\ \text{pro Tag} \end{array}$$

bei Dauerbetrieb: $24 \cdot 1{,}04 \cdot 28 = 699$

Aus dieser Aufstellung ersehen wir, daß beide Arten des Betriebes sich ungefähr gleich sind, wenn die Voraussetzung eines günstigen Nutzeffektes für unterbrochenen Heizbetrieb zutrifft. Diese ist aber in der Praxis fast unmöglich. Wie soll man die zu wählende Brenngeschwindigkeit mit Sicherheit feststellen, wann soll man mit dem Heizen aufhören? Wo Kessel forciert werden, ergibt sich zur Erzielung der gewünschten Leistung stets der ungünstigere Nutzeffekt, so daß sich das Blatt sehr zuungunsten des unterbrochenen Betriebes wendet:

Leistung 7400 WE; Nutzeffekt 59%; Koksverbrauch 1,79 kg pro qm Heizfl. u. Std.
Leistung 7250 WE;   »   57%;   »   1,81 kg »   »   »   » » »

Danach würde für unterbrochenen Betrieb der Koksverbrauch

$$4{,}25 \cdot 1{,}79 \cdot 42 + 12{,}75 \cdot 1{,}81 \cdot 28 = 965 \text{ kg}$$

betragen. Der Dauerbetrieb bringt demnach eine Ersparnis von 27% mit sich! Daß dieser enorme Mehrverbrauch an Koks trotz best gepflegter und beaufsichtigter Anlage tatsächlich vorhanden ist, habe ich aus gewissenhaften jahrelangen Aufzeichnungen auf S. 137 bewiesen (vgl. auch die bauamtliche Kontrolle auf S. 6).

Die Leistung der Heizkessel ist bei Dauerheizung stets geringer, weshalb der Nutzeffekt günstiger ausfallen muß. Die scheinbare Ersparnis bei unterbrochenem Heizbetrieb ist demnach ein großer Trugschluß, abgesehen davon, daß mit ihm noch eine Reihe von Nachteilen in Kauf zu nehmen ist wie zeitweise höhere Heizwassertemperaturen, ungleichmäßige Erwärmung der Räume und damit verbundene Zug- und Kälteerscheinungen usw.

Rietschel gibt in der vierten Auflage seines Leitfadens S. 236 eine Formel für die Bestimmung der Kesselheizfläche für das Anheizen, nach der auf Grund obiger Klarlegung die Kessel zu klein ausfallen. Es soll sein:

$$F = \frac{1{,}1 \{W_1 + (A + 0{,}12\,B)\,(t_1 - \vartheta)\}}{W_2 \cdot z}.$$

Hierin bedeuten

W_1 die gesamte bis zum Beharrungszustande in den Räumen erforderliche Wärmemenge, d. h.

$$W_1 = (W + Z)\,z = (4{,}25 + 0{,}0625 \cdot 6)\,\frac{26}{40} \cdot 233\,140 = 703\,000 \text{ WE,}$$

W_2 die spez. Kesselleistung, die nach Rietschel für gußeiserne Gliederkessel (z. B. Strebelkessel) = 10 000 WE zu setzen ist.

A der Wasserinhalt der Heizungsanlage = 3 100 kg,

B das Gewicht des Eisens = 25 000 kg,

$z = 4{,}25$,

ϑ = die Temperatur, bis auf die sich die Anlage über Nacht abkühlt = 12°,

t_1 mittlere Temperatur des Wassers im Steige- und Fallrohr während des Beharrungszustandes = 66° (t_s = 74,7°, t_a = 57,1° für — 10° Außentemperatur nach meiner Skala S. 30 u. 32).

Setzt man die einzelnen Größen in die Formel ein, erhält man für das Anheizen eine zu geringe Kesselheizfläche[1]). Die Ursache der Unstimmigkeit der Formel liegt in erster Linie daran, daß der Wärmebedarf für den Beharrungszustand des Mauerwerks vernachlässigt worden ist, was, wie wir gesehen haben, nicht angängig ist; er beträgt beinahe die Hälfte des Wärmebedarfs des ganzen Klammerwertes. Die Vernachlässigung des Luftvolumens kommt wegen des geringen Wertes nicht so sehr in Frage, dafür ist aber W_2 nach meinen Versuchen nur zu 7500 WE zu wählen. Bei unterbrochenem Heizbetrieb ist die Aufstellung allgemein gültiger Formeln zur Bestimmung der Kesselheizfläche nur unter ganz bestimmten Voraussetzungen möglich, wie ich dies auf S. 191 gezeigt habe.

Bei Dauerheizung gestaltet sich die Rechnung weit einfacher. Für die herangezogene Heizungsanlage können folgende Zuschläge zu der r e i n e n Wärmetransmission W in Frage kommen.

---

[1]) Bei Zugrundelegung einer Anheizdauer von nur 2 Stunden würde die Formel 41 qm Heizfläche ergeben. Was nutzt aber diese Annahme, wenn in Wirklichkeit die Anheizperiode doch länger dauert? Solche Formeln geben zu große Spielräume, die bei Streitigkeiten stets ausgenutzt werden.

Reine Transmission		a	b	c
Erdgeschoß	57935 WE	5765	3140	4720
I. Stock	37935 »	3810	1750	2600
II. »	38935 »	3905	1740	2600
III. »	41640 »	4175	1850	2760
IV. »	46995 »	4690	1700	2530
$W =$	222960 WE	22345	10180	15210

$a = 10\%$ Sicherheitszuschlag (erforderlich wegen Anwärmens des Luftvolumens, des Einflusses der Heizkörperverkleidungen usw.),

$b =$ Zuschläge für Himmelsrichtung und Windanfall nach Rietschels Leitfaden (dritte Auflage),

$c =$ desgl. nach Rietschels Leitfaden (vierte Auflage).

Danach machen $a + b$ ungefähr $14,6\%$, $a + c = 16,8\%$ aus. Die Kesselheizflächen würden demnach selbst bei ungünstigen Witterungsverhältnissen ausreichen, wenn wir sie nach einer Formel

$$F_1 = \frac{1,3\,W}{7500} \quad \ldots \ldots \ldots 83)$$

für Dauerheizung bemessen würden; ich setze dabei gußeiserne Gliederkessel voraus. Die Heizwassertemperatur t_e darf aber unter keinen Umständen höher als 85^0 C angenommen werden, weil sonst die Deckung der Wärmeverluste der Rohrleitung nicht mehr möglich ist (vgl. S. 32).

Sachregister.

Quellenangaben.

Badische Ges. z. Überwachung von
  Dampfkesseln 27, 40.
Bellens 39.
Berthelot 82.
v. Boehmer 10.
Bunte 49.
Chasseloup-Loubet 39.
Constam & Schläpfer 50.
Dinglers Polytechn. Journal 16, 47,
  65, 142.
Fischer (»Technologie d. Brennstoffe u.
  Feuerungstechnik«) 48, 65.
Flemming 33, 36.
Forschungsarbeiten d. Ing.-Vereins 65.
Fuchs (Kontrolle d. Dampfkesselbe-
  triebes) 64, 65.
Gesundheits-Ingenieur 10, 13, 19, 40.
Glasers Annalen 36.
Grambergs Leitfaden 16, 47, 142.
Hahn 50.
Haustechnische Rundschau 6, 29, 36,
  173.
Heentschel 53.
Hempel 49.
Holborn & Henning 65, 66, 69.
Janeck & Vetter 2, 23, 147.
Jeglinsky & Tichelmann 44.
Kohlrausch 65.
Kommission z. Prüfung u. Untersuchg.
  von Rauchverbr.-Vorrichtungen 45.
Krell sen. 13.

Langen 65, 66, 67, 68, 69.
Mallard & Le Chatelier 64, 66, 69.
Marx 29, 36, 37.
Material-Prüfungsamt Lichterfelde 82.
Meteorolog. Institut 14.
Mitteilungen a. d. Praxis d. Dampf-
  kessel- und Maschinenbetriebes 39,
  71, 79.
Péclet 75.
Prüfungsanstalt f. Heizg. u. Lüftg.,
  Berlin 4.
Recknagel, R. 8, 29, 30.
Recknagel, Prof. Dr. 174.
Redtenbacher 95.
Rietschels Leitfaden 9, 22, 25, 106,
  194, 195.
Schilling, E. 38.
Schreber 65, 66.
Schüle 66, 70.
Schweiz. Verein von Dampfkesselbe-
  sitzern 40.
Siegert 77.
Simmersbach 36.
Solignac 39.
Strahl 95.
Taschenbuch der »Hütte« 65.
Valerius 75.
Waggener 81.
Wattkinson 39.
Zeitschrift d. Vereins Deutscher Ing.
  50, 95.

www.ingramcontent.com/pod-product-compliance
Lightning Source LLC
Chambersburg PA
CBHW081541190326
41458CB00015B/5616